Matthew N. O. Sadiku
John B. Ameobi
Chandra M. M. Kotteti

Agricultura em todo o mundo

Matthew N. O. Sadiku
John B. Ameobi
Chandra M. M. Kotteti

Agricultura em todo o mundo

ScienciaScripts

Cover image: www.ingimage.com

This book is a translation from the original published under ISBN 978-620-7-64814-6.

Publisher:
Sciencia Scripts
is a trademark of
Dodo Books Indian Ocean Ltd. and OmniScriptum S.R.L publishing group

120 High Road, East Finchley, London, N2 9ED, United Kingdom
Str. Armeneasca 28/1, office 1, Chisinau MD-2012, Republic of Moldova, Europe
Printed at: see last page
ISBN: 978-620-7-85956-6

A AGRICULTURA NO MUNDO

Matthew N. O. Sadiku, Ph.D., P.E.

John B. Ameobi, Ph.D.

Chandra M. M. Kotteti, Doutoramento

DEDICADO AOS NOSSOS PAIS:

Ayisat Sadiku (falecido) e Solomon Sadiku (falecido)

Abraham O. Ameobi (falecido) e Ruth I. Ameobi (falecida)

Jayalakshmi Mulagada e Bhaskar Rao Kotteti (falecido)

BREVE ÍNDICE

PREFÁCIO

A agricultura é o maior emprego do mundo. O mundo tem cerca de 570 milhões de explorações agrícolas e mais de 500 milhões dessas explorações são familiares. A agricultura é um dos sectores indispensáveis da economia mundial. É a plantação e a criação de animais para fins alimentares e monetários. É a principal fonte de emprego, de rendimento e de alimentos. A agricultura é crucial para o nosso presente e futuro. A agricultura tem feito mais para remodelar o mundo natural do que qualquer outra coisa que nós humanos fazemos. Ocupa uma posição única no centro de qualquer sociedade e economia. Está a tornar-se cada vez mais tecnológica e digital, impulsionada pelos dados, pela inteligência artificial e pela aprendizagem automática.

A agricultura moderna é aquela em que o sucesso do processo depende da utilização da tecnologia, do acesso aos recursos, da gestão, do investimento e do apoio do governo. Atualmente, a indústria agrícola está sob pressão para satisfazer a crescente procura de alimentos por parte da população mundial e as alterações climáticas significativas. Para que a raça humana continue a existir, a agricultura deve ser sustentável. O sector agrícola enfrenta vários desafios, como as alterações climáticas, a segurança alimentar, a segurança dos alimentos, o aumento da população, a crescente escassez de mão de obra, as restrições de terra e água, a crescente urbanização, o ambiente cada vez mais degradado, a mudança nas preferências alimentares, a degradação ambiental, a adaptação à tecnologia mais recente, a realização de mais com menos, os recursos limitados, as infra-estruturas inadequadas, a falta de financiamento, os preconceitos de género, etc. Atualmente, são necessárias tecnologias inovadoras para ultrapassar estes problemas e satisfazer as necessidades nutricionais de uma população mundial em rápido crescimento. Os agricultores estão a recorrer a várias tecnologias para resolver os problemas. Atualmente, a agricultura consiste em aplicar conceitos inovadores e introduzir novas tecnologias para produzir rendimentos elevados e melhores. A agricultura atual tem impacto nas gerações futuras.

Este livro examina a prática da agricultura em catorze países (do Brasil aos Estados Unidos). Está organizado em quinze capítulos e ordenado por ordem alfabética dos países correspondentes.

Capítulo 1: Introdução: Este capítulo apresenta todo o livro e explora a prática da agricultura em oito países seleccionados: EUA, China, Índia, Europa, Canadá, Brasil, Nigéria e Uganda. A agricultura é uma das maiores e mais significativas indústrias do mundo. Constitui a espinha dorsal da economia de qualquer país. É a principal fonte de subsistência da maioria das populações rurais e é frequentemente referida como o pilar da economia dos países em desenvolvimento. Para muitas pessoas em todo o mundo, a agricultura é um negócio sério.

Capítulo 2: Agricultura no Brasil: Este capítulo apresenta ao leitor a prática da agricultura no Brasil. O Brasil é o maior país da América Latina em área e população. É uma das dez maiores economias do mundo. A agricultura é um sector importante da economia brasileira e é crucial para o crescimento económico e para as receitas em divisas. O Brasil optou por uma estratégia de desenvolvimento que continua a depender fortemente do sector agrícola para o crescimento económico. O apoio do Governo aos agricultores representa cerca de três quartos de todo o apoio à agricultura, sendo o restante quarto prestado sob a forma de serviços gerais ao sector. O Brasil tornou-se um modelo para outras nações em desenvolvimento.

Capítulo 3: A agricultura no Canadá: Este capítulo explora a produção agrícola no Canadá e ajuda-nos a compreender o papel da agricultura no passado, no presente e no futuro do país. O sector agrícola desempenha um papel importante na economia e na sociedade do Canadá. É diversificada, produzindo cereais, sementes oleaginosas, gado, lacticínios, horticultura, aves de capoeira, ovos, etc. O Canadá é um dos dez maiores produtores mundiais de alguns produtos agrícolas. É uma das poucas nações do mundo que produz mais alimentos do que necessita e que exporta mais alimentos do que consome. Com o aumento da procura mundial de produtos alimentares e agrícolas, o Canadá deve continuar a apoiar a sustentabilidade, a inovação e o crescimento da agricultura.

Capítulo 4: Agricultura na China: Este capítulo apresenta ao leitor a prática da agricultura na China. Uma vez que a China precisa de alimentar a maior população do planeta, o governo chinês atribui grande importância à agricultura. O governo implementou uma série de políticas para fortalecer a agricultura, beneficiar a população rural e permitir que as pessoas nas áreas rurais prosperem. A modernização fez grandes progressos na redução da pobreza. Através da atualização das políticas e tecnologias agrícolas, a China tornou-se autossuficiente e é capaz de aumentar a produção e a eficiência agrícola. A China produz mais alimentos do que qualquer outro país do mundo, mas também consome mais. Ocupa o primeiro lugar no mundo em termos de produção de cereais, algodão, frutas, legumes, carne, aves de capoeira, ovos e peixe. A exportação agrícola mais importante da China é o arroz.

Capítulo 5: Agricultura na Europa: Este capítulo centra-se nas práticas agrícolas na Europa. A agricultura na Europa pode ser considerada como um sector económico que contribui para o crescimento económico e a redução da pobreza. A Europa é um dos principais produtores e exportadores mundiais de produtos agrícolas. A mecanização facilitou muito do trabalho árduo do agricultor. A agricultura é um sector importante para todos os países da União Europeia e todos eles recebem fundos comunitários através da Política Agrícola Comum (PAC). O sector agrícola europeu está a enfrentar uma grande crise e tem de alterar profundamente as suas práticas.

Capítulo 6: A agricultura na Índia: Neste capítulo, examinamos a prática da agricultura na Índia. A agricultura é uma das actividades económicas mais antigas da Índia. A agricultura indiana caracteriza-se pela diversidade agro-ecológica do solo, da precipitação, da temperatura e do sistema de cultivo. É a maior fonte de subsistência na Índia. A Índia é uma potência agrícola mundial. É o maior produtor mundial de leite, leguminosas e especiarias, e tem o maior rebanho bovino do mundo, bem como a maior área cultivada com trigo, arroz e algodão. O governo da Índia também tomou várias medidas políticas e conduziu projectos-piloto para promover a tecnologia e a inovação no sector agrícola. Para satisfazer as necessidades alimentares de uma população em crescimento com rendimentos crescentes, será necessário criar um sector agrícola produtivo, competitivo, diversificado e sustentável a um ritmo acelerado.

Capítulo 7: A agricultura em Israel: Este capítulo apresenta ao leitor a prática da agricultura em Israel. Nenhum outro lugar na terra conquistou o coração e a imaginação do mundo como Israel, a antiga terra da Bíblia. Israel não é um lugar natural para a agricultura, com dois terços da terra semi-árida e uma escassez de recursos hídricos naturais. Apesar dos muitos desafios e dos conflitos contínuos, Israel conseguiu transformar o seu sector agrícola e emergiu como líder mundial em tecnologias agrícolas e de gestão da água. O Governo israelita tem demonstrado consistentemente uma liderança visionária num compromisso a longo prazo com a agricultura e a água. Os agricultores israelitas são um exemplo notável de tecnologia agrícola em todo o mundo. Estão a ajudar os agricultores de outros países a aprender a cultivar em condições de escassez de água e de clima mais quente e seco.

Capítulo 8: A agricultura no Japão: Este capítulo explora a prática da agricultura no Japão. A indústria agrícola japonesa tem sido uma parte importante da sua economia desde os tempos antigos. O Japão é um dos principais países agrícolas do mundo, produzindo uma grande variedade de produtos agrícolas. O arroz é a cultura agrícola mais importante do Japão. O sector agrícola japonês é altamente mecanizado, com cerca de 70% da terra em uso pronta para irrigação. O sector agrícola não conseguiu atingir o mesmo nível de sucesso alcançado por outras indústrias japonesas, como a indústria automóvel e a alta tecnologia. A agricultura no Japão está a mudar muito devido às tecnologias emergentes, como a inteligência artificial e a Internet das coisas, que ajudarão a tornar a agricultura sustentável para as próximas gerações.

Capítulo 9: Agricultura na Nigéria: Neste capítulo, apresentamos ao leitor a agricultura na Nigéria, o país mais populoso de África. A Nigéria é abençoada com abundantes recursos terrestres. As suas terras agrícolas têm uma vantagem acrescida no aumento da produtividade agrícola e no crescimento do emprego na economia. A agricultura continua a ser um dos pilares da economia da Nigéria, empregando 70% da mão de obra do país. A agricultura nigeriana caracteriza-se por uma considerável diversidade regional e de culturas. Apesar de o governo nigeriano ter feito numerosas tentativas para transformar o sector agrícola, o país tem ainda um longo caminho a percorrer.

Capítulo 10: A agricultura na Rússia: Este capítulo aborda a prática da agricultura na Rússia. A agricultura na Rússia é uma componente importante da economia da Federação Russa. Foi objeto de um processo de modernização intensivo. Nos últimos anos, tem sido um dos segmentos da economia que regista um crescimento mais rápido. O trigo é o produto agrícola mais exportado do país. O Ministério da Agricultura é o órgão executivo federal responsável pelo desenvolvimento e implementação de políticas governamentais e regulamentos legais na agricultura e indústrias relacionadas. O país está a recuperar o seu estatuto de superpotência agrícola.

Capítulo 11: A agricultura em Singapura: Este capítulo explora a prática da agricultura em Singapura, o país de dimensão citadina. Embora Singapura seja uma potência económica, a agricultura não é um sector económico importante em Singapura e menos de 1% da sua área total é utilizada para a agricultura. Uma vez que Singapura depende em grande medida das importações para satisfazer as suas necessidades alimentares, a legislação alimentar de Singapura centra-se em assegurar um abastecimento estrangeiro consistente de alimentos e produtos agrícolas seguros. Em 2019, o governo de Singapura estabeleceu o objetivo de produzir localmente 30% das necessidades nutricionais do país até 2030. Para atingir este objetivo ambicioso, o governo está a procurar novas soluções para aumentar a produtividade da indústria agrícola local.

Capítulo 12: Agricultura na África do Sul: Este capítulo apresenta a prática da agricultura na África do Sul. O solo rico do país, o clima favorável e a topografia variada fazem dele um local ideal para a agricultura. A agricultura desempenha um papel importante no processo de desenvolvimento económico da África do Sul e contribui significativamente para a segurança alimentar das famílias. A África do Sul é o terceiro país com maior biodiversidade do mundo. A paisagem agrícola da África do Sul é tão diversa como a sua cultura e geografia. À medida que a África do Sul se estabelece no mundo moderno, os agricultores sul-africanos têm de se adaptar a um conjunto de novos desafios.

Capítulo 13: A agricultura nos Emirados Árabes Unidos: Neste capítulo, centramo-nos na forma como a agricultura é praticada nos Emirados Árabes Unidos (EAU). O ambiente dos EAU é caracterizado pela baixa pluviosidade, temperaturas elevadas, falta de cursos de água naturais e solos pobres. Quase todo o país é deserto. A agricultura contribui apenas com uma pequena fração do PIB e emprega menos de um décimo da força de trabalho. Embora obstáculos como a escassez de recursos hídricos, as condições ambientais severas e a salinidade do solo tenham afetado o desenvolvimento agrícola, os EAU encontraram formas inovadoras de contornar estes desafios. Como resultado, há um enorme crescimento de explorações agrícolas que adaptam todos os tipos de métodos agrícolas: verticais, horizontais, estufas, juntamente com a aquacultura e a hidroponia. Tanto o governo federal como os governos dos emirados oferecem incentivos aos agricultores, num esforço para aumentar a produção.

Capítulo 14: A agricultura no Reino Unido: Este capítulo é uma introdução à agricultura no Reino Unido. O Reino Unido é geralmente uma terra verde e agradável, sem desastres climáticos horríveis. No Reino Unido, a atividade agrícola ocorre na maioria das zonas rurais. O sector agrícola é vital para a economia do Reino Unido. É um gerador de produção económica e de emprego. Com as alterações climáticas, as condições de trabalho, a segurança energética e os desafios ambientais a tornarem-se cada vez mais preocupantes, as atenções centram-se nos agricultores. O caminho a seguir pela agricultura britânica é encontrar o equilíbrio certo para o sucesso dos agricultores, da cadeia alimentar e das gerações futuras.

Capítulo 15: A agricultura nos Estados Unidos: Este capítulo apresenta uma introdução à agricultura americana. A agricultura é uma indústria importante que, historicamente, tem desempenhado um papel significativo na economia dos Estados Unidos. Os Estados Unidos são o líder mundialmente reconhecido na ciência da agricultura e desempenham um papel fundamental na resposta aos desafios alimentares globais. Os EUA são o principal exportador de produtos alimentares do mundo. Os americanos gastam menos em alimentos, em proporção do seu rendimento, do que qualquer outra nação do planeta. Ao produzir uma grande variedade de alimentos a baixo custo, os agricultores americanos asseguram um abastecimento alimentar nacional seguro e fiável.

Este livro foi concebido para introduzir o leitor na prática da agricultura em todo o mundo. É um texto abrangente sobre as questões, ideias, teorias, princípios, práticas e problemas da agricultura mundial. Tudo está escrito numa linguagem de fácil compreensão. É um livro de leitura obrigatória para quem quer aprender sobre a agricultura em todo o mundo.

Estamos gratos pelo apoio da Dra. Annamalia Annamalai, chefe do Departamento de Engenharia Eletrotécnica e de Computadores, e da Dra. Pamela Obiomon, reitora da Faculdade de Engenharia da Prairie View A&M University, Prairie View, Texas. Um agradecimento especial a Janet Sadiku pela ajuda com as citações no início de cada capítulo.

- M. N. O. Sadiku, J. B. Ameobi, e C. M. M. Kotteti

SOBRE OS AUTORES

Matthew N. O. Sadiku: Obteve o seu diploma de licenciatura em 1978 na Universidade Ahmadu Bello, Zaria, Nigéria, e os seus diplomas de mestrado e doutoramento na Universidade Tecnológica do Tennessee, Cookeville, TN, em 1982 e 1984, respetivamente. No total, recebeu sete diplomas universitários. De 1984 a 1988, foi professor assistente na Florida Atlantic University, Boca Raton, FL, onde fez uma pós-graduação em ciências informáticas. No total, recebeu sete diplomas universitários. De 1988 a 2000, esteve na Temple University, Filadélfia, PA, onde se tornou professor catedrático. De 2000 a 2002, trabalhou na Lucent/Avaya, Holmdel, NJ, como engenheiro de sistemas e na Boeing Satellite Systems, Los Angeles, CA, como cientista sénior. Atualmente, é professor emérito de engenharia eléctrica e informática na Prairie View A&M University, Prairie View, TX.

É autor de mais de 1200 artigos profissionais e de mais de 120 livros, incluindo "Elements of Electromagnetics" (Oxford University Press, 7.ª ed., 2018), "Fundamentals of Electric Circuits" (McGraw-Hill, 7th ed., 2020, com C. Alexander), "Computational Electromagnetics with MATLAB" (CRC Press, 4.ª ed., 2019), "Principles of Modern Communication Systems" (Cambridge University Press, 2017, com S. O. Agbo) e "Emerging Internet-based Technologies" (CRC Press, 2019). Para além dos livros de engenharia, escreveu livros cristãos, incluindo "Secrets of Successful Marriages", "How to Discover God's Will for Your Life" e comentários sobre todos os livros da Bíblia do Novo Testamento. Alguns dos seus livros foram traduzidos para francês, coreano, chinês (e chinês em forma longa em Taiwan), italiano, português e espanhol.

Recebeu o prémio McGraw-Hill/Jacob Millman de 2000 por contribuições notáveis no domínio da engenharia eléctrica. Foi também galardoado com o prémio Regents Professor em 2012-2013 pelo Texas A&M University System. É um engenheiro profissional registado e membro vitalício do Instituto de Engenheiros Eléctricos e Electrónicos (IEEE) "pelas suas contribuições para a eletromagnetismo computacional e o ensino da engenharia". Foi Presidente do Comité de Actividades Estudantis da Região 2 do IEEE. Foi editor associado da IEEE Transactions on Education. É também membro da Association for Computing Machinery (ACM) e da American Society of Engineering Education (ASEE). Os seus actuais interesses de investigação situam-se nas áreas da electromagnética computacional, ciência da computação/redes, educação em engenharia e aconselhamento matrimonial. Os seus trabalhos podem ser encontrados na sua autobiografia, "My Life and Work" (Trafford Publishing, 2017) ou no seu sítio Web: www.matthew-sadiku.com. Pode ser contactado por correio eletrónico em sadiku@ieee.org

John B. Ameobi: Obteve o seu B. Sc. em Engenharia Agrícola em 1978 pela Universidade de Ibadan e o seu M.Eng. em Engenharia Agrícola (Potência e Maquinaria Agrícola) em 1984 pela Universidade Ahmadu Bello, Zaria (ambas na

Nigéria). Recebeu também o seu doutoramento em Engenharia Agrícola (Secagem e Armazenamento de Produtos Agrícolas) em 1992 pela Universidade de Newcastle upon Tyne e o seu diploma de pós-graduação em Sistemas de Informação Baseados em Computadores em 1997 pela Universidade de Sunderland (ambas no Reino Unido). Foi professor no Katsina College of Arts, Science & Technology (atualmente Hassan Usman Katsina Polytechnic) e no College of Agriculture, Ahmadu Bello University, Zaria; bem como na University of Ilorin (todos na Nigéria). É autor e coautor de dois livros e autor de um artigo profissional. Foi membro da NSAE. Foi também pastor sénior da Apostolic Church, em Newcastle upon Tyne, Reino Unido, até à sua reforma em janeiro de 2015. É um conselheiro, um encorajador, um mentor e um pioneiro.

Chandra M. M. Kotteti: É um engenheiro distinto e um educador visionário no domínio da ciência e engenharia informáticas. Obteve o seu doutoramento na Prairie View A&M University, nos EUA, aprofundando o domínio da aprendizagem automática, da aprendizagem profunda e da IA. Ele inspirou inúmeros alunos através do seu estilo de ensino dinâmico e palestras envolventes. É autor de inúmeros trabalhos académicos e artigos técnicos, contribuindo com conhecimentos valiosos para a comunidade de investigação global. O seu empenho na educação levou-o a desenvolver currículos abrangentes, garantindo que a próxima geração de engenheiros recebe uma compreensão holística da teoria, aplicação e considerações éticas.

Índice

CAPÍTULO 1 : INTRODUÇÃO

"Porque de todas as profissões remuneradas, nada é melhor, nada é mais agradável, nada é mais delicioso, nada se torna melhor para um homem bem educado do que a agricultura."

- Marcus Tullius Cicero

1.1 INTRODUÇÃO

Para além da água potável, o acesso a alimentos adequados é a principal preocupação da maioria das pessoas na Terra. Alimentar o mundo de uma forma sustentável é um dos nossos desafios mais prementes nas próximas décadas. O Banco Mundial previu um crescimento de quase 9,7 mil milhões de pessoas na população mundial até 2050 e identifica a agricultura como o instrumento mais poderoso para fornecer alimentos para o aumento previsto da população. A agricultura é um dos sectores mais indispensáveis da economia mundial. É um dos sectores que mais receitas gera em todo o mundo e é também o sector que satisfaz as necessidades alimentares do planeta. A produção agrícola não só é fundamental para melhorar a nutrição, como é também a principal fonte de rendimento para muitos. É crucial para o crescimento económico. Pode ajudar a reduzir a pobreza, aumentar os rendimentos e melhorar a segurança alimentar das populações pobres do mundo que trabalham principalmente na agricultura e vivem em zonas rurais [1].

A agricultura é a capacidade e a ciência de cultivar o solo, produzir colheitas e criar gado. Não deve ser confundida com o mero cultivo de culturas. Pelo contrário, é um termo amplo que inclui não só o cultivo de plantas, mas também o cultivo de animais como o gado e o peixe. A produção agrícola global mudou drasticamente nas últimas décadas, em resultado de dois factores: a quantidade de terra que utilizamos para a agricultura aumentou, mas houve um rápido aumento do rendimento das colheitas. Antes, a produção alimentar estava localizada em todo o lado: os agricultores produziam alimentos para as suas famílias ou comunidades. Atualmente, a produção agrícola também se internacionalizou [2].

A figura 1.1 mostra as culturas e o gado mais populares produzidos em todo o mundo [3].

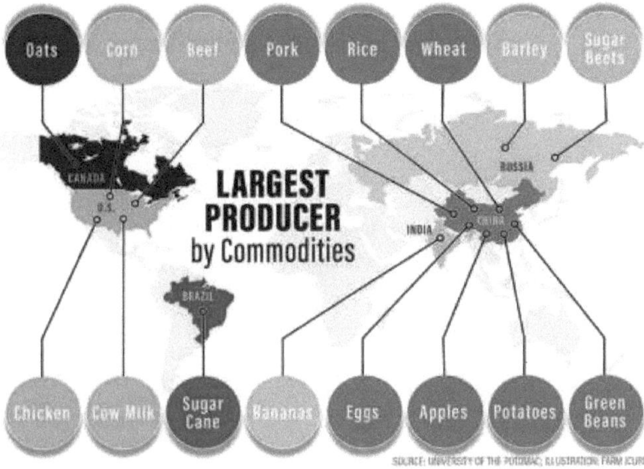

Figura 1.1 As culturas e os animais mais populares produzidos em todo o mundo [3].

Os produtos agrícolas mais cultivados em todo o mundo incluem o leite de vaca, a cana-de-açúcar, o milho, o trigo, o arroz e a batata. Entre as principais culturas de cereais e legumes, os Estados Unidos, a China, a Índia e a Rússia são os principais produtores. No que respeita aos produtos de base que alimentam o mundo (arroz, milho, trigo, feijão, lentilhas e proteínas animais), países como os Estados Unidos, a Alemanha, o Canadá, o Brasil e a Tailândia ocupam um lugar de destaque. A Indonésia é o país que mais exporta produtos agrícolas a nível mundial. Em 2020, metade da produção agrícola mundial provinha da Ásia. Todas as nações são obrigadas a aumentar a sua produtividade agrícola devido ao aumento da população [4]. A figura 1.2 apresenta as regiões agrícolas do mundo [5].

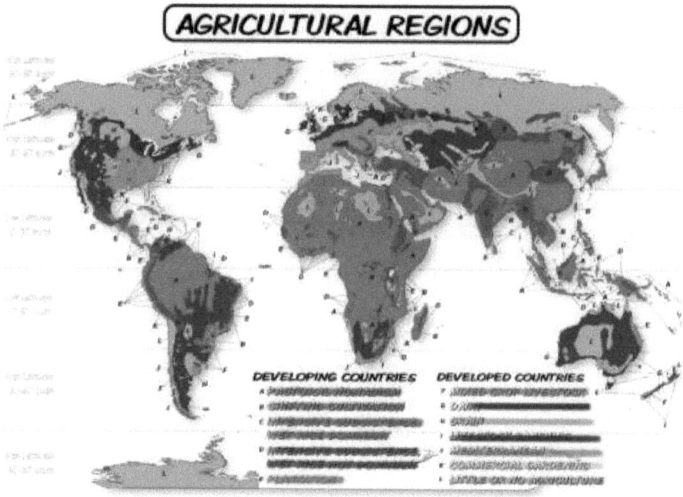

Figura 1.2 Regiões agrícolas do mundo [5].

Este capítulo introduz os leitores a este livro e explora a prática da agricultura em algumas nações. Começa por fornecer algumas informações gerais sobre a agricultura. Em seguida, analisa a agricultura em oito países seleccionados [6-8]: EUA, China, Índia, Europa, Canadá, Brasil, Nigéria e Uganda. Destaca os benefícios e os desafios da agricultura a nível mundial. A última secção conclui com comentários.

1.2 PANORÂMICA DA AGRICULTURA

A agricultura é uma parte integrante da economia mundial. É uma das armas mais poderosas para combater a pobreza e aumentar a prosperidade partilhada. É a principal fonte de emprego, rendimento e alimentos, satisfazendo as necessidades básicas das pessoas em todo o mundo. O aumento da produção agrícola é fundamental para acabar com a fome, bem como para o desenvolvimento económico e social. Atualmente, grandes quantidades de alimentos são comercializadas internacionalmente, tornando as dietas em todo o mundo muito mais diversificadas. Algumas nações vão além dos mercados domésticos para explorar mais as exportações e atender a uma base de consumidores internacionais [9]. Nesta secção, fornecemos informações gerais sobre a agricultura.

1.2.1 *Indústria agrícola*

A agricultura é a prática de cultivar culturas e criar animais, principalmente para fins alimentares. A indústria agrícola constitui um sector importante da economia de qualquer nação. Os agricultores abastecem as indústrias de produção e transformação de alimentos. A agricultura industrial tem por objetivo produzir a maior quantidade possível de alimentos ao mais baixo custo. Os princípios das ciências físicas, biológicas e sociais são aplicados no cultivo de plantas domesticadas para satisfazer uma diversidade de necessidades humanas de uma forma rentável.

A agricultura é um vasto domínio que engloba múltiplos sectores, cada um deles centrado em aspectos específicos da produção, transformação e distribuição de alimentos. Os sete sectores da agricultura são os seguintes [10]:

1. *Sistemas agro-industriais:* Este sector lida com a vertente empresarial da agricultura, incluindo o financiamento, a comercialização e a gestão de empresas agrícolas.
2. *Sistemas animais:* Os sistemas animais envolvem principalmente a criação, a reprodução e a gestão de gado para fins agrícolas. Este sector inclui a criação de gado leiteiro e de aves de capoeira, a produção de carne de bovino e de suíno e a gestão da saúde animal.
3. *Sistemas de serviços ambientais:* Este sector centra-se na sustentabilidade ambiental e na conservação dos recursos naturais. Inclui actividades como a conservação do solo e da água, a gestão de resíduos e a investigação ambiental.
4. *Produtos alimentares e sistemas de processamento:* Este sector envolve o processamento, a embalagem e a distribuição de produtos agrícolas. Inclui fábricas de processamento de alimentos, regulamentos de segurança alimentar, controlo de qualidade e transporte.
5. *Sistemas de recursos naturais:* Os sistemas de recursos naturais concentram-se na utilização e gestão sustentáveis dos recursos naturais, tais como florestas, massas de água e vida selvagem.
6. *Sistemas vegetais:* O sector dos sistemas vegetais centra-se na produção de culturas, no melhoramento de plantas e na gestão de culturas.
7. *Sistemas de energia, estruturais e técnicos:* Este sector lida com a maquinaria, o equipamento e as infra-estruturas necessárias para operações agrícolas eficientes.

Estes sete sectores trabalham em conjunto para assegurar uma indústria agrícola sustentável e produtiva.

O sector agrícola está sob pressão para satisfazer a procura crescente de alimentos por parte da população mundial e as alterações climáticas significativas. Para que a raça humana continue a existir, a agricultura deve ser sustentável. Ao contrário da produção industrial, a agricultura, caracterizada por condições de produção complexas e dinâmicas (como o clima), pode causar perturbações, é difícil de prever e só pode ser controlada até certo ponto. A agricultura está a tornar-se rapidamente numa excitante indústria de alta tecnologia, atraindo novas tecnologias, novos profissionais, novas empresas e novos investidores.

1.2.2 *Breve história da agricultura*

A agricultura começou de forma independente em diferentes partes do globo. O desenvolvimento da agricultura há cerca de 12.000 anos mudou a forma como os seres humanos viviam. Foi só depois de 9500 a.C. que surgiram as oito culturas fundadoras da agricultura. As uvas e o vinho foram mencionados nos registos egípcios por volta de 2900 a.C. A civilização do Antigo Egipto estava em dívida para com o rio Nilo e as suas fiáveis inundações sazonais. O algodão era cultivado e fiado na Índia, cerca de 2000 a.C., e o linho e a seda eram muito utilizados na China do segundo milénio a.C. Por volta do ano 100 d.C., o historiador romano Cornélio Tácito descreveu os germanos como uma sociedade tribal de guerreiros camponeses livres que cultivavam as suas próprias terras ou as deixavam para combater. As melhorias registadas nas ferramentas e utensílios foram particularmente importantes. As ferramentas de bronze e de ferro eram mais duradouras e mais eficientes. Os agricultores chineses melhoraram ainda mais a sua eficiência com a invenção do arado de ferro fundido. No século I a.C., os chineses tinham inovado o martelo hidráulico para fins agrícolas. No século IV d.C., a servidão estava bem estabelecida e o antigo rendeiro estava ligado à terra A agricultura em Espanha, Itália e sul de França, em particular, foi afetada por acontecimentos fora da Europa continental.

O regime de cultivo era rigorosamente prescrito. As terras aráveis estavam divididas em três campos: um semeado no outono com trigo ou centeio; um segundo semeado na primavera com cevada, centeio, aveia, feijão ou ervilhas; e o terceiro deixado em pousio. Por volta de 1300, desenvolveu-se uma tendência para cercar as terras comuns e para criar ovelhas apenas pela sua lã. Do século XV ao século XIX, o comércio de escravos forneceu os trabalhadores necessários para preencher a grande força de trabalho exigida pelas plantações coloniais. As primeiras áreas conhecidas de possível agricultura nas Américas, que datam de cerca de 9000 a.C., estão na Colômbia, perto da atual Pereira. A agricultura pré-histórica americana consistia geralmente no cultivo de muitas culturas próximas umas das outras, utilizando apenas trabalho manual. Os povos indígenas do leste dos EUA domesticavam várias culturas. Os europeus praticavam uma agricultura extensiva, baseada no arado e em animais de tração, com arrendatários sob o controlo dos proprietários. A figura 1.3 mostra uma agricultura tradicional típica [11].

Figura 1.3 Uma exploração agrícola tradicional típica [11].

Entre o século XVII e meados do século XIX, a Grã-Bretanha registou um grande aumento da produtividade agrícola e da produção líquida. Novas práticas agrícolas como o cercamento, a mecanização, a rotação de culturas em quatro campos para manter os nutrientes do solo e a reprodução selectiva permitiram um crescimento demográfico sem precedentes, libertando uma percentagem significativa da mão de obra. O número de pessoas envolvidas na agricultura nos países industrializados diminuiu radicalmente. No século passado, a agricultura caracterizou-se pelo aumento da produtividade, pela substituição da mão de obra por fertilizantes e pesticidas sintéticos, pela poluição da água e pelos subsídios agrícolas

As melhorias nos transportes afectaram a agricultura. Estradas, canais e linhas de caminho de ferro permitiram aos agricultores obter os abastecimentos necessários de fornecedores remotos e comercializar os seus produtos numa área mais vasta. Durante o século XX, desenvolveu-se uma reação à agricultura industrial conhecida como agricultura sustentável, com o objetivo principal de produzir alimentos economicamente viáveis e nutritivos sem danificar os recursos naturais, como as terras agrícolas e a bacia hidrográfica local. Durante a segunda metade do século XX, o que é hoje conhecido como agricultura moderna foi muito bem sucedido na satisfação de uma procura crescente de alimentos por parte da população mundial [12,13].

1.2.3 *Agricultura moderna*

A agricultura moderna é aquela em que o sucesso do processo depende do uso da tecnologia, do acesso aos recursos, da gestão, do investimento e do apoio do governo. As novas tecnologias adoptadas para o desenvolvimento das culturas trazem consigo um elevado aumento da produção alimentar. Os sistemas agrícolas modernos foram desenvolvidos com dois objectivos relacionados: obter o maior rendimento possível e obter o maior lucro possível. Para atingir estes objectivos, seis práticas básicas passaram a constituir a espinha dorsal da produção: lavoura intensiva, monocultura, aplicação de fertilizantes inorgânicos, irrigação, controlo químico de pragas e manipulação genética das plantas cultivadas.

A agricultura moderna e a criação de gado dependem uma da outra e fazem parte dos valiosos recursos que a terra oferece. A agricultura moderna depende fortemente das tecnologias e sem elas não é possível desenvolver um bom processo agrícola e ser altamente produtivo. A tecnologia agrícola é considerada uma das áreas mais marcantes e revolucionárias deste domínio, uma vez que se centra na produção de alimentos suficientes para satisfazer a procura crescente da população. Permite que os agricultores modernos façam um trabalho melhor do que os seus antepassados [14,15]. A Figura 1.4 apresenta um exemplo de agricultura mecanizada [16].

Figura 1.4 Agricultura mecanizada [26].

A figura 1.5 mostra um exemplo de agricultura urbana, uma forma moderna de agricultura [17].

Figura 1.5 Agricultura urbana, uma forma moderna de agricultura [17].

Atualmente, o sector agrícola enfrenta vários desafios, tais como as alterações climáticas, a segurança alimentar, a segurança dos alimentos, o aumento da população, a crescente escassez de mão de obra, as limitações de terra e água, a crescente urbanização, o ambiente cada vez mais degradado, a mudança nas preferências alimentares, a degradação ambiental, a adaptação à tecnologia mais recente, a obtenção de mais com menos, os recursos limitados, as infra-estruturas inadequadas, a falta de financiamento, os preconceitos de género, etc. Atualmente, são necessárias tecnologias inovadoras para ultrapassar estes problemas e satisfazer as necessidades nutricionais de uma população mundial em rápido crescimento. Os agricultores estão a recorrer a várias tecnologias para resolver os problemas. A tecnologia está a ter impacto em todos os aspectos da nossa vida moderna, e a agricultura não é exceção. Em termos simples, a tecnologia pode ser considerada como o conjunto de competências que nos permitem construir objectos e máquinas para satisfazer as nossas necessidades. Atualmente, a tecnologia tem sido adoptada a um ritmo crescente, ao ponto de se ter tornado uma necessidade indispensável para todos os agricultores, especialmente nos países desenvolvidos.

1.2.4 *Tecnologias emergentes na agricultura*

As tecnologias emergentes podem literalmente transformar a paisagem agrícola nos próximos anos. As novas tecnologias emergentes incluem a inteligência artificial, a aprendizagem automática, a robótica, a Internet das coisas, os grandes volumes de dados, a computação em nuvem, a computação flexível, a computação empresarial, a impressão 3D, os wearables, a 5G, a cibersegurança, as redes sociais, a gamificação, a realidade virtual, a realidade aumentada e a cadeia de blocos. As tecnologias emergentes transformaram completamente a agricultura moderna. Estas tecnologias podem fornecer ao sector agrícola as ferramentas e informações necessárias para tomar decisões mais informadas e melhorar a produtividade.

O futuro da agricultura é importante se quisermos fornecer alimentos de qualidade à crescente população mundial. Trata-se de uma questão importante para os planeadores e todos os outros interessados. O futuro da agricultura está cheio de possibilidades e avanços interessantes. Centrar-se-á em práticas sustentáveis, em novas tecnologias, na utilização de dados para tomar melhores decisões e na satisfação da procura crescente de alimentos, cuidando simultaneamente do nosso planeta [18].

1.3 AGRICULTURA NOS ESTADOS UNIDOS

Os Estados Unidos são uma superpotência em todos os sectores, incluindo a indústria agrícola. É bem conhecido pela sua ciência agrícola e fornece alguma tecnologia agrícola avançada no mundo. É o melhor país no domínio da tecnologia agrícola. Serve de modelo para muitas nações no sector da agricultura. A agricultura nos EUA registou um crescimento anual de 5% desde 1990. As extensões de terra arável dos EUA, as infra-estruturas bem desenvolvidas, a tecnologia avançada e o apoio governamental constituem uma vantagem competitiva. Embora a atividade agrícola ocorra em todos os estados dos EUA, está particularmente concentrada no Vale Central da Califórnia e nas Grandes Planícies. A mecanização da agricultura e a agricultura intensiva têm sido temas importantes na história dos EUA. A introdução e a adoção generalizada da agricultura científica a partir de meados do século XIX contribuíram para o crescimento económico dos Estados Unidos. Os agricultores do início dos Estados Unidos estavam abertos à plantação de novas culturas, à criação de novos animais e à adoção de novas inovações, uma vez que o aumento da produtividade agrícola, por sua vez, aumentou a procura de serviços de transporte marítimo, contentores, crédito, armazenamento e afins [19]. Como na maioria dos países, o governo dos Estados Unidos subsidia fortemente a agricultura. Os agricultores constituem um grupo politicamente poderoso e beneficiam de um apoio legislativo considerável. Os Estados Unidos são o principal exportador de produtos agrícolas, com 118,3 mil milhões de dólares em exportações em 2019. O milho é a maior cultura produzida. Segue-se a soja e o trigo. Outras culturas importantes são a cana-de-açúcar, a batata, o café, a beterraba sacarina e a banana.

1.4 AGRICULTURA NA CHINA

As terras da China são muito utilizadas para a agricultura. Uma vez que a China precisa de alimentar a maior população do mundo, o governo chinês atribui grande importância à agricultura. O desenvolvimento da agricultura ao longo da história da China desempenhou um papel fundamental no apoio ao crescimento de uma das maiores populações do mundo. No século XX, a China lutou para alimentar a sua grande população, uma vez que a agricultura era muito intensiva em termos de mão de obra. Após a vitória do Partido Comunista Chinês na Guerra Civil Chinesa, o controlo das terras agrícolas foi retirado aos proprietários e redistribuído pelos 300 milhões de camponeses. Através da atualização das políticas e tecnologias agrícolas, a China tornou-se autossuficiente e é capaz de aumentar a produção e a eficiência agrícola. Desde 1994, o governo instituiu uma série de alterações políticas destinadas a limitar a importação de cereais e a aumentar a estabilidade económica. À medida que a China continua a industrializar-se, vastas quantidades de terras agrícolas estão a ser convertidas em terras industriais [20]. A maior exploração agrícola do mundo (em termos de área) situa-se em Heilongjiang, na China; a exploração gere 22.500.000 acres. Em 2020, a China foi o principal produtor agrícola a nível mundial. É a maior nação produtora de arroz do mundo. É o maior produtor e exportador de alho. Exporta alho para os Emirados Árabes Unidos, os Estados Unidos, o Vietname e a Indonésia. A China é também o maior produtor de muitos legumes, incluindo cebolas e couves. Além disso, a China produz soja, kaoliang (sorgo), trigo, painço e milho.

1.5 AGRICULTURA NA ÍNDIA

A Índia é considerada uma potência agrícola mundial. A agricultura é a principal fonte de rendimento de metade da população. 59% da população ativa vive da agricultura. O forte aumento da produção de géneros alimentícios durante a

Revolução Verde da década de 1970 permitiu ao país alcançar a autossuficiência em cereais e evitar a ameaça de fome. A Índia ocupa o primeiro lugar na produção de leite, o segundo na produção de frutos secos, o terceiro na produção de peixe, o quarto na produção de ovos e o quinto na produção de aves de capoeira a nível mundial. A Índia é o maior produtor da maioria dos frutos do mundo, incluindo bananas, goiabas, mangas, limões, papaias e legumes. A Índia também produz especiarias que incluem gengibre, pimenta e chili. A Índia é também o maior país produtor de trigo do mundo. Os agricultores da Índia estão satisfeitos por poderem alimentar a sua família e dar educação aos seus filhos. O aumento da produtividade por unidade de terra terá de ser o principal motor do crescimento agrícola, uma vez que praticamente toda a terra cultivável é cultivada. O desenvolvimento rural pode beneficiar os pobres, os sem-terra, as mulheres, as castas e as tribos. Uma das necessidades mais importantes para o crescimento agrícola é a reforma profunda e o reforço dos sistemas de investigação e de extensão agrícola da Índia. Uma vez que a agricultura é o maior utilizador de água na Índia, a crescente concorrência pela água entre a indústria, a utilização doméstica e a agricultura evidenciou a necessidade de planear e gerir a água numa base de bacia hidrográfica e multi-setorial [21].

1.6 AGRICULTURA NA EUROPA

O sector agrícola é um dos principais utilizadores das terras na Europa, moldando assim as paisagens nas zonas rurais. A política agrícola da UE tem tido uma forte dimensão económica. As terras agrícolas desempenham um papel importante nos padrões de utilização dos solos em toda a UE. As práticas agrícolas europeias afectaram grandemente a paisagem da Nova Inglaterra. Os colonos trouxeram o gado da Europa, o que provocou muitas alterações na terra. O pastoreio de animais exigia muita terra e alimentos e o próprio ato de pastar destruía as gramíneas nativas, que estavam a ser substituídas por espécies europeias. Dois dos principais desafios com que se confronta a agricultura na Europa são as alterações climáticas e a ocupação de terras, ou seja, a conversão de terras em povoações e infra-estruturas. Assim, a proporção de terras agrícolas no total do território está a diminuir. Nos últimos anos, o sector agrícola tem sido cada vez mais afetado por fenómenos meteorológicos extremos [22]. Durante muitos anos, a França foi considerada o centro agrícola da Europa. Em toda a UE, a França é o principal produtor de sementes oleaginosas, cereais, beterraba sacarina, leite, vinho e carne de bovino. Os principais produtos agrícolas da Alemanha incluem carne de porco, aves de capoeira, batatas, leite, cereais, carne de vaca, beterraba sacarina, couves, cevada e trigo.

1.7 AGRICULTURA NO CANADÁ

O Canadá é um dos maiores produtores e exportadores agrícolas do mundo. No Canadá, a agricultura é um sector importante. A agricultura canadiana enfrenta muitos desafios. Alguns desses desafios dizem respeito à proteção das culturas, à conservação dos solos, à mão de obra, às alterações climáticas e à saúde. Apenas cerca de 7% das terras do Canadá são adequadas para a agricultura. As explorações agrícolas canadianas precisam urgentemente de mais trabalhadores.

Grande parte do trabalho agrícola é sazonal. Algumas culturas, como o tomate, a canábis e as flores, são cultivadas em estufas nos centros urbanos. A agricultura no Canadá é variada e continua a mudar. O Canadá é conhecido pelo seu marisco fresco, carnes de alta qualidade, alimentos e bebidas especiais e colheitas. O processamento de alimentos e bebidas constitui a maior parte da atividade industrial no Canadá, com acesso a um fornecimento contínuo e fresco das explorações agrícolas canadianas. O trigo é uma cultura básica do Canadá. O Canadá é o lar de tecnologias de ponta, como proteínas à base de plantas, tractores autónomos, tecnologias orientadas por GPS para reduzir o desperdício, etc. Os governos federal e provincial do Canadá concedem financiamento a muitos sectores, incluindo a agricultura. Os agricultores canadianos estão sob pressão para produzir mais alimentos para alimentar a população em crescimento. Têm de o fazer ao mesmo tempo que cuidam do gado, da terra e da água nas suas explorações agrícolas [23-25].

1.8 AGRICULTURA NO BRASIL

O Brasil é uma grande potência agrícola e industrial. É a economia mais forte da América Latina e das Caraíbas. Historicamente, o Brasil é uma das melhores nações agrícolas em que a sua economia se baseia. A parte sul do Brasil tem um clima semi-temperado, maior pluviosidade, solos mais férteis, tecnologia mais avançada, infra-estruturas adequadas e agricultores mais experientes. Essa região produz a maior parte dos grãos, oleaginosas e exportações do Brasil. O país está a expandir as suas terras agrícolas, que em 2020 representavam cerca de um terço da área total do Brasil. No mesmo ano, o Brasil produziu um terço da produção mundial de soja, café e laranja. É o principal produtor de café, cana-de-açúcar e citrinos, e o segundo maior produtor de soja, carne de bovino e aves de capoeira [26]. O Brasil é o líder mundial na produção de cana-de-açúcar, que costumava ser a prioridade inicial de produção do país. A grande produção de cana-de-açúcar no país é promovida pela mecanização. O Brasil acabou por se tornar o maior exportador mundial de café, soja, carne de vaca e etanol de origem vegetal.

1.9 AGRICULTURA NA NIGÉRIA

A agricultura contribui de forma significativa para a economia da Nigéria e emprega cerca de 70% da força de trabalho. Quando a Nigéria se tornou independente em 1960, as exportações de produtos alimentares representavam mais de 70% do Produto Nacional Bruto (PNB) do país. Nas quatro décadas seguintes, a situação inverteu-se, com os produtos alimentares a representarem mais de 50% das importações. Juntamente com o petróleo bruto, a Nigéria depende dos produtos agrícolas que exporta para gerar a maior parte das suas receitas nacionais. A agricultura na Nigéria inclui quatro subsectores: produção vegetal, pecuária, silvicultura e pesca. O milho, a mandioca, o milho-da-índia e o inhame são as principais culturas cultivadas na Nigéria, com 70% dos agregados familiares envolvidos na agricultura. A Nigéria é o maior exportador de sementes de cacau. Exporta sementes de cacau para os Países Baixos, Indonésia e Bélgica. Existem vários factores no sector agrícola nigeriano que podem impedir o seu crescimento. Estes incluem um sistema de posse da terra que limita o acesso à terra, o nível de desenvolvimento da irrigação no país, a adoção limitada dos resultados da investigação e das tecnologias, as formas de aquisição e distribuição de fertilizantes, a eficácia das instalações de armazenamento e a quantidade de acesso aos mercados [27].

1.10 AGRICULTURA NO UGANDA

Os ugandeses foram movidos pelo desejo de reconstruir e reabilitar tudo o que tinha sido danificado durante a guerra de 1986. A adoção generalizada da agricultura biológica em todo o país foi um dos resultados deste esforço. Os agricultores ugandeses dedicaram-se à agricultura biológica devido aos baixos custos dos factores de produção, bem como às suas vantagens em termos de poupança de recursos e de respeito pelo ambiente. Atualmente, o Uganda é um líder na agricultura biológica em África. As suas principais exportações biológicas incluem café, algodão, bananas secas, papaias, ananases, maracujás, malaguetas, gengibre, frutas, legumes e baunilha. Em 2019, o Colégio Rural de Formação Agrícola Orgânica (RUCID) tornou-se o primeiro colégio do país exclusivamente dedicado à educação e investigação da agricultura regenerativa e orgânica. A comercialização do sector agrícola é dificultada pela utilização limitada de fertilizantes e sementes de qualidade por parte dos agricultores e pela falta de infra-estruturas de irrigação. Existem oportunidades de investimento no sector agrícola do Uganda. Os investidores consideram que o potencial agrícola do Uganda está entre os melhores de África, com baixa variabilidade de temperatura, solos férteis e duas estações chuvosas em grande parte do país, o que permite várias colheitas por ano [28].

1.11 BENEFÍCIOS

A agricultura é um dos maiores e mais importantes sectores de atividade do mundo. Constitui a espinha dorsal da economia de qualquer país. É vital para alimentar a população mundial e é uma componente chave da economia de muitas nações. Fornece a maior parte dos alimentos e tecidos do mundo. Permite que as pessoas produzam excedentes alimentares. A figura 1.6 mostra como as pessoas em todo o mundo vivem da agricultura [29].

Figura 1.6 Pessoas em todo o mundo vivem da agricultura [29].

Um país com uma forte posição na produção agrícola pode permitir um desenvolvimento económico mais estável de um país. Para aumentar a produtividade agrícola, os países desenvolvidos estão a recorrer a sementes geneticamente modificadas para aumentar os rendimentos. Embora a agricultura já não seja um dos principais empregadores na América do Norte ou na Europa, a segurança alimentar continua a ser um problema global. Cerca de um terço das explorações agrícolas do mundo adoptaram práticas mais respeitadoras do ambiente, mantendo-se produtivas.

1.12 DESAFIOS

A humanidade está a enfrentar enormes desafios para alimentar todos os habitantes do planeta.

A agricultura do século XXI enfrenta múltiplos desafios: tem de produzir mais alimentos para alimentar uma população crescente com uma mão de obra rural mais reduzida, mais matérias-primas para um mercado potencialmente enorme de bioenergia, contribuir para o desenvolvimento global dos muitos países em desenvolvimento dependentes da agricultura, adotar métodos de produção mais eficientes e sustentáveis e adaptar-se às alterações climáticas. Como mostra a Figura 1.7, a população está a aumentar e a produção alimentar tem de aumentar [30].

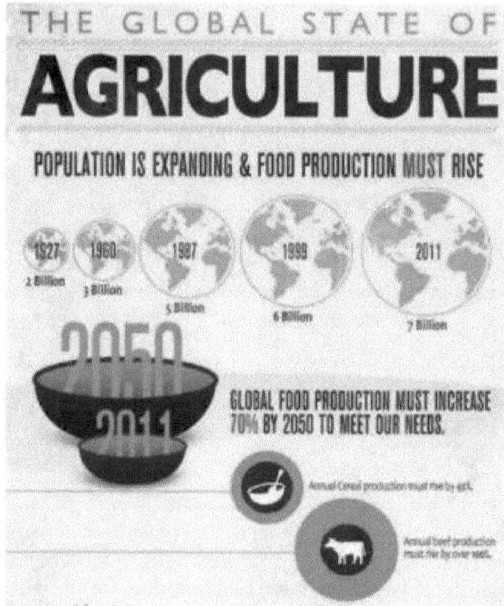

Figura 1.7 A população está a aumentar e a produção alimentar tem de aumentar [30].

O mundo depende do aumento da produção alimentar para alimentar 9,7 mil milhões de pessoas até 2050. Outros desafios são os seguintes [31]:

- *Segurança alimentar:* Esta continua a ser uma questão central para muitos países.

  Nada causa mais agitação política do que a privação de alimentos. A importação de alimentos de outros países faz aumentar os preços dos produtos alimentares. É por esta razão que a agricultura é talvez o sector mais subsidiado do mundo. Os subsídios têm por objetivo ajudar os agricultores a produzir quantidades suficientes e a adquirir instrumentos agrícolas modernos. É necessário fazer mais nas fases de planeamento para garantir um fornecimento abundante e seguro de alimentos aos residentes urbanos, agora e no futuro.

- *Alterações climáticas:* A agricultura é altamente dependente do clima e das condições meteorológicas. A seca prolongada ou a precipitação intensa podem ter repercussões devastadoras na saúde e na fertilidade dos solos. A alteração dos padrões meteorológicos, os fenómenos meteorológicos extremos e as secas provocadas pelas alterações climáticas contam-se entre os principais factores de insegurança alimentar.

- *Fator de inflação:* A agricultura é um dos principais factores de inflação. A invasão da Ucrânia pela Rússia acelerou uma crise alimentar global que está a levar milhões de pessoas à pobreza extrema e à fome. Cerca de 2 mil milhões de toneladas de alimentos são desperdiçados todos os anos devido a datas de validade rigorosas, ao consumismo excessivo e a instalações de armazenamento deficientes.

- *Impacto ambiental:* A agricultura tem grandes impactos ambientais. Os nossos sistemas alimentares são saudáveis para as pessoas e geram níveis insustentáveis de poluição e resíduos. A agricultura é o maior utilizador de água, uma vez que utiliza 70% dos recursos hídricos mundiais. Há agricultores em todo o mundo que estão empenhados em restaurar o seu ambiente através de práticas agrícolas biológicas e regenerativas.

- *Infra-estruturas:* O maior obstáculo com que nos deparamos nas zonas rurais é o acesso inadequado a infra-estruturas suficientes necessárias para implantar a conetividade de rede. Os agricultores enfrentam a concorrência global e têm de gerir as suas explorações agrícolas da forma mais eficiente possível. Por isso, estão sempre a melhorar e a experimentar novas tecnologias inovadoras, como a proteção das culturas e das sementes, a gestão dos nutrientes e a irrigação gota a gota. Fazem experiências com diferentes sementes, pesticidas e fertilizantes.

- *População:* Em 2022, a população mundial atingiu os 8 mil milhões de habitantes e duplicará nos próximos 50 anos se o crescimento continuar ao mesmo ritmo. Uma consequência óbvia do crescimento da população é uma maior procura de alimentos. Se a agricultura não conseguir acompanhar o ritmo, mais pessoas passarão fome.

- *Terra insuficiente:* Dos 1,38 mil milhões de hectares de terras aráveis disponíveis em todo o mundo, mais de um terço foi irreversivelmente comprometido devido à conversão extensiva de terras e aos métodos agrícolas tradicionais. Alguns países do Leste e do Norte de África, bem como do Sul da Ásia, já atingiram o seu limite de terras cultiváveis.

- *Baixo investimento:* O sector agrícola desempenha um papel insubstituível nas nossas sociedades. Apesar das inúmeras investigações que sugerem a necessidade de investir na agricultura, esta continua a ser uma prática relativamente pouco comum. Investir na agricultura significa, basicamente, aplicar os fundos na produção, transformação e distribuição de alimentos e culturas. No entanto, não é uma estratégia muito atractiva para o investidor médio, uma vez que exige um grande compromisso de capital e risco.

A figura 1.8 mostra estes desafios.

Figura 1.8 Desafios da agricultura mundial.

1.13 CONCLUSÃO

Alimentar a população é um objetivo básico e central de qualquer economia. A agricultura é a principal fonte de subsistência da maioria das populações rurais e é frequentemente referida como o pilar da economia do mundo em desenvolvimento. O papel da produção e do consumo agrícolas no desenvolvimento económico mundial tem sofrido progressos significativos. Para muitas pessoas em todo o mundo, a agricultura é um negócio sério. É vital para a segurança alimentar e representa também uma parte considerável do produto interno bruto de algumas nações. A agricultura continua a ter uma forte influência nos corações e nas mentes das pessoas em todo o mundo. Para mais informações sobre a agricultura em todo o mundo, consultar os livros em [3241] e as seguintes revistas relacionadas:

- *Agricultura moderna*
- *Revista Internacional de Agricultura Moderna*
- *Revista Mundial de Agricultura e Urbanização*

REFERÊNCIAS

[1] "Agricultura e alimentação," https://www.worldbank.org/en/topic/agriculture/overview

[2] H. Ritchie, P. Rosado, e M. Roser, "Agricultural production," https://ourworldindata.org/agricultural-production

[3] "Quem produz o quê? Principais estatísticas agrícolas de todo o mundo," https://www.agweb.com/markets/world-markets/who-produces-what-key-agriculture- stats-around-globe
[4] S. D. Simpson, "Top agricultural producing countries," julho de 2022, https://www.investopedia.com/financial-edge/0712/top-agricultural-producing-countries.aspx#:~:text=Of%20the%20major%20cereal%20and%20vegetable%20 crops% 2C%20the,with%20%24118.3%20billion%20in%20exports%20as%20of%20201 9.
[5] https://i0.wp.com/www.illustratedtextbook.com/wp-content/uploads/2019/12/Agricultural-Types-for-Web-scaled.jpg
[6] "Os 10 principais países produtores agrícolas do mundo", fevereiro de 2023, https://www.tractorjunction.com/blog/top-10-agricultural-producing-countries-in-the- world/
[7] "Organic agriculture around the world," março de 2022, https://organiccouncil.ca/organic-agriculture-around-the-world/
[8] "Os 10 melhores países agrícolas do mundo - Lista de sucesso", outubro de 2022, https://www.basicplanet.com/top-10-best-agricultural-countries-world-hit-list/
[9] M. N. O. Sadiku, U. C. Chukwu e J. O. Sadiku, "Agriculture around the world", *World Journal of Agriculture and Urbanization,* vol. 3, n.º 1, janeiro de 2024, pp. 28-35.
[10] G. McClain, "Quais são os 7 sectores da agricultura?". https://www.ncesc.com/geographic-pedia/what-are-the-7-sectors-of-agriculture/
[11] https://images.search.yahoo.com/yhs/search?p=images+of+traditional+farming&f r=yhs- fc- 3971&type=fc_AC5AE6A96A2_s69_g_e_d_n0002_c999&hspart=fc&hsimp=yhs - 3971&imgurl=https%3A%2F%2Fi.pinimg.com%2Foriginals%2F86%2F02%2F1 a%2F8 6021a17af04125e89d08fdb2093e191.jpg#id=1 &iurl=https%3A%2F%2Fi.pinimg.com%2 Foriginals%2F86%2F02%2F 1a%2F86021 a17af04125e89d08fdb2093e191 .jpg&action=c lick
[11] "História da agricultura", *Wikipédia,* a enciclopédia livre, https://en.wikipedia.org/wiki/History_of_agriculture
[12] A. Abbas, "Introduction to agriculture", janeiro de 2011. https://www.researchgate.net/publication/282905517_Introduction_to_Agricultur e
[13] "Agricultura moderna: Definição e características", https://www.lifepersona.com/modern-agriculture-definition-and-characteristics
[14] "Agricultura, moderna," https://www.encyclopedia.com/science/news-wires-white-papers-and-books/agriculture- moderno
[16]

https://images.search.yahoo.com/yhs/search?p=images+of+mechanized+farming &fr=yhs -fc-
3971&type=fc_AC5AE6A96A2_s69_g_e_d_n0002_c999&hspart=fc&hsimp=yhs - 3971&imgurl=https%3A%2F%2Fwww.eadarsha. com%2Feng%2Fwp-content%2Fuploads%2Fsites%2F2%2F2020%2F07%2Fsoil-tilling-farmer-trator.jpg#id=15&iurl=https%3A%2F%2Fi0.wp.com%2Fjustagriculture.in%2Fbl og%2F wp-
content%2Fuploads%2F2021%2F07%2F3zpz8WQe4SNGWd7TzozjPgq3rggenn avDx3
XPY35pEAVnqHhWRX2TkrxukVxnuoQ3yF7bFu9yxhh2cnk5v5qWBrcEzhpZT qJCmS
SdUhSGz2MMaiUESEXqpo9KCyx1uRQmBTtH2C9mJJJ37HimNphL.jpg%3Fre size%3 D600%252C405%26ssl%3D1&action=click
[17]
https://images.search.yahoo.com/yhs/search;_ylt=Awrij9J30RZmeqMvu9g2nIlQ; _ylu=c2
VjA3NlYXJjaARzbGsDYnV0dG9u;_ylc=X1MDMTM1MTE5NTcwMgRfcgMy BGZyA
3locy1mYy0zOTcxBGZyMgNwOnMsdjppLG06c2ItdG9wBGdwcmlkA3FibmJD eER0U
lhTWDJOV0hSVl9Db0EEbl9yc2x0AzAEbl9zdWdnAzAEb3JpZ2luA2ltYWdlcy 5zZWF
yY2gueWFob28uY29tBHBvcwMwBHBxc3RyAwRwcXN0cmwDMARxc3Ryb AMyM
wRxdWVyeQNpbWFnZXMlMjBvZiUyMHVyYmFuJTIwZmFybWluZwR0X3N 0bXA
DMTcxMjc3MjU0Mg--?p=images+of+urban+farming&fr=yhs-fc-
3971&fr2=p%3As%2Cv%3Ai%2Cm%3Asb-top&ei=UTF-
8&x=wrt&type=fc_AC5AE6A96A2_s69_g_e_d_n0002_c999&hsimp=yhs-
3971&hspart=fc&param1=7&param2=eJwti8sKgzAQRX9llgoSJyZGglu%2FoFt xkWqqI
dGIDyz9%2Bo6lzOKeey4zuqGtu0fDEUWlZZt1C3VELAjviaKn0FoTufWHTAr GlWC6
IjfaSPLcCU9DNMePC8HkJUNILrcM8dphOYAjwxpIKFnDW8kUzLoGe9mnd0 deiooJ BYmfjjlkEJy3MNrexxT6aYuzzXkhGN4Hu3mZzf1fvtqTObg%3D#id=11 &iurl=https%3 A%2F%2Fblog.architizer.com%2Fwp-content%2Fuploads%2F1405112082895Riverpark_Farm_ORE_2-1024x683.jpg&action=click
[15] M. N. O. Sadiku, J. B. Ameobi, e C. M. M. Kotteti, *Emerging Technologies in Agriculture.* Moldova, Europa: Lambert Academic Publishing, 2024.
[16] "Agriculture in the United States," *Wikipedia,* the free encyclopedia, https://en.wikipedia.org/wiki/Agriculture_in_the_United_States
[17] "Agricultura na China," *Wikipedia,* a enciclopédia livre, https://en.wikipedia.org/wiki/Agriculture_in_China
[18] "Índia: Issues and priorities for agriculture", maio de 2012, https://www.worldbank.org/en/news/feature/2012/05/17/india-agriculture-issues-

priorities#:~:text=A Índia é uma potência agrícola global. É uma terra de ovelhas, carne de cabra, frutas, legumes e chá.
[19] "Agricultura," https://www.eea.europa.eu/themes/agriculture/intro
[20] "Agronegócio," https://www.investcanada.ca/industries/agribusiness?creative=&keyword=agribusiness% 20in%20canada&matchtype=e&network=o&device=c&msclkid=d4463e981efd1d5a41ca 588ede3c3097
[21] "Agricultura no Canadá," https://www.thecanadianencyclopedia.ca/en/article/agriculture-in-canada
[22] Agricultura no Canadá", *Wikipédia,* a enciclopédia livre, https://en.wikipedia.org/wiki/Agriculture_in_Canada
[23] "Agricultura no Brasil", Wikipedia, a enciclopédia livre, https://en.wikipedia.org/wiki/Agriculture_in_Brazil
[24] "Agricultura na Nigéria," *Wikipedia,* a enciclopédia livre, https://en.wikipedia.org/wiki/Agriculture_in_Nigeria
[25] "Agricultural sector", outubro de 2023, https://www.trade.gov/country-commercial-guides/uganda-agricultural-sector#:~:text=De acordo com a Organização das Nações Unidas para a Alimentação e Agricultura, 24%25%20do PIB e 35%25%20das receitas de exportação.
[26] "7 Surprising facts about the state of food in the world [LIST]," maio de 2014, https://www.goodnet.org/articles/7-surprising-facts-about-the-state-of-food-in-the-world- list
[27] J. Marati, "10 Infographics on farming and agriculture", julho de 2012, https://ecosalon.com/10-infographics-on-farming-and-agriculture/
[28] D. Ogoyi, "5 Challenges the agricultural sector faces in 2023," fevereiro de 2023, https://earth.org/challenges-farmers/
[29] D. Baulcombe et al., *Reaping the Benefits: Science and The Sustainable Intensification of Global Agriculture.* The Royal Society, 2009.
[30] D. B. Lobell e M. Burke (eds.), *Climate Change and Food Security: Adapting Agriculture To A Warmer World.* Springer Science & Business Media, 2009.
[31] C. Bravo-Ortega e D. Lederman, *Agriculture and National Welfare Around the World: Causality and International Heterogeneity Since 1960.* Publicações do Banco Mundial, 2005.
[32] J. Clay, *World Agriculture and The Environment: A Commodity-By-Commodity Guide to Impacts and Practices [Um Guia de Impactos e Práticas para cada Produto.* Island Press, 2013.
[33] H. Willer e J. Lernoud. *O mundo da agricultura biológica. Estatísticas e Tendências Emergentes 2017.* Instituto de Investigação da Agricultura Biológica FiBL e IFOAM- Organics International, 2017.
[34] R. Darwin, *World Agriculture and Climate Change: Economic Adaptations.* Departamento de Agricultura dos EUA, Serviço de

Investigação Económica, 1995.
[35] A. Fletcher e W. Kubik (eds.), *Women in Agriculture Worldwide: Key Issues and Practical Approaches*. Taylor & Francis, 2016.
[36] G. Federico, *Feeding the World: An Economic History of Agriculture, 1800-2000.* Princeton University Press, 2010.
[37] Gershon Feder, Prabhu Pingali (eds.), *Agriculture and Rural Development in a Globalizing World: Challenges and Opportunities.* Taylor & Francis, 2017.
[38] Carl K. Eicher, John M. Staatz (eds.), *Agricultural Development in the Third World.* Johns Hopkins University Press, 1990.

CAPÍTULO 2 : AGRICULTURA NO BRASIL

"A agricultura é o nosso objetivo mais sensato, porque acabará por contribuir mais para a verdadeira riqueza, a boa moral e a felicidade." - Thomas Jefferson

2.1 INTRODUÇÃO

O Brasil é o maior país da América Latina em área e população. É uma das dez maiores economias do mundo. Está subdividido em mais de 5.000 municípios. O governo federal não prevê administrações regionais separadas, embora promova o crescimento económico nas regiões mais pobres. O Brasil tem o maior exército, força aérea e marinha da América do Sul, com mais de 300.000 soldados. Embora o presidente brasileiro seja o comandante em chefe, a nação não tem uma tradição de longa data de controlo civil sobre as forças armadas.

A produção agrícola no Brasil representa quase 6% do PIB. O próspero sector agrícola do Brasil pode ser atribuído à sua vasta área de terra e aos seus abundantes recursos naturais. Este sector tem contribuído significativamente para a economia do país. O país é líder mundial na produção e exportação de café [1]. O Brasil desenvolveu um sistema agrícola comercial em grande escala, reconhecido mundialmente pelo seu papel no crescimento económico interno e na expansão das exportações. A soja ocupa a maior área cultivada no Brasil, seguida pelo milho, cana-de-açúcar, arroz e feijão. A liderança do Brasil na produção de soja e milho depende da previsibilidade das chuvas na fronteira agrícola Amazônia-Cerrado. A Figura 2.1 mostra as terras destinadas à agricultura no Brasil [2].

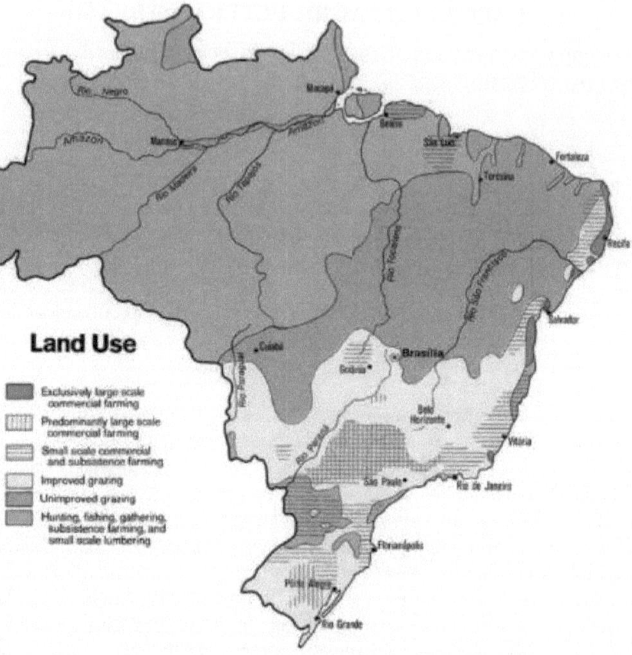

Figura 2.1 Uso da terra para agricultura no Brasil [2].

O vasto território brasileiro abrange duas regiões distintas e separadas que se dedicam à produção agrícola e pecuária: Sul e Centro-Oeste. As duas regiões se distinguem pelas diferenças de clima, padrões de cultivo e outras características das fazendas, especialmente o tamanho da propriedade. O Brasil é o quarto maior importador de fertilizantes do mundo, atrás da China, da Índia e dos Estados Unidos. Mais de 70% dos fertilizantes no Brasil são destinados a três culturas: soja, milho e cana-de-açúcar [3].

O Brasil optou por uma estratégia de desenvolvimento que continua a depender fortemente do sector agrícola para o crescimento económico. Desde meados da década de 2000, o Brasil acelerou a sua transformação de exportador de produtos agrícolas principalmente tropicais, como o café, o açúcar, os citrinos e o cacau, para um importante fornecedor mundial de produtos de base, incluindo soja, cereais, algodão, etanol e carnes. A soja e o milho competem pela área cultivada com a cana-de-açúcar, o algodão, o gado e a madeira na região fronteiriça do Brasil. A Figura 2.2 mostra o cultivo de soja no Brasil [4].

Figura 2.2 Cultura da soja no Brasil [5].

O Brasil é o maior produtor mundial de café. Cerca de um terço das laranjas do mundo são cultivadas no Brasil. O Brasil tem um dos maiores efectivos pecuários do mundo. A cana-de-açúcar é uma grande cultura no Brasil. O Brasil é o maior produtor mundial de cana-de-açúcar. O Brasil tem cerca de 253 milhões de cabeças de gado, e a sua indústria pecuária é maioritariamente alimentada com erva. A figura 2.3 mostra a criação de gado no Brasil [5].

Figura 2.3 Criação de gado no Brasil [5].

Cerca de um quarto das capturas totais do Brasil são peixes de água doce, dos quais uma grande parte provém do sistema do rio Amazonas. O Brasil é um grande produtor de ouro e diamantes. O Brasil produz a maior parte do seu petróleo e gás natural, principalmente a partir de campos offshore. Desde meados do século XX, o Brasil é um dos principais fornecedores mundiais de automóveis, produzindo cerca de dois milhões de veículos por ano. O Brasil é um importante produtor de têxteis, vestuário e calçado desde o início do século XIX [6]. O Rio Grande do Sul é o maior produtor de arroz do país. O Brasil é o segundo maior produtor de tabaco do mundo e o maior exportador desde 1993. É o segundo maior produtor mundial de mandioca.

Este capítulo apresenta ao leitor a prática da agricultura no Brasil. Começa com um breve histórico da agricultura no Brasil. Aborda a intervenção do governo no sector agrícola. Discute as formas tradicionais e modernas de agricultura no Brasil. Destaca os benefícios e desafios da agricultura no Brasil. A última secção conclui com comentários.

2.2 BREVE HISTÓRICO DA AGRICULTURA BRASILEIRA

Os índios influenciaram e foram influenciados pelos europeus que chegaram no século XV. A importância estratégica do sector agrícola para o crescimento económico brasileiro é evidente desde os primeiros empreendimentos coloniais, no início do século XVI. Embora o Brasil se tenha tornado uma nação independente em 1822, libertando-se do controlo português, continuou a cultivar as mesmas culturas que durante o período colonial durante várias décadas, principalmente açúcar, tabaco, café e borracha. Os agricultores brasileiros dependiam fortemente do trabalho escravo para limpar a terra e trabalhar nas plantações. O Brasil foi o último país do hemisfério ocidental a acabar com a escravatura, em 1888. O Brasil começou a criar seu próprio sistema de ensino agrícola no final do século XIX, mas o esforço recebeu um impulso no período pós-Segunda Guerra Mundial [7]. No início do período pós-Segunda Guerra Mundial, o governo brasileiro implementou uma estratégia de substituição de importações para promover o crescimento económico interno, limitando simultaneamente a dívida externa e a utilização de divisas. Em 1934, o Brasil começou a adicionar etanol hidratado à sua gasolina. Atualmente, a maioria dos automóveis é flex-fuel, o que significa que o consumidor pode escolher livremente entre gasolina e etanol. Em 1960, quatro produtos agrícolas principais eram exportados, aumentando no início dos anos 90 para dezanove. O rápido processo de industrialização que ocorreu no Brasil entre as décadas de 1960 e 1980 levou a uma importante transformação da nação, incluindo o sector agrícola. No entanto, o crescimento esperado da produtividade da economia em geral e a transformação estrutural não aconteceram. A Empresa Brasileira de Pesquisa Agropecuária foi criada durante o regime militar (1964-85), em 1973, com o objetivo de diversificar a produção. Desde 1965, existe um Código Florestal, que estabelece a percentagem da área de terra que cada agricultor deve conservar. A partir de 1994, com a criação do Plano Real para estabilização monetária, a agricultura brasileira passou por uma transformação radical: o Estado cortou subsídios e o mercado passou a financiar a agricultura. Isso forçou os produtores brasileiros a se adaptarem às práticas globais. No final da década de 1990, as matérias-primas continuavam a ser importantes para as exportações brasileiras, mas os dois principais produtos da década de 1990, a soja e o minério de ferro, representavam 10% do total das exportações. Várias medidas implementadas durante 2020 confirmaram o compromisso do Brasil com o crédito rural como seu principal instrumento de política agrícola.

2.3 INTERVENÇÃO DO GOVERNO

O Brasil tem um historial de intervenção governamental no sector agrícola. O apoio aos agricultores representa cerca de três quartos de todo o apoio à agricultura, sendo o restante quarto prestado sob a forma de serviços gerais ao sector. O apoio inclui o apoio aos preços de mercado, subsídios aos factores de produção, zoneamento de terras, promoção de biocombustíveis, intervenções de marketing e pagamentos por calamidades. O financiamento da agricultura provém de três fontes: Crédito agrícola do governo desembolsado através do Sistema Nacional de Crédito Rural, processadores agrícolas e bancos comerciais ou outras agências governamentais. A partir da década de 1950, o Brasil adoptou uma estratégia de industrialização por substituição de importações, que implicava um amplo controlo da oferta e dos preços no sector agroalimentar. A Agência Nacional de Abastecimento Alimentar regulava a distribuição de géneros alimentícios básicos e fixava os preços. Esta situação manteve-se até ao final da década de 1980, altura em que o governo começou a reformar a economia brasileira. Na década de 1970, uma iniciativa do governo começou a substituir a gasolina importada e cara como combustível para motores pelo etanol. Desde meados da década de 2000, a política enfatizou o apoio aos pequenos agricultores e os preços mínimos para os produtos básicos produzidos nas regiões mais pobres. Desde 2008, todo o apoio baseado na utilização de factores de produção (principalmente crédito e seguros) está condicionado a critérios ambientais e a práticas agrícolas [8].

2.4 AGRICULTURA NO BRASIL

A agricultura é parte integrante da economia mundial, principalmente para países em desenvolvimento como o Brasil. É a principal fonte de emprego, renda e alimentos. O Brasil é uma grande potência agrícola e industrial, com a economia mais forte da América Latina e a sétima mais forte do mundo. A agricultura do Brasil está ilustrada na Figura 2.4 [9].

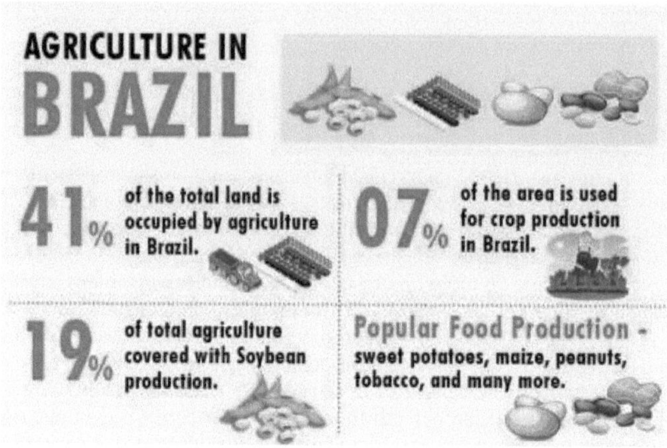

Figura 2.4 A agricultura do Brasil [9].

É uma das principais bases da sua economia. O Brasil desenvolveu um sistema de agricultura comercial em larga escala. É reconhecido mundialmente pelo seu papel no crescimento económico nacional e na expansão das exportações. O Brasil tem uma área total de 851 milhões de hectares, com 264 milhões de hectares (30%) classificados como agrícolas. Atualmente, 61% da área total do Brasil é preservada. Há três categorias gerais de agricultura no Brasil: agricultura de subsistência, agricultores familiares intermediários e fazendas consolidadas. A agricultura familiar é um estabelecimento que emprega principalmente membros da família. Devido a restrições financeiras, os pequenos agricultores geralmente têm dificuldades em garantir o capital necessário para permanecer nas áreas rurais e manter a produção.

O Brasil é o maior país em termos de terras aráveis. Possui abundantes recursos terrestres e hídricos. É um dos poucos países com potencial para aumentar a produtividade agrícola. O acesso aos mercados de exportação é crucial para a agricultura brasileira. O Brasil é o terceiro maior exportador de produtos agro-alimentares, depois da União Europeia e dos Estados Unidos. É atualmente considerado um dos cinco maiores produtores de 34 produtos de base e é o maior exportador líquido do mundo. É um dos principais exportadores globais de soja, açúcar, café, laranjas, aves de capoeira, carne de bovino, algodão, milho, sumo de laranja e etanol. A nação é essencialmente autossuficiente em géneros alimentícios básicos [10].

Muitas famílias pobres mal conseguem subsistir em pequenas parcelas de terra, que são objeto de trabalho excessivo. O prato nacional tradicional do Brasil é a *feijoada completa,* uma mistura de até 20 carnes diferentes, secas, salgadas ou fumadas, cozidas num guisado de *feijão* preto *(feijoadas)* e frequentemente servidas com arroz, legumes e outros alimentos. A Figura 2.5 mostra a agricultura tradicional no Brasil [11].

Figura 2.5 Agricultura tradicional no Brasil [11].

Há trinta anos, a soja só crescia no sul do Brasil. Apesar da sua enorme dimensão e de uma história económica baseada em bens primários, o Brasil foi um importador líquido de alimentos até à década de 1980. A agricultura mecanizada ainda é um pouco rara no Brasil. Por exemplo, o cultivo da banana requer um trabalho manual muito intensivo. Embora a colheita manual empregue muitas pessoas, a colheita mecanizada é mais eficiente e ecológica. A Figura 2.6 mostra uma típica agricultura mecanizada no Brasil [12].

Figura 2.6 Uma lavoura mecanizada típica no Brasil [12].

O Brasil tem a oportunidade de liderar os países tropicais na combinação de uma agricultura modernizada com ecossistemas altamente diversificados e funcionais.

Os avanços tecnológicos e os esforços científicos brasileiros têm beneficiado o sector agrícola. O país é conhecido pelo desenvolvimento científico de uma agricultura tropical bem-sucedida, que ocorre entre as latitudes 23N e 23S. É também conhecido como o maior exportador de sumo de laranja do mundo. Ver Figura 2.7 [13].

Figura 2.7 O Brasil é o maior exportador mundial de sumo de laranja [13].

O crédito agrícola a taxas de juro preferenciais representa uma parte significativa do apoio à agricultura no Brasil. Trata-se do principal instrumento de política de apoio à agricultura familiar comercial, média e de pequena escala. É concebido em cooperação entre o Banco Central, o Tesouro e o Ministério da Agricultura. São concedidas linhas de crédito rural com condições mais preferenciais aos agricultores comerciais e aos pequenos produtores. Todos os créditos rurais estão condicionados ao cumprimento de critérios ambientais.

2.5 BENEFÍCIOS

A agricultura tem sido uma ilha de sucesso em termos de crescimento da produtividade nas últimas décadas, em comparação com outros sectores da economia brasileira. Pode não trazer rendimentos mais elevados, mas é mais sustentável e faz melhor uso da terra. O crédito agrícola a taxas de juro preferenciais representa uma parte significativa do apoio à agricultura no Brasil. É importante manter a significativa capacidade de investigação do Brasil, nomeadamente através da Empresa Brasileira de Pesquisa Agropecuária (EMBRAPA).

O desenvolvimento da agricultura brasileira foi predominantemente baseado em ganhos de produtividade. As políticas agrícolas devem ser concebidas para apoiar os esforços de investigação que estimulam o crescimento da produtividade. Os três principais determinantes da capacidade produtiva agrícola são o capital humano, a geração e difusão de tecnologia e a adequação dos recursos naturais e das condições climáticas [14].

2.6 DESAFIOS

Os desafios ainda persistem, apesar dos grandes aumentos de produção. O sucesso da agricultura brasileira não foi alcançado sem um preço elevado. Tem sido associado à destruição generalizada da floresta amazónica brasileira, à degradação ambiental e à desigualdade na distribuição da terra. Outros desafios da agricultura brasileira incluem [15,16]:

- *Infraestrutura deficiente:* O desenvolvimento de instalações de armazenamento, portos, estradas e caminhos-de-ferro não acompanhou o crescimento da produção agrícola e das exportações do Brasil. Os sistemas ferroviário e portuário do Brasil são lentos e ineficazes, resultando em atrasos. Com menos de 14% das estradas pavimentadas, perde-se eficiência quando o produto deixa a fazenda.

- *Corrupção:* O Brasil tem uma longa história de governo corrupto. Até há pouco tempo, a compra de votos, a lavagem de dinheiro, a falsificação de documentos públicos e a utilização indevida de fundos públicos eram quase uma norma. A Presidente Dilma Rousseff tem trabalhado incansavelmente para eliminar a corrupção do seu governo, mas estes velhos hábitos estão a morrer com dificuldade.

- *Desigualdade social:* Serão necessários maiores esforços para diminuir as desigualdades na distribuição de renda e de terras no setor rural. A capacidade do Brasil de integrar o desenvolvimento socioeconómico com a preservação ambiental terá consequências importantes não só para o Brasil, mas também para outros países tropicais e para o resto do mundo.

- *Insegurança alimentar:* Garantir a segurança alimentar sempre foi uma questão prioritária para governos, organizações internacionais e a sociedade em geral. Um terço da população do Brasil está em situação de insegurança alimentar. Apesar do aumento da produção de alimentos desde a industrialização, uma grande parte dos brasileiros tem dificuldade em atender às suas necessidades nutricionais. Garantir a segurança alimentar da população mundial nas próximas décadas enfrentará os desafios de uma população mundial maior, maior urbanização, recursos naturais limitados, níveis mais altos de renda e vínculos mais fortes entre os mercados agrícola e de biocombustíveis. Como um dos principais produtores e exportadores de produtos agrícolas, o Brasil é um dos poucos países bem posicionados para liderar os esforços globais de segurança alimentar.

- *Alterações climáticas:* As vulnerabilidades dos sistemas de produção alimentar aos impactos adversos das alterações climáticas têm sido reconhecidas. Embora a expansão e a intensificação da agricultura tenham aumentado ao longo do tempo, o clima quente e seco durante os eventos de seca diminuiu seu ritmo de crescimento. A desflorestação das florestas naturais, nomeadamente na Amazónia legal, constituiu um problema gigantesco para o país nos últimos anos. Grande parte do país tem registado uma redução da precipitação nos últimos anos.

- *Degradação ambiental:* O crescimento da agricultura brasileira tem sido acompanhado por uma desflorestação maciça nas suas três principais florestas: a Mata Atlântica, o Cerrado e a Floresta Amazónica.

- *Desenvolvimento Sustentável:* Embora a agricultura desempenhe um papel fundamental na economia brasileira, ela é também uma das maiores fontes de emissão de gases (de efeito estufa). Portanto, as oportunidades para implementar práticas mais sustentáveis são inúmeras. O Brasil encontra-se num momento crítico em termos de desenvolvimento sustentável. Para alcançar o desenvolvimento sustentável, o Brasil deve conciliar seu sistema agrícola tropical moderno e cada vez mais produtivo com a preservação ambiental, a eqüidade social e a redução da pobreza. O Brasil tem outras linhas de crédito e programas específicos para promover práticas agrícolas sustentáveis.

- *Os incêndios:* Estes são um dos problemas ainda presentes na agricultura brasileira. Uma prática dos indígenas brasileiros era limpar a terra para o cultivo através de queimadas. Isso proporcionava terra arável e cinzas para uso como fertilizante e cobertura do solo.

- *Desflorestação:* Milhões de hectares de florestas e pastagens do Brasil foram desmatados nos últimos 30 anos para o cultivo de soja, tornando o país o maior produtor de soja do mundo. Mas a desflorestação que facilitou o boom da soja no Brasil está agora a miná-lo, trazendo um clima mais quente e seco que torna a soja menos produtiva. O crescimento da agricultura brasileira tem sido acompanhado por uma desflorestação maciça nos seus três principais biomas florestais: a Mata Atlântica, o Cerrado e a Floresta Amazónica. A Figura 2.8 mostra a imagem aérea de uma área desmatada perto de Sinop, Brasil [17].

Figura 2.8 Área desmatada próxima a Sinop, Brasil [17].

A figura 2.9 apresenta estes desafios.

Figura 2.9 Desafios da agricultura no Brasil.

2.7 CONCLUSÃO

A agricultura é um sector importante da economia brasileira e é crucial para o crescimento económico e para a obtenção de divisas. O país tem uma liderança global reconhecida no que diz respeito aos "4Fs" (alimentos, rações, combustíveis e fibras), ou seja, o país é um ator global na produção de alimentos, energia renovável e fibras [18]. A agricultura brasileira é bem diversificada. O país é amplamente autossuficiente em alimentos. O Brasil é atualmente o terceiro maior exportador agrícola do mundo. O crescimento da produtividade agrícola nas últimas décadas no Brasil tem sido impulsionado principalmente por investimentos em inovação agrícola, facilitação do financiamento do sector e liberalização do comércio. Os aumentos da produção e das exportações agrícolas posicionaram o Brasil para se tornar um ator importante no mercado mundial. O Brasil é globalmente importante tanto para a segurança alimentar como para a sustentabilidade ambiental. É um dos três maiores produtores e exportadores de açúcar, café, sumo de laranja, soja, carne de vaca, tabaco, etanol e frango de carne do mundo. A agricultura brasileira enfrenta muitos desafios e oportunidades com outros países tropicais em desenvolvimento. A sua história de sucesso gerou um interesse intenso por parte de outros países em desenvolvimento, principalmente em África, na América Latina e nas Caraíbas. O Brasil tornou-se um modelo para essas nações. Mais informações sobre a agricultura no Brasil podem ser encontradas nos livros em [19-33].

REFERÊNCIAS

[1] "Indústria agrícola no Brasil - Estatísticas e factos,"

https://www.statista.com/topics/5838/agriculture-in-brazil/#topicOverview

[2] "Mapa agrícola do Brasil,"

https://maps-brazil.com/maps-brazil-geography/brazil-agriculture-map

[3] "Agricultura no Brasil", *Wikipedia,* a enciclopédia livre,

https://en.wikipedia.org/wiki/Agriculture_in_Brazil

[4] "Agricultura", https://aphugmattsworld.weebly.com/agriculture3.html

[5] "O caminho do Brasil para uma pecuária sustentável,"

https://www.nature.org/en-us/about-us/where-we-work/latin-america/brazil/stories-in- brazil/brazil-path-to-sustainable-cattle-farming/

[6] "Agricultura do Brasil,"

https://www.britannica.com/place/Brazil/Agriculture

[7] "A história da agricultura brasileira,"

https://www.agweb.com/ opinion/story-brazilian-agriculture

[8] "Acompanhamento e avaliação da política agrícola 2021: Responder aos desafios dos sistemas alimentares", Fonte desconhecida.

[9] "Os 10 principais países produtores agrícolas do mundo", fevereiro de 2023,

https://www.tractorjunction.com/blog/top-10-agricultural-producing-countries-in-the-world/

[10] M. N. O. Sadiku, C. M. M. Kotteti, e J. O. Sadiku, "Agriculture in Brazil," *International Journal of Engineering Technology and Management Sciences,* vol. 1, no. 8, janeiro-fevereiro, 2024, pp. 261-269.

[11] "A Dow ajuda o Brasil a melhorar a sustentabilidade da agricultura antes dos Jogos Olímpicos,"

https://cropprotectionnews.com/stories/510628708-dow-helps-brazil-improve-agriculture- sustentabilidade-antes-dos-olimpicos

[12] "Brasil amplia área agrícola e espera nova safra de quase 120 milhões de toneladas", novembro de 2018,

https://en.mercopress.com/2018/11/03/brazil-expands-agriculture-area-and-expects-another-crop- de quase 120 milhões de toneladas

[13] "A agricultura brasileira cresce, mesmo com a oscilação dos preços dos cereais", fevereiro de 2014,

https://www.investing.com/news/commodities-news/brazil-agriculture-booms,-even-as-grain- prices-wobble-265837

[14] P. A. A. Pereira et al., "O desenvolvimento da agricultura brasileira: Desafios e oportunidades tecnológicas futuras", *Agricultura & Segurança Alimentar,* vol. 1, 2012.

[15] "Dez coisas que você deve saber sobre a agricultura no Brasil", maio de 2013,

https://ocj.com/2013/05/ten-points-you-need-to-know-about-brazilian-agriculture/

[16] L. A. Martineli et al., "Agricultura no Brasil: impactos, custos e oportunidades para um futuro sustentável", *Current Opinion in Environmental Sustainability,* vol. 2, no. 5-6, dezembro de 2010, pp. 431-438.

[17] D. Charles, "Why clearing Brazil's forests for farming can make it harder to grow crops," julho de 2021,

https://www.npr.org/2021/07/13/1015373344/why-clearing-brazils-forests-for-farming-can- tornar mais difícil o cultivo de culturas

[18] L. R. G. Guilhermea, A. S. Lopes e A. P. Corguinha, "Desafios e oportunidades para uma agricultura sustentável no Brasil".

https://www.researchgate.net/publication/329066265_Challenges_and_opportunit

ies_for_a_susta inable_agriculture_in_Brazil

[19] A. R. Magalhães et al., *The Effects of Climatic Variations on Agriculture in Northeast Brazil.* Kluwer Academic Publishers, 1988.

[20] G. P. Kutcher e P. L. Scandizzo, *The Agricultural Economy of Northeast Brazil.* Johns Hopkins Univ. Press, 1981.

[21] A. Fishlow e J. E. R. V. Filho, *Agricultura e Indústria no Brasil: Innovation and Competitiveness.* Columbia University Press, 2019.

[22] A. M. Buainain, R. Lanna, e Z. Navarro (eds.), *Desenvolvimento Agrícola no Brasil: The Rise of A Global Agro-FoodPower.* Routledge, 2019.

[23] F. Chaddad, *A Economia e a Organização da Agricultura Brasileira: Evolução Recente e Ganhos de Produtividade.* Imprensa Académica, 2015.

[24] H. S. Klein e F. V. Luna, *Feeding the World: A Transformação do Brasil em uma Economia Agrícola Moderna.* New York, NY: Cambridge University Press, 2018.

[25] A. A. R. Ioris, *O agronegócio e o sistema alimentar neoliberal no Brasil: Fronteiras e Fissuras do Agro-Neoliberalismo.* New York, NY: Earthscan from Routledge, 2018.

[26] M. Q. M. Jales et al., *Agricultura no Brasil e na China: Desafios e Oportunidades.* Instituto para a Integração da América Latina e do Caribe (INTAL), 2006.

[27] L. F. Herrmann, *Changes in Agricultural Production in Brazil, 1947-65.* Serviço de Pesquisa Económica, Departamento de Agricultura dos Estados Unidos, 1972.

[28] I. C. Mendes e M. R. Cherubin (eds.), *Soil Health and Sustainable Agriculture in Brazil.* Wiley, 2024.

[29] G. M. Calegar e G. E. Schuh, *A Política Brasileira do Trigo: Its Costs, Benefits, and Effects on Food Consumption.* Instituto Internacional de Pesquisa em Política Alimentar, 1988.

[30] R. D. Schnepf, E. N. Dohlman, e H. C. Bolling, *Agriculture in Brazil and Argentina: Developments And Prospects for Major Field Crops.* Washington, DC: Departamento de Agricultura dos EUA, 2001.

[31] I. Goldin e G. C. De Rezende, *Agricultura e crise económica: Lições do Brasil.* Centro de Informação e Publicações da OCDE, 1990.

[32] J. N. Landers, *Tropical Crop-Livestock Systems in Conservation Agriculture: A Experiência Brasileira.* Food & Agriculture Org., 2007.

[33] A. Hosono, C. M. C. da Rocha, e Y. Hongo (eds.), *Developmentfor Sustainable Agriculture: The Brazilian Cerrado.* Springer, 2016.

CAPÍTULO 3 : AGRICULTURA NO CANADÁ

"A agricultura é a mais nobre de todas as alquimias, pois transforma a terra, e até mesmo o estrume, em ouro, conferindo ao seu cultivador a recompensa adicional da saúde." - Paul Chatfield

3.1 INTRODUÇÃO

O Canadá situa-se no continente da América do Norte. Tem inicialmente quatro Estados, 10 províncias e 3 territórios que se estendem desde o Oceano Atlântico até ao Oceano Pacífico e para norte até ao Oceano Ártico. É o segundo maior país do mundo em termos de superfície total e de linha de costa mais longa. Tem uma fronteira comum com os Estados Unidos da América, a mais longa fronteira terrestre internacional do mundo. É um país pouco habitado, com Ottawa como capital e Toronto, Montreal e Vancouver como as três áreas metropolitanas mais importantes.

O Canadá tem como governo uma democracia parlamentar e uma monarquia constitucional na tradição de Westminster. O chefe de governo é o primeiro-ministro. O Canadá está bem classificado nas avaliações internacionais de transparência governamental, qualidade de vida, competitividade económica, inovação e educação. A área total do Canadá é de cerca de 9.984.670 quilómetros quadrados (3.855.100 milhas quadradas) [1]. A população é de 39.566.248 habitantes em janeiro de 2023.

O sector agrícola é um dos principais contribuintes para a economia canadiana. O sistema alimentar canadiano é resiliente e inovador; empregava 573 100 pessoas e proporcionava 1 em cada 34 empregos no Canadá em 2022. A agricultura, a aquacultura, a pesca e o fabrico de alimentos e bebidas fazem parte da indústria agroalimentar. O sector agrícola contribui de forma significativa, direta e indiretamente, para a subsistência dos canadianos. A agricultura é uma das principais utilizações do solo no Canadá. A figura 3.1 mostra o número de hectares cobertos por explorações agrícolas em todo o Canadá em 2018 [2].

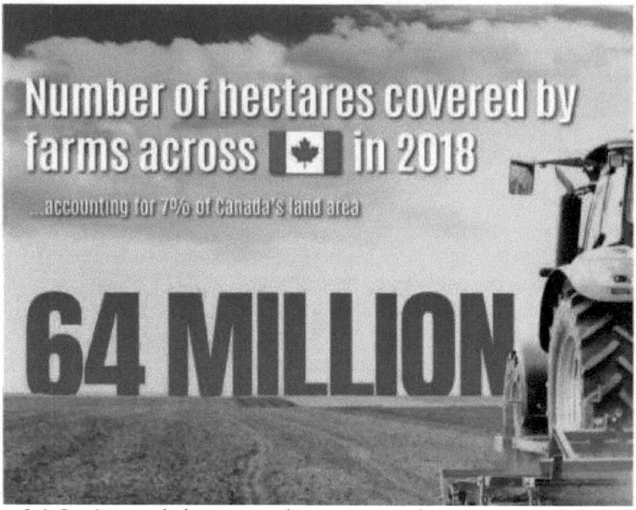

Figura 3.1 O número de hectares cobertos por explorações agrícolas no Canadá em 2018 [2].

A indústria agrícola do Canadá é diversificada, produzindo cereais, sementes oleaginosas, gado, lacticínios, horticultura, aves de capoeira, ovos, etc. As cabras são criadas para produzir produtos lácteos, carne, fibras e pele. A produção agrícola depende da geografia da província. O comércio interno engloba o fornecimento de bens no Canadá a nível provincial e interprovincial. A maior parte da produção agrícola do Canadá tem lugar nas províncias das Pradarias (Alberta, Saskatchewan e Manitoba). Saskatchewan produz a maior parte do trigo duro, da canola e das lentilhas. Manitoba tem o maior número de explorações de suínos e ocupa o segundo lugar na produção de batatas. Na Colúmbia Britânica, os agricultores produzem grandes quantidades de fruta, legumes, produtos de aquacultura, ovos e carne de aves de capoeira [3]. Os agricultores do Ontário são os que produzem mais milho e maçãs no Canadá. O Canadá é o terceiro maior exportador mundial de carne de porco. A figura 3.2 mostra os principais produtos agrícolas por província [4].

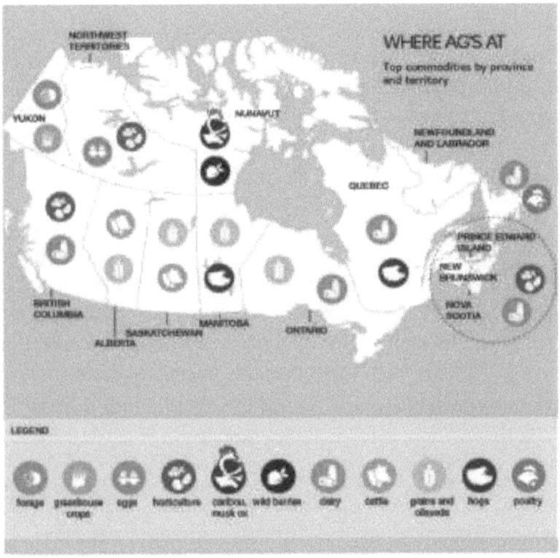

Figura 3.2 Principais produtos agrícolas por província [4].

Como se pode ver na figura 3.3, o Canadá é um dos dez maiores produtores mundiais de alguns produtos agrícolas [5].

Figura 3.3 O Canadá é um dos dez maiores produtores mundiais de alguns produtos agrícolas [5].

Este capítulo explora a produção agrícola no Canadá e ajuda-nos a compreender o papel da agricultura no passado, no presente e no futuro do país. Começa com uma breve história da agricultura no Canadá. Discute as formas tradicionais e modernas de agricultura no Canadá. Destaca os benefícios e os desafios da agricultura no Canadá. A última secção conclui com comentários.

3.2 BREVE HISTÓRIA DA AGRICULTURA CANADIANA

O sector agrícola do Canadá em meados do século XIX reflectia a diversidade das regiões e das condições de cultivo do país. No final do século XIX e no início do século XX, os agricultores utilizavam cavalos ou bois para tudo, desde o desbravamento da terra à lavoura dos campos, passando pela tração de ancinhos, ceifeiras e ceifeiras-debulhadoras. A figura 3.4 mostra um agricultor canadiano a arar com cavalos [6].

Figura 3.4 Um agricultor canadiano a arar com cavalos [6].

A mecanização mudou tudo isso. Manejar um arado puxado por cavalos exigia muita força e habilidade. Os tractores movidos a combustíveis fósseis - que se tornaram cada vez mais comuns na década de 1920 - tornaram possível realizar a mesma quantidade de trabalho em muito menos tempo. Mas essa maior produtividade tinha um preço. Era necessário dinheiro para comprar e manter o equipamento, e o combustível tinha de ser comprado em vez de cultivado. Quando as exportações russas de trigo foram cortadas durante a Primeira Guerra Mundial, a procura de cereais norte-americanos aumentou.

Depois veio a seca de 1929. Os fortes ventos da pradaria levantaram a camada superior do solo, enquanto os gafanhotos, a ferrugem e as tempestades de granizo devastaram as culturas em todo o país. As práticas agrícolas insustentáveis tinham criado as condições perfeitas para a erosão generalizada. As condições meteorológicas extremas causadas pelas alterações climáticas dificultaram o planeamento dos agricultores. Agricultores e investigadores agrícolas viram-se obrigados a encontrar formas de proteger o solo. A maioria dos agricultores não tinha acesso a veterinários, uma vez que a primeira faculdade de veterinária do Canadá só abriu em 1862, em Toronto.

Desde o final do século XIX até meados do século XX, uma grande percentagem da mão de obra canadiana dedicava-se a práticas agrícolas de menor dimensão. As actividades agrícolas eram muito intensivas em termos de mão de obra antes da revolução industrial e do aparecimento de tractores, ceifeiras-debulhadoras, enfardadeiras, etc. Após a mecanização, o avanço científico e a melhoria das práticas de comercialização, as explorações agrícolas tornaram-se mais eficientes, maiores e menos intensivas em mão de obra.

Dos sensores de solo à monitorização das culturas por drones, a agricultura está a tornar-se cada vez mais high-tech. Atualmente, dependemos da Internet para tudo, desde o marketing à gestão de dados, passando por vídeos do YouTube sobre como fazer a nossa própria cobertura vegetal. Para os agricultores canadianos, as competências práticas eram consideradas mais essenciais do que a gestão empresarial, a ciência das culturas, o marketing e os cuidados com os animais. Em 2011, mais de metade dos operadores agrícolas tinha formação pós-secundária e a idade média era de 54 anos. Os agricultores canadianos na categoria dos 55 anos ou mais representam a maior percentagem do total de operadores [6].

A agricultura do século XXI evoluiu para um sector sofisticado, orientado para a inovação e baseado na tecnologia. As máquinas agrícolas actuais são também sistemas de software que funcionam em plataformas proprietárias. A inovação agrícola é o principal motor do crescimento económico, permitindo uma maior competitividade, bem como oportunidades para atingir os objectivos de segurança alimentar e sustentabilidade no Canadá e em todo o mundo.

3.3 AGRICULTURA NO CANADÁ

A comida é essencial para a nossa sobrevivência e é também a nossa medicina. Reúne as pessoas para celebrar, lamentar, estabelecer contactos e comunicar. É uma linguagem universal. Aprendemos sobre culturas, tradições e história através da comida. Os canadianos são uma das poucas nações do mundo que produzem mais alimentos do que necessitam e que exportam mais alimentos do que consomem. Os agricultores canadianos fornecem alimentos sustentáveis e nutritivos às famílias de todo o país e de todo o mundo. O sector agrícola canadiano garante a segurança alimentar e a estabilidade da cadeia de abastecimento no Canadá. O sector não só alimenta as pessoas, como também acrescenta um enorme valor à economia através das vendas, das exportações e do emprego todos os anos.

A agricultura no Canadá é a prática de cultivar culturas e criar animais, principalmente para fins alimentares. É também uma das mais sofisticadas e tecnologicamente avançadas do mundo, utilizando métodos científicos e equipamento de ponta. As quintas e explorações agrícolas canadianas produzem uma grande variedade de culturas, gado, alimentos, rações, fibras, combustíveis e outros bens. As culturas não se destinam apenas ao consumo humano, mas também ao consumo animal. Dada a sua vasta área territorial que abrange numerosas regiões, não é de surpreender que os agricultores canadianos produzam uma gama tão diversificada de produtos pecuários e agrícolas.

O sector agrícola desempenha um papel importante na economia e na sociedade do Canadá. É um dos sectores com maior potencial de crescimento económico no Canadá. Contribui grandemente para os meios de subsistência dos canadianos de várias formas directas e indirectas. Os agricultores canadianos produzem uma grande diversidade de culturas e produtos pecuários. Os principais produtos agrícolas canadianos incluem a canola, o gado (vaca) e os vitelos, a carne de bovino, os legumes e as aves de capoeira. O Canadá é um líder mundial nas exportações agrícolas [7].

A ciência agrícola começou a desenvolver novos estilos de cultivo e estirpes de trigo e culturas para que a agricultura se tornasse um empreendimento de sucesso. A agricultura é cada vez mais tecnológica e digital, impulsionada por dados, IA e aprendizagem automática. Não se trata apenas de nova tecnologia, mas de novas formas de fazer negócios. A figura 3.5 mostra um exemplo de agricultura moderna no Canadá [8].

Figura 3.5 Agricultura moderna no Canadá [8].

Em 2018, o Canadá foi o maior produtor mundial de colza, o 2.º maior produtor mundial de aveia, o 6.º maior produtor mundial de trigo e cevada, o 7.º maior produtor mundial de soja, o 10.º maior produtor mundial de milho e o 12.º maior produtor mundial de batata [9]. O trigo é a cultura mais plantada no Canadá, seguido da canola. A figura 3.6 mostra um campo de canola [10].

Figura 3.6 Um campo de canola [8].

O trigo e o milho são culturas comuns no país. O trigo é uma cultura básica do Canadá; foram desenvolvidas variedades de trigo no início do século XX. O Canadá é o maior produtor e exportador mundial de sementes de linho. É também o maior produtor e fornecedor mundial de xarope de ácer. Cultiva mais de 125 culturas hortícolas e frutícolas distintas.

O tipo de fertilizante que os operadores agrícolas canadianos aplicaram nas culturas, os métodos que utilizaram e o momento da aplicação são práticas de gestão agrícola importantes para otimizar os rendimentos. Para além das misturas personalizadas ou comuns, 32% dos produtores de culturas arvenses em todo o Canadá utilizaram produtos fertilizantes à base de ureia. A maioria dos produtores de culturas arvenses em Manitoba (72%), Saskatchewan (71%) e Alberta (63%), que aplicaram fertilizantes comerciais, utilizaram os métodos de aplicação de fertilizantes em faixas ou por injeção [11].

A nível federal, a visão geral da agricultura canadiana é da responsabilidade do Ministério da Agricultura e do Agro-Alimentar. O atual quadro de financiamento da agricultura é designado por Parceria Agrícola Canadiana. Os fundos governamentais apoiam a investigação agrícola, a exportação e o comércio. Ajudam também os agricultores a utilizar novas práticas e tecnologias.

3.4 BENEFÍCIOS

O nível de produção aumentou drasticamente, tanto em termos de rendimento como de qualidade, graças a melhorias na tecnologia e na agronomia. O crescimento da alimentação local e da agricultura em pequena escala tem sido alucinante e encorajador. O Canadá é um líder mundial no domínio das energias renováveis. As suas culturas são a melhor escolha para o mundo. Os agricultores canadianos estão a produzir uma grande quantidade de alimentos a baixo custo e de forma muito eficiente. A sua capacidade de ajudar a alimentar uma população mundial em rápido crescimento e cada vez mais rica pode criar oportunidades económicas no Canadá. Os produtos agrícolas canadianos são conhecidos pela sua elevada qualidade, segurança e sustentabilidade. Outros benefícios incluem os seguintes [8,12,13]:

- *Fator económico:* O sector agrícola do Canadá é um motor económico fundamental. Cria oportunidades de emprego, apoia as empresas locais e é um pilar fundamental de muitas comunidades rurais do nosso país. O sector representou 7,4% do PIB em 2018 e criou um em cada oito postos de trabalho no Canadá. O sector agrícola é saudável e rentável, tendo registado um forte crescimento na última década. O Canadá dispõe de terras extremamente abundantes e produtivas e de uma disponibilidade de água que causa inveja a muitas nações. O Canadá continua a ser um ator global importante na produção de bens agrícolas.

- *Inovação:* A visão da secção de agricultura do Canadá é impulsionar a inovação e o engenho para construir uma economia agrícola e alimentar líder mundial que resulte em benefícios para todos os canadianos. O governo está empenhado em proteger o sector agrícola gerido pela oferta e em trabalhar com ele para desenvolver uma visão do futuro. As indústrias agrícolas são ideais para participar em tecnologias emergentes, como a inteligência artificial e a aprendizagem automática. Manter-se na vanguarda das novas tecnologias é fundamental para reforçar o sector agrícola do Canadá.

- *Proteção do ambiente:* As principais preocupações ambientais suscitadas pelo sector agrícola são a utilização excessiva de fertilizantes e a utilização intensiva de pesticidas. Do ponto de vista ambiental, o sector agrícola canadiano é de classe mundial. O sector agrícola canadiano deve orgulhar-se do seu desempenho ambiental. Os agricultores canadianos fazem mais para proteger e preservar o ambiente do que quase todos os outros.

- *Agricultura sustentável:* Embora seja necessário produzir mais alimentos, estes têm de ser produzidos de forma mais sustentável. A principal vantagem do Canadá é o facto de ser um líder na produção e transformação sustentáveis de alimentos. As explorações agrícolas no Canadá estão cada vez mais a transitar para práticas sustentáveis. A utilização de dados de satélite promove o desenvolvimento de uma agricultura sustentável e ajuda os agricultores a gerir melhor os recursos como a água, os pesticidas e os fertilizantes. A reputação do Canadá em termos de gestão ambiental pode levar a um aumento da procura e do preço dos nossos produtos.

- *Agricultura de precisão:* Utiliza essencialmente tecnologias de recolha de dados (como drones, imagens de satélite e sensores), análises e controlo preciso da aplicação para otimizar a utilização dos factores de produção agrícola. As empresas canadianas estão a desempenhar um papel de liderança no desenvolvimento de novas e melhores tecnologias de agricultura de precisão que beneficiam os produtores no Canadá e em todo o mundo. A mudança para a agricultura de precisão parece estar num caminho sólido para o crescimento futuro e a adoção generalizada.

- *Exportação:* O comércio internacional de produtos agrícolas canadianos tem sido o principal motor da saúde da indústria agrícola canadiana. O Canadá é um dos maiores exportadores agro-alimentares e de produtos do mar do mundo. O sucesso do sector agrícola canadiano depende em grande medida da sua capacidade de exportar para outros países. Os Estados Unidos são o principal parceiro comercial do Canadá, sendo responsáveis por cerca de 60% de todas as nossas exportações agro-alimentares e de produtos do mar. A China é o segundo principal mercado de exportação agroalimentar e de produtos do mar do Canadá.

- *Mulheres agricultoras:* Os homens representam 72,5 % dos agricultores canadianos, enquanto as mulheres representam 27,5 %. As mulheres agricultoras desempenham um papel fundamental na agricultura canadiana. A sua incansável ética de trabalho, as suas capacidades de liderança e os seus conhecimentos organizacionais estão a moldar a paisagem da indústria agrícola em todo o Canadá. O número de mulheres agricultoras reflecte-se na modernização e na adaptação do sector agrícola. A figura 3.7 mostra uma mulher agricultora [14].

Figura 3.7 Uma mulher agricultora [14].

- *Sacralidade:* A agricultura canadiana consegue ter um grau de sacralidade que até o Papa invejaria. Se a agricultura fosse verdadeiramente aberta às forças do mercado, haveria indignação. Seria o caos. O Governo protege a agricultura através de várias medidas.

A figura 3.8 ilustra estes benefícios.

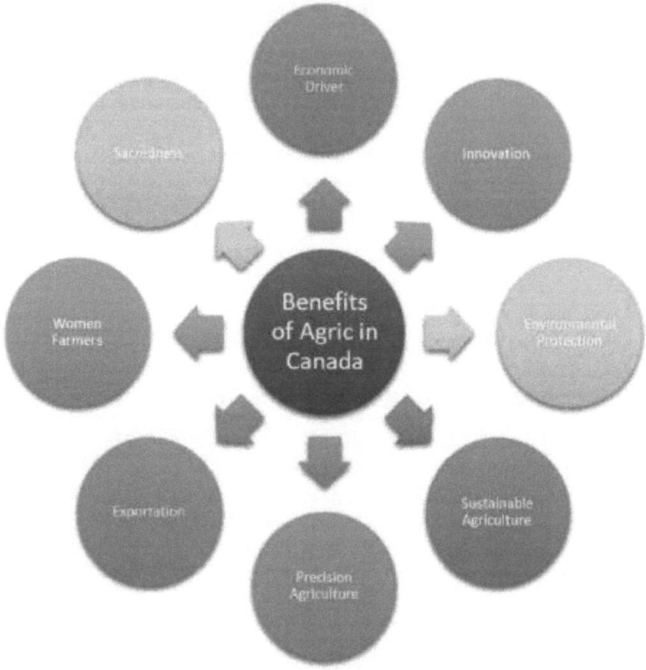

Figura 3.8 Benefícios da agricultura no Canadá.

3.5 DESAFIOS

Algumas mudanças na agricultura do Canadá foram recebidas de braços abertos. Outras, nem por isso. Apenas cerca de 7% das terras do Canadá são adequadas para a agricultura. O restante foi criado como um ambiente urbano ou é extremamente difícil de cultivar. As terras agrícolas são um recurso indispensável para a economia e a segurança alimentar do Canadá, pelo que devem ser geridas e protegidas. A agricultura canadiana vê-se confrontada com numerosos desafios. A proteção das culturas, as alterações climáticas, a mão de obra, a conservação dos solos e a saúde são apenas alguns dos problemas que se colocam. A secção de agricultura tem de se preocupar com inundações, secas, calor, geada, chuva, gafanhotos, aumento dos preços dos factores de produção, ratos, granizo e doenças das culturas. Atualmente, poucas pessoas podem dar-se ao luxo de se dedicar à agricultura, a não ser que herdem a quinta da família. Existem demasiados organismos reguladores e regras que tendem a desencorajar a atividade agrícola. As práticas agrícolas estão a evoluir e os agricultores canadianos necessitam de uma atualização constante. Outros desafios incluem [2,13,15,16]:

- *Alterações climáticas:* Estas já estão a afetar a produtividade agrícola global e o Canadá terá de se adaptar. A agricultura produz gases com efeito de estufa (por exemplo, dos tractores e do gado) que contribuem para as alterações climáticas. Os métodos de redução de carbono dos agricultores incluem celeiros mais eficientes e práticas de plantio direto. Utilizam também a agricultura de precisão para consumir menos combustível dos tractores. Algumas novas tecnologias também ajudam os agricultores a reduzir a utilização de combustível, calor e eletricidade. O calor, a seca, as inundações e as doenças são exemplos de riscos naturais para a agricultura. O calor é um fator importante porque indica aos agricultores as culturas que podem ser produzidas em determinadas áreas, bem como o tempo que será necessário para as produzir.

- *Risco ambiental: A* indústria agrícola canadiana está a crescer, tal como o risco ambiental decorrente do aumento das emissões de gases com efeito de estufa e de outros impactos. É aqui que entra a agricultura de precisão, optimizando as práticas de gestão agrícola e a utilização de factores de produção e, em última análise, beneficiando tanto a produção agrícola como o ambiente.

- *Confiança do público:* Está a surgir uma tendência preocupante em relação à confiança dos consumidores canadianos nos alimentos. A confiança do público em geral no sector agrícola canadiano diminuiu. A Comissão Permanente da Agricultura e do Agro-Alimentar do governo federal realizou um estudo sobre a perceção pública do sector agrícola canadiano. O objetivo é sondar e analisar as medidas tomadas pelo sector e pelo governo para reforçar a confiança do público.

- *Procura de alimentos: Está a* tornar-se cada vez mais difícil para a oferta global de alimentos acompanhar a procura. As explorações agrícolas estão na linha da frente das alterações climáticas. Embora a capacidade do Canadá para satisfazer a crescente necessidade de alimentos sustentáveis crie oportunidades significativas, existem desafios que impedem a concretização de todo o seu potencial. A procura de alimentos está a aumentar, tal como a concorrência. A concorrência também se aplica às pessoas e a agricultura esforça-se por atrair e manter a mão de obra de que necessita.

- *Escassez de mão de obra:* A escassez de mão de obra qualificada na agricultura está potencialmente a minar a capacidade de investigação do Canadá. Os agricultores canadianos estão sob pressão para produzir mais alimentos. São desesperadamente necessários mais trabalhadores nas explorações agrícolas canadianas. Alguns canadianos não querem trabalhar nas explorações agrícolas. A maior parte do trabalho agrícola é sazonal, mas a maioria dos canadianos prefere um emprego durante todo o ano. Por conseguinte, os produtores agrícolas têm vindo a contratar trabalhadores temporários de outros países.

- *Despesas agrícolas:* As despesas agrícolas registaram o maior aumento em 2018. As compras de ração, a maior despesa individual, aumentaram 9,4 por cento em 2018. Os custos laborais, a segunda maior despesa, também aumentaram 7,3 por cento em 2018. A legislação sobre o salário mínimo em muitas províncias resultou em salários mais elevados. As despesas com energia aumentaram 13,3 por cento devido ao aumento dos preços. As despesas com juros aumentaram 19,5 por cento.

- *Segurança alimentar:* No Canadá, existem desafios de segurança alimentar na parte norte, onde existem comunidades indígenas e de baixos rendimentos. Cerca de 5,8 milhões de pessoas no Canadá sofreram alguma forma de insegurança alimentar em 2021. A figura 3.9 mostra pessoas a fazer fila para obter comida no Espaço Alimentar Comunitário Bathurst-Finch em Toronto [17].

Figura 3.9 Pessoas em fila para comprar comida em Toronto, Canadá [17].

3.6 CONCLUSÃO

A agricultura é um importante sector primário no Canadá. É um sector complexo, interligado, diversificado e em constante mutação. Com o aumento da procura mundial de produtos alimentares e agrícolas, o Canadá deve continuar a apoiar a sustentabilidade, a inovação e o crescimento da agricultura. Os produtores agrícolas canadianos estão na vanguarda do sector. Continua a ser uma óptima altura para ser agricultor no Canadá.

Os gestores agrícolas são procurados em todas as 11 províncias e territórios do Canadá. Como profissional altamente qualificado, pode conseguir obter um visto de residência permanente canadiano com ou sem uma oferta de emprego. A maioria dos empregos de gestor na área da agricultura no Canadá é anunciada online em sítios de emprego. São normalmente responsáveis pelo cultivo de culturas, pela criação de gado, de aves de capoeira e de outros animais e pela comercialização dos produtos agrícolas [18]. Para mais informações sobre a agricultura no Canadá, consultar os livros [19-28].

REFERÊNCIAS

[1] "Canadá," *Wikipedia,* a enciclopédia livre, https://en.wikipedia.org/wiki/Canada

[2] "A agricultura no Canadá: The facts (40 infographics)," fevereiro de 2023, https://www.canadaaction.ca/farming-canada-facts-infographics

[3] T. Hein, "Agriculture in Canada", dezembro de 2023, https://www.thecanadianencyclopedia.ca/en/article/agriculture-in-canada

[4] "Sector da agricultura no Canadá: By the numbers", julho de 2019. https://www.canadaaction.ca/agriculture_sector_canada_by_the_numbers

[5] "Agricultura no Canadá," https://www.canadaaction.ca/agriculture

[6] J. Martin, "150 anos de agricultura canadiana: O que mudou, o que não mudou e que tendências irão moldar a agricultura no futuro", julho de 2017,

https://www.smallfarmcanada.ca/features/150-years-of-canadian-agriculture-what%E2%80%99s-changed-what-hasn%E2%80%99t/

[7] M. N. O. Sadiku, C. M. M. Kotteti, e J. O. Sadiku, "Agriculture in Canada," *International Journal of Multidisciplinary Research and Growth Evaluation,* vol. 5, no. 1, janeiro-fevereiro, 2024, pp.833-838.

[8] "Water and agriculture in Canada: Towards sustainable management of water resources," https://water.usask.ca/news-items/2014_2013/water-and-agriculture-in-canada-towards- sustainable-management-of-water-resources.php

[9] "Agricultura no Canadá", *Wikipédia,* a enciclopédia livre https://en.wikipedia.org/wiki/Agriculture_in_Canada

[10] T. Hirsch, "The sacredness of Canadian agriculture", março de 2014, https://www.theglobeandmail.com/report-on-business/economy/economy-lab/the-sacredness-of- canadian-agriculture/article17470124/

[11] "Inquérito à gestão das explorações agrícolas, 2021," https://www150.statcan.gc.ca/n1/daily-quotidien/221215/dq221215b-eng.htm

[12] "Overview of Canada's agriculture and agri-food sector," https://agriculture.canada.ca/en/sector/overview

[13] "Overview of the Canadian agriculture and agri-food sector," fevereiro de 2020, https://www.ourcommons.ca/content/Committee/431/AGRI/WebDoc/WD10701227/431_AGRI_ reldoc_PDFZDepartmentOfAgricultureAndAgri-Food-e.pdf

[14] "How Canadian agriculture can lead in the global economy", junho de 2023, https://thefutureeconomy. ca/op-eds/canadian-agriculture-tyler-mccann-capi/

[15] D. Rathore, "44 Canadian agriculture facts that every farmer should know," março de 2022, https://kidadl.com/facts/canadian-agriculture-facts-that-every-farmer-should-

know#:~:text=44%20Canadian%20Agriculture%20Facts%20That%20Every%20Farmer%20Sho
uld,2009.%20...%204%20Facts%20About%20Canadian%20Agriculture%20
[16] "Atualização sobre as tendências da agricultura canadiana", novembro de 2019, Fonte desconhecida.
[17] "Quase 6 milhões de pessoas no Canadá experimentaram insegurança alimentar em 2021, diz o estudo da U of T", agosto de 2022, https://www.cbc.ca/news/canada/toronto/university-of-toronto-study-food-insecurity-canada- problem-persisting-1.6554604
[18] "Imigrar para o Canadá como gestor na agricultura," https://emigratecanada.com/immigrate-to-canada-as-a-manager-in-agriculture/
[19] R. Russell, *North America, Its Agriculture and Climate: Containing Observations On The Agriculture and Climate of Canada, The United States, and The Island of Cuba (Contendo Observações sobre a Agricultura e o Clima do Canadá, dos Estados Unidos e da Ilha de Cuba).* Edinburgh: A. e C. Black, 1857.
[20] G. Skogstad, *Internationalization and Canadian Agriculture: Policy and Governing Paradigms.* University of Toronto Press, 2008.
[21] Canadá. Agriculture Canada, Canada*'s Agri-foodSystem: An Overview.* Agriculture Canada, 1981.
[22] Canadá. Agriculture Canada, *Organização e actividades da Agriculture Canada.*
Agriculture Canada, 1984.
[23] Canadá. Agriculture Canada, *Farming in Canada (Agricultura no Canadá).* Agriculture Canada, 1983.
[24] Canadá. Agricultura do Canadá, *Crescendo Juntos: Uma visão para a indústria agroalimentar do Canadá · Volume 1.* Agricultura do Canadá, 1989.
[25] P. A. Russell, *How Agriculture Made Canada: Farming in the Nineteenth Century [A agricultura no século XIX].* McGill- Queen's Press-MQUP, 2012.
[26] M. J. Troughton, *Agricultura Canadiana.* Akademiai Kiado, 1982.
[27] G. D. V. Williams et al., *Estimating Effects of Climatic Change On Agriculture In Saskatchewan, Canada.* Kluwer Academic Publishers, 1988.
[28] R. L. Jones, *History of Agriculture in Ontario 1613-1880.* University of Toronto Press, 1946.

CAPÍTULO 4 : AGRICULTURA NA CHINA

"A resolução dos problemas relativos à agricultura, às zonas rurais e aos agricultores deve ser a principal prioridade do trabalho do Partido". - Xi Jinping

4.1 INTRODUÇÃO

A República Popular da China está situada na parte oriental do continente asiático, a oeste do Oceano Pacífico. Foi fundada em 1949 e tem uma área de cerca de 9.600.000 km^2 (3.700.000 sq mi). As terras agrícolas representam cerca de 54,7% do território. Devido à sua dimensão, a República Popular da China está organizada em 23 províncias, como mostra o mapa da Figura 4.1 [1].

Figura 4.1 O mapa da China [1].

Para gerir o país, o governo estabeleceu burocracias nacionais paralelas que se estendem desde Pequim até aos níveis locais. Devido às enormes diferenças de latitude, longitude e altitude, o clima da China é extremamente diversificado. Atualmente, a China é a quarta maior nação do mundo em termos de território (atrás da Rússia, do Canadá e dos EUA) e tem a maior população, com 1,4 mil milhões de pessoas. A China é a pátria de muitos grupos étnicos e raciais diferentes. A ilha de Taiwan não é considerada parte da China, mas é considerada um território chinês. O povo taiwanês é marcadamente diferente em termos políticos e tem uma economia de mercado livre baseada no capitalismo, enquanto o governo da China continental tem uma economia de Estado comunista. Existem cinco religiões principais que foram reconhecidas pelo Estado: Budismo, Taoísmo, Protestantismo, Catolicismo e Islão [2].

A agricultura continua a ser o maior empregador e 315 milhões de trabalhadores trabalham em 200 milhões de explorações agrícolas. Da enorme força de trabalho na China, 27,7% trabalham na agricultura. Apesar de uma enorme área cultivada de 528,6 mil milhões de hectares, apenas uma quantidade relativamente pequena de 119 milhões de hectares é adequada para a produção arável. A figura 4.2 mostra as regiões agrícolas da China [3].

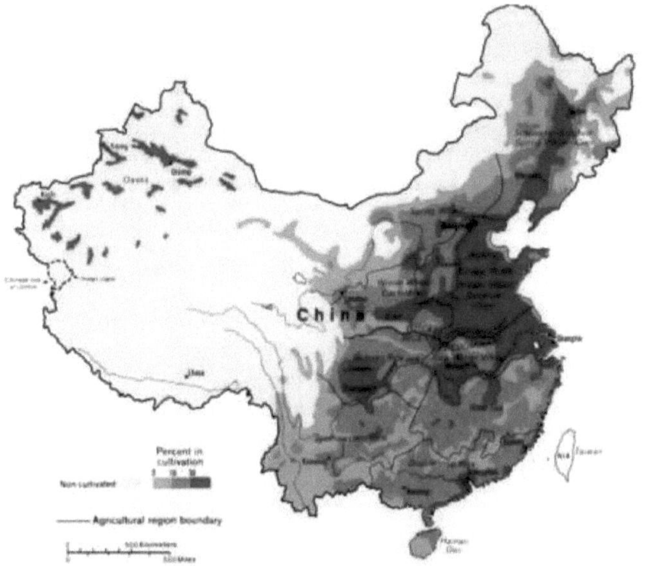

Figura 4.2 Regiões agrícolas da China [3].

A principal importação agrícola da China é o trigo da Argentina, Austrália, Canadá e França. O trigo tem sido importado quase todos os anos desde o início da década de 1950. O milho também é importado para consumo humano e para alimentar o gado. Estas importações são utilizadas para melhorar o nível de vida, especialmente nas zonas urbanas. A exportação agrícola mais importante da China é o arroz. A China exporta cerca de 750.000 toneladas métricas de arroz por ano. Outras exportações agrícolas significativas da China são as batatas, o milho, o tabaco, a soja, o tomate, o sorgo, o trigo, o amendoim, o chá, as maçãs, o algodão, a carne de porco, o carneiro, os ovos, o peixe e o camarão. Os Estados Unidos, Hong Kong, Japão, países da UE e Coreia do Sul são os principais destinos das exportações. Desde 1949, as exportações agrícolas excederam, na maioria dos anos, as importações agrícolas [4]. O crescimento da produção de trigo reflecte a evolução da procura por parte dos consumidores, à medida que a China passa das tradicionais refeições à base de arroz para uma dieta mais "ocidental" de pães, noodles e massas. Os primeiros visitantes ficaram maravilhados com a elevada produtividade da agricultura chinesa, as suas engenhosas rotações de culturas, os sofisticados dispositivos de captação de água e outros equipamentos. A figura 4.3 mostra o Presidente chinês Xi Jinping a visitar agricultores numa zona rural da

China [5].

Figura 4.3 Visita do Presidente chinês Xi Jinping a agricultores numa zona rural da China [5].

Este capítulo apresenta ao leitor a prática da agricultura na China. Começa com uma breve história da agricultura na China. Aborda as formas tradicionais e modernas de agricultura na China. Destaca os benefícios e os desafios da agricultura na China. A última secção conclui com comentários.

4.2 BREVE HISTÓRIA DA AGRICULTURA CHINESA

A agricultura tem sido considerada uma das fases mais importantes da evolução da história da humanidade. A história da agricultura na China tem sido uma história de constante melhoria do rendimento das culturas através de inovações, melhorias nas técnicas e intensificação. Na China, a agricultura continua a ser o maior empregador. O antigo sistema tecnológico agrícola chinês centrou-se na mobilização de terras e água entre 8000 a.C. e 1911 d.C. A difusão da tecnologia agrícola da China antiga começou no período neolítico. A Revolução Neolítica forneceu aos seres humanos ferramentas de pedra e ferro utilizadas para plantar e cultivar, estabelecendo uma sociedade agrária. Durante o pré-desenvolvimento da agricultura no Período Neolítico, não foi dada atenção à proteção das culturas. A maioria das tecnologias iniciadas no período Neolítico pertencia a "ferramentas e máquinas". As novas tecnologias centravam-se na seleção de culturas resistentes a pragas, na utilização de métodos de cultivo do solo e de armadilhas para pragas, e na utilização adequada do fogo para desinfetar as culturas de pragas e doenças. Tanto as culturas alimentares como as culturas de rendimento foram ativamente domesticadas. As principais culturas plantadas foram o painço e as suas variedades. Devido aos intercâmbios mais frequentes entre a China e outros países, foram introduzidas e plantadas culturas estrangeiras como a batata, o milho, o amendoim e a batata-doce [6].

No final da época imperial, as terras agrícolas do norte da China eram cultivadas por pessoas que possuíam as terras, enquanto as terras do sul eram propriedade de senhorios que não trabalhavam as terras. Durante a década de 1950, o governo da China fez um esforço concertado para redistribuir as terras de forma mais equitativa. No início da década de 1960, a agricultura estava gravemente deprimida, com milhões de chineses a morrerem à fome devido às requisições de cereais pelo governo. No final da década de 1980, a China continuava a ser um país predominantemente agrícola. Em 1985, cerca de 63% da população vivia em zonas rurais e quase 63% da mão de obra nacional trabalhava na agricultura. Entre os anos 80 e 1998, a produção e o consumo de alimentos continuaram a crescer. O ritmo da industrialização acelerou e diversificou-se a partir de 1990. À medida que a China continua a industrializar-se, grandes quantidades de terras agrícolas estão a ser convertidas em terras industriais. Em 2023, cerca de 40% da mão de obra chinesa dedicar-se-á à agricultura, principalmente em pequena escala. Os chineses também procuraram informações técnicas no estrangeiro através da importação de tecnologia e maquinaria e do intercâmbio internacional de delegações. As importações, as exportações e a produção agrícola da China registaram um grande aumento desde a adesão da China à OMC (Organização Mundial do Comércio) em 2001. A China está a embarcar numa nova jornada de revitalização rural durante o 14.º período de desenvolvimento quinquenal, de 2021 a 2025. O plano foi publicado em setembro de 2021 e define, entre as principais prioridades, a manutenção dos subsídios aos produtores de cereais e o aumento dos preços mínimos de compra do trigo e do arroz, conforme adequado. Este plano testemunhará uma transição da redução da pobreza para a revitalização rural. Ao mesmo tempo, as acções políticas visaram a desregulamentação e a diversificação dos canais de comercialização. As dotações orçamentais favoreceram os subsídios aos factores de produção e os serviços gerais ao sector. Os preços mínimos de compra do trigo e do arroz são fixados todos os anos pela Comissão Nacional de Desenvolvimento e Reforma (NDRC).

4.3 AGRICULTURA TRADICIONAL CHINESA

A China é o país mais populoso e precisa de produzir alimentos suficientes para satisfazer a procura dos seus 1,4 mil milhões de habitantes. A agricultura dominou a maior parte da história pré-industrial da China. A terra da China é altamente utilizada para a agricultura. Uma vez que a China precisa de alimentar a maior população do mundo, o governo chinês atribui grande importância à agricultura. Ao longo da história da China, a sua relativa falta de terras aráveis tem sido um desafio. A China é o maior produtor de arroz, trigo, soja, cereais, algodão, frutas, legumes, carne, aves de capoeira, ovos e peixe do mundo. A China vai implementar um plano nacional de modernização da agricultura e das zonas rurais [7].

O desenvolvimento da agricultura ao longo da história da China desempenhou um papel fundamental no apoio ao crescimento de uma das maiores populações do mundo. No século XX, a China lutou para alimentar a sua grande população, uma vez que a agricultura era muito intensiva em termos de mão de obra. Após a vitória do Partido Comunista Chinês na Guerra Civil Chinesa, o controlo das terras agrícolas foi retirado aos proprietários e redistribuído pelos 300 milhões de camponeses. A agricultura na China é de mão de obra intensiva, sendo as mulheres responsáveis por cerca de 60% do trabalho. Animais como mulas, bois e búfalos de água são considerados luxos e a maior parte da lavoura é feita com paus ou enxadas pelos agricultores. A plantação é muitas vezes feita à mão com paus para fazer um buraco e a lavoura é feita com uma enxada ou com um animal como um búfalo ou um boi. Os camponeses do Sul utilizam tradicionalmente búfalos de água para arar os campos, burros para transportar mercadorias e esteiras para bombear água para as valas de irrigação. Alguns locais ainda utilizam relógios de água para determinar o momento em que as comportas do sistema de irrigação são abertas. Muitas minorias étnicas do Sul utilizam grandes almofarizes e pilões para triturar os cereais e transformá-los em farinha [8].

4.4 AGRICULTURA MODERNA

A indústria agrícola moderna da China esteve sob estrito controlo dos governos locais e nacionais até ao final dos anos 80, altura em que as políticas de reforma e de abertura conduziram a uma abordagem mais baseada no mercado da indústria agrícola chinesa. A evolução tecnológica teve um impacto significativo nos seres humanos e no ambiente em que vivem. Registou-se um aumento gradual das tecnologias na agricultura chinesa. A tecnologia moderna difundiu-se lentamente nas vastas áreas agrícolas, fazendo com que o crescimento da produção agrícola ficasse aquém do aumento da produção no resto da economia. A Figura 4.4 mostra um exemplo típico de agricultura mecanizada [9].

Figura 4.4 Um exemplo típico de agricultura mecanizada [9].

Através da atualização das políticas e tecnologias agrícolas, a China tornou-se autossuficiente e é capaz de aumentar a produção e a eficiência agrícola. Desde 1994, o governo instituiu uma série de mudanças políticas destinadas a limitar a importação de cereais e a aumentar a estabilidade económica. À medida que a China continua a industrializar-se, vastas quantidades de terras agrícolas estão a ser convertidas em terras industriais [10]. A maior exploração agrícola do mundo (em termos de área) situa-se em Heilongjiang, na China; a exploração gere 22.500.000 acres. Em 2020, a China foi o principal produtor agrícola a nível mundial. É a maior nação produtora de arroz do mundo. Todo o cultivo de arroz é altamente intensivo em termos de mão de obra. A figura 4.5 mostra um técnico agrícola a verificar o crescimento de plântulas de arroz [11].

Figura 4.5 Um técnico agrícola a verificar o crescimento de plântulas de arroz [11].

O milho é cultivado na maior parte da China, mas é mais comum em zonas que também produzem trigo. Tradicionalmente, os consumidores consideram o milho menos desejável para uso humano do que o arroz ou o trigo. A China é o maior produtor e exportador de alho. Exporta alho para os Emirados Árabes Unidos, os Estados Unidos, o Vietname e a Indonésia. A China é também o maior produtor de muitos produtos hortícolas, incluindo cebolas e couves. Com as diferentes regiões climáticas agrícolas da China, são cultivadas muitas variedades de legumes. Para além disso, a China produz soja, kaoliang (sorgo), trigo, painço e milho. As ovelhas e as cabras são os animais de pasto mais importantes da China.

A tecnologia moderna difundiu-se lentamente nas vastas zonas agrícolas e a disponibilidade de produtos modernos era menos do que adequada, fazendo com que o crescimento da produção agrícola ficasse aquém do aumento da produção no resto da economia. Muito pode ser feito para revolucionar a eficiência, à medida que uma agricultura mais inteligente prospera e muda a forma como os cereais e as proteínas animais são produzidos, para uma perspetiva mais autossuficiente e resistente. Os agricultores chineses podem reivindicar o facto de serem os maiores produtores mundiais de uma série de culturas, incluindo [12]:

Arroz - 207 milhões de toneladas
Trigo - 126 milhões de toneladas
Batatas - 95 milhões de toneladas
Maçãs - 45 milhões de toneladas
Peras - 19 milhões de toneladas
Algodão - 7 milhões de toneladas

A percentagem prevista da China na produção mundial de determinadas culturas na época 2020/21 (em percentagem) é apresentada na Figura 4.6 [13]. Os drones são outra das grandes apostas da China no domínio da tecnologia agrícola. São capazes de recolher dados à escala e pulverizar pesticidas automaticamente em vez dos agricultores.

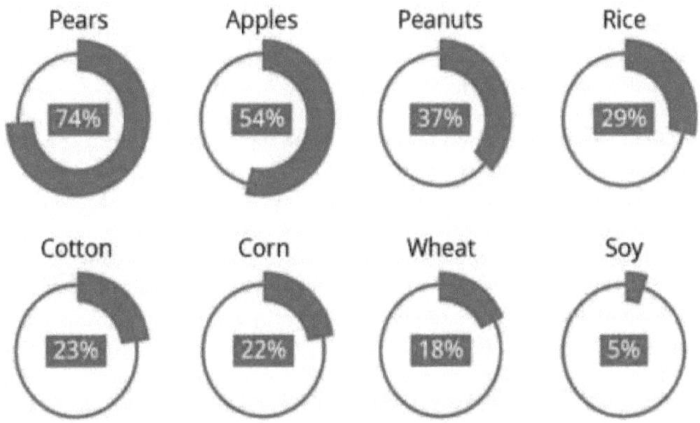

Figura 4.6 Quota prevista da China na produção mundial de culturas seleccionadas na época 2020/21 [13].

O governo da China sempre atribuiu grande importância ao trabalho relacionado com a agricultura e a população rural. O governo implementou uma série de políticas para reforçar a agricultura, beneficiar a população rural e permitir que as pessoas nas zonas rurais prosperem, assegurando assim um desenvolvimento equilibrado das zonas urbanas e rurais. Para além dos avanços tecnológicos na agricultura, o apoio político é a componente mais importante para promover a utilização da tecnologia e incentivar os agricultores a esforçarem-se por obter uma produção de cereais de elevado rendimento. O sucesso do desenvolvimento agrícola na China deve-se tanto ao crescimento da produtividade como ao aumento da utilização de factores de produção. O crescimento da produtividade é importante porque está na base do crescimento contínuo do rendimento rural, da melhoria dos meios de subsistência dos agricultores e da segurança do abastecimento alimentar nacional. A China alcançou um crescimento significativo da produtividade na agricultura através da reforma agrária, da inovação tecnológica, das reformas do mercado ou do investimento público em infra-estruturas rurais [14].

4.5 BENEFÍCIOS

A China produz mais alimentos do que qualquer outro país do mundo, mas também consome mais. Tem de alimentar quase 20% da população mundial. A partir de 2022, pelo menos, a China produz quase todos os seus próprios alimentos. Apesar dos recursos naturais limitados, a China tem sido capaz de satisfazer a sua crescente procura de alimentos, em grande parte através da sua própria produção agrícola. Atualmente, a China produz 18% dos cereais do mundo, 29% da carne do mundo e 50% dos legumes do mundo. Este êxito faz da China a maior economia agrícola do mundo. Outros benefícios são os seguintes [15-17]:

- *Fator económico:* Em termos económicos, o valor da agricultura e das indústrias conexas na China representou 16,47% do produto interno bruto total da China em 2020. O sector agrícola emprega 24,73% da força de trabalho, ou seja, um total de 185 milhões de pessoas.

- *Exportação:* Ao mesmo tempo que alimenta com sucesso a sua grande população, a China também está a fornecer produtos agrícolas a todo o mundo. Isto deve-se principalmente à tecnologia moderna e às políticas governamentais de apoio. Atualmente, a agricultura na China é uma indústria de produção de alimentos, fibras e energia baseada no crescimento e desenvolvimento de plantas para sustentar e melhorar a vida humana.

- *Alimentos verdes:* A China desenvolveu um programa de alimentação ecológica em que os produtos são certificados por uma utilização reduzida de pesticidas. Dispõe de centros e laboratórios de I&D agrícola muito avançados.

- *Sem desperdício:* Nada é desperdiçado na China. Os dejectos humanos são recolhidos nas casas de banho das famílias e utilizados como fertilizante. A lei da República Popular da China sobre resíduos alimentares entrou em vigor em abril de 2021. A China tem uma longa história de utilização de excrementos humanos como fertilizante. A urina é recolhida em bidões de 65 galões e utilizada como medicamento e fertilizante. Atualmente, muitos agricultores passaram a utilizar fertilizantes à base de azoto e fósforo, que escorrem e causam poluição da água.

- *Redução da pobreza:* O crescimento da agricultura e o aumento do emprego fora das explorações agrícolas reduziram drasticamente a pobreza rural, aumentando simultaneamente o rendimento dos agricultores. O número de pessoas em situação de pobreza extrema na China rural diminuiu de 250 milhões em 1978 para menos de 15 milhões em 2007. Apesar deste sucesso, a China continua a ser um país em desenvolvimento. Na China, 36% da população ainda vive com menos de 2 dólares por dia e a maioria destes pobres encontra-se nas zonas rurais.

- *Agricultura biológica:* A inovação mais recente na agricultura chinesa é o impulso para a agricultura biológica. A produção de alimentos biológicos na China registou uma rápida expansão na década de 2010. As classes alta e média chinesas começaram a adotar a agricultura biológica como fonte de alimentos seguros, uma vez que a China tem assistido a uma série interminável de escândalos alimentares. Apesar da evolução positiva, o sector da agricultura biológica da China enfrenta alguns desafios críticos.

- *Mulheres na agricultura:* As mulheres têm sido uma importante presença laboral na China desde a fundação da República Popular. Cerca de dois quintos de todas as mulheres com mais de 15 anos estão empregadas. A figura 4.7 mostra algumas agricultoras chinesas [16].

Figura 4.7 Algumas agricultoras chinesas [16].

4.6 DESAFIOS

A questão da alimentação e da agricultura é uma questão importante na China. Quando

Apesar do rápido crescimento da produção, o sector agrícola chinês enfrenta vários desafios, como o envelhecimento da população rural, a complexidade do sistema fundiário, as perturbações na cadeia de abastecimento, a escassez de água, a degradação das terras agrícolas, o aumento do custo da mão de obra, a baixa eficiência e a corrupção. Os resultados das políticas agrícolas chinesas em termos de produção têm sido díspares. Tradicionalmente, a China tem-se debatido com dificuldades para alimentar a sua grande população. Outros desafios incluem os seguintes [17-19]:

- *Importação:* Embora a produção agrícola da China seja suficiente para alimentar o país, este continua a ter de importar cereais. A principal solução da China para resolver a diferença entre a procura de alimentos pelos seus cidadãos e a falta de oferta tem sido a importação de alimentos e produtos agrícolas. Embora seja o maior produtor de alimentos, a China continua a depender das importações para alimentar o seu gado e a sua crescente população. Em 2019, a China tornou-se o principal importador mundial de produtos agrícolas, ultrapassando tanto os Estados Unidos como a União Europeia.

- *Terra limitada:* Apesar de ter quase um sexto da população mundial, a China tem apenas 10% da terra arável do mundo. O espaço limitado para a agricultura tem sido um problema ao longo da sua história, levando à escassez crónica de alimentos e à fome. Embora a produção agrícola da China seja a maior do mundo, apenas 10% da sua superfície terrestre total pode ser cultivada. O crescimento sustentado da produção agrícola está a exercer pressões sobre os recursos naturais, como a terra e a água. O desafio de alimentar uma nação em crescimento com uma oferta cada vez menor de terras aráveis, enfrentando simultaneamente uma grave escassez de água, tem sido desde há muito uma grande preocupação.

- *Segurança alimentar:* A segurança alimentar é uma das questões mais importantes da sociedade humana, especialmente no país mais populoso, a China. Embora a China produza quase todos os seus próprios alimentos, a segurança alimentar continua a ser um desafio importante. Em 2022, a China registou a sua pior seca. Nos últimos 35 anos, devido a uma transformação económica maciça, milhões de chineses foram retirados da fome, tendo o número de pessoas com fome na China sido reduzido para metade. A fusão de pequenas explorações agrícolas num menor número de grandes explorações é uma parte fundamental da estratégia de segurança alimentar da China.

- *Alterações climáticas:* Nos últimos 70 anos, as alterações climáticas reduziram seriamente a segurança alimentar da China, principalmente através da indução de secas e inundações. Num futuro próximo, as alterações climáticas poderão provocar uma redução da produção de trigo, arroz e milho. A fome e as inundações constituíam riscos graves.

- *Irrigação deficiente:* Os agricultores chineses há muito que utilizam técnicas como a fertilização e a irrigação para aumentar a produtividade das suas escassas terras. Ao contrário dos sistemas de irrigação do norte, que utilizavam principalmente canais de água, os sistemas de irrigação do sul utilizavam uma combinação de canais, tanques de armazenamento e rodas de água com base em diferentes condições espaciais. Mas a irrigação com canais é muito ineficiente. Muita água é desperdiçada, uma vez que os governos subsidiam tanto a água que os agricultores têm pouco incentivo para a poupar.

- *Poluição:* A poluição atmosférica causada pela dependência do carvão é um problema importante, juntamente com a poluição da água causada por resíduos não tratados e pela utilização de normas de poluentes que são objeto de debate.

- *Escassez de mão de obra: A* indústria agrícola da China enfrenta um declínio da mão de obra devido ao facto de a população chinesa estar a diminuir. Há um consenso geral de que a população da China será menor no futuro. Uma força de trabalho cada vez menor significa menos mão de obra disponível para trabalhar nas explorações agrícolas.

- *Envelhecimento demográfico:* Esta situação afecta substancialmente o desenvolvimento socioeconómico na China e coloca desafios consideráveis à segurança alimentar e à sustentabilidade agrícola. O envelhecimento da população rural reduziu a dimensão das explorações agrícolas em 4% através da transferência da propriedade das terras agrícolas e do abandono das terras em 2019.

- *Urbanização:* A China é um excelente exemplo de urbanização acompanhada por um aumento contínuo da área rural construída. À medida que a população mundial se torna cada vez mais urbana, há uma preocupação crescente com o facto de a urbanização estar a retirar terras de cultivo valiosas em todo o mundo, representando assim um grande risco para a segurança alimentar. A China, o país mais populoso do mundo, está a passar por uma rápida urbanização há quatro décadas. A questão da mão de obra agrícola é ainda agravada pelo fluxo contínuo de migrantes das zonas rurais para as grandes cidades, à procura de salários mais elevados e de um melhor nível de vida.

A figura 4.8 apresenta alguns destes desafios.

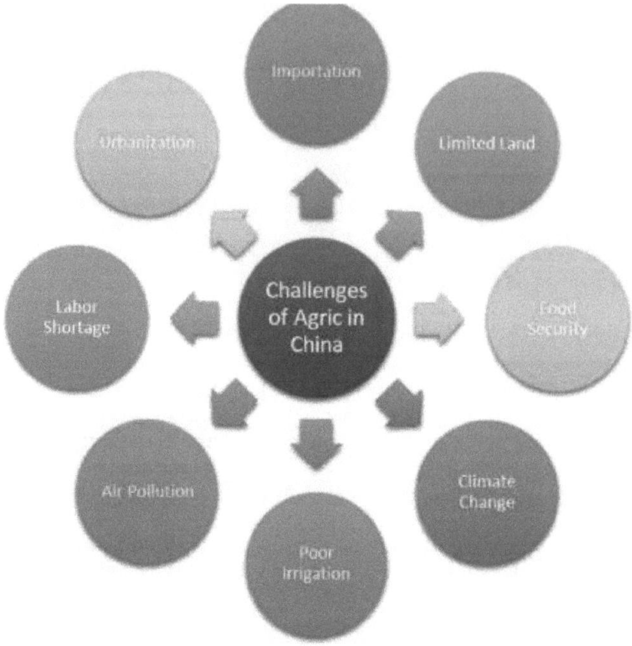

Figura 4.8 Desafios da agricultura na China.

4.7 CONCLUSÃO

A China tem a maior população do mundo e a segunda maior superfície terrestre. Tem uma longa história de agricultura e uma tradição de cultivo intensivo. O rápido crescimento da procura de alimentos na China tem sido largamente satisfeito através da sua própria produção agrícola. Durante milénios, a agricultura desempenhou um papel importante na economia e na sociedade chinesas. A China ocupa o primeiro lugar no mundo em termos de produção de cereais, algodão, frutas, legumes, carne, aves de capoeira, ovos e peixe. O desenvolvimento da tecnologia agrícola na China antiga foi um processo extremamente lento. O governo chinês sempre deu grande prioridade ao desenvolvimento da agricultura. A China conseguiu produzir um quarto dos cereais do mundo e alimentar um quinto da população mundial com menos de 10% da terra arável do mundo. Atualmente, a China é o maior importador de produtos agrícolas do mundo. Desde 2003, tem sido sistematicamente um importador líquido de produtos agro-alimentares
[20] .

As actuais políticas agrícolas na China visam melhorar a qualidade e a nutrição das culturas, o que significa ensinar aos agricultores como manter os rendimentos sem utilizar excessivamente fertilizantes e pesticidas. A modernização sempre foi o objetivo do desenvolvimento agrícola e rural da China. É aqui que a plataforma digital e tecnológica (plataforma agrícola moderna e tecnologia agrícola inteligente, incluindo drones e imagens de satélite) pode fazer uma enorme diferença. A modernização tem feito grandes progressos na redução da pobreza [21]. Para mais informações sobre a agricultura na China, consultar o livro [22-35].

REFERÊNCIAS

[1] "Descobrir as 23 províncias da China,"

https://www.thoughtco.com/china-provinces-4158617

[2] "Geografia da China", *Wikipédia,* a enciclopédia livre,

https://en.wikipedia.org/wiki/Geography_of_China

[3] "A agricultura na China: Desafios, carências, importações e agricultura biológica,"

https://factsanddetails.com/china/cat9/sub63/item348.html

[4] "História da agricultura na China", *Wikipédia,* a enciclopédia livre,

https://en.wikipedia.org/wiki/History_of_agriculture_in_China

[5] "Citações citáveis: Xi Jinping sobre agricultura, zonas rurais e agricultores", setembro de 2021,

https://www.chinadaily.com.cn/a/202109/23/WS614c7890a310cdd39bc6b1f6.htm l

[6] S. Wu et al., "The development of ancient Chinese agricultural and water technology from 8000 BC to 1911 AD", *Humanities and Social Sciences Communications,* vol. 5, n.º 77, julho de 2019.

[7] M. N. O. Sadiku, C. M. M. Kotteti, and J. O. Sadiku, "Agriculture in China" *International Journal of Multidisciplinary Research and Growth Evaluation,* vol. 5, no. 1, janeiro-fevereiro, 2024, pp. 404-408.

[8] "Agricultura tradicional chinesa e agricultura,"

https://factsanddetails.com/china/cat9/sub63/item1892.html

[9] "A China aumenta o investimento na agricultura estrangeira", Fonte desconhecida.

[10] "Agricultura na China", *Wikipédia*, a enciclopédia livre,

https://en.wikipedia.org/wiki/Agriculture_in_China

[11] "O sector agrícola da China recebe um impulso graças à tecnologia avançada", abril de 2020, Fonte desconhecida

[12] "Destaque para a agricultura na China", março de 2018,

https://www.adama.com/en/our-commitment/global-farming/farming-stories/insight-into- agricultura-na-china

[13] "Rei das colheitas: China's gigantic agricultural production", setembro de 2020, https://www.pakistangulfeconomist.com/2020/09/28/king-of-crops-chinas-gigantic-agricultural- production/

[14] J. Huang et al., "Agricultural and rural development in China during the past four decades: Uma introdução", *Australian Journal of Agricultural and Resource Economics,* vol. 64, 2019, pp. 1-13.

[15] C. A. Carter, "China's agriculture: Achievements and challenges,"

https://s.giannini.ucop.edu/uploads/giannini_public/42/47/42478f51-6d6a-4575-8dae- d88e2dcf174fM4n5_2.pdf

[16] "A China num ápice,"

https://www.fao.org/china/fao-in-china/china-at-a-glance/en/

[17] G. Donald, "The importance of agriculture to China", setembro de 2022,

https://www.asiaengagement.com/post/the-importance-of-agriculture-to-china

[18] S. Wang et al., "A urbanização pode beneficiar a produção agrícola com a agricultura em grande escala na China", *Nature Food,* vol.2, 2021, pp. 183-191.

[19] C. Ren et al., "Ageing threatens sustainability of smallholder farming in China", Nature, vol. 616, 2023, pp. 96-103.

[20] X. Jiao, N. Mongol e F. Zhang, "The transformation of agriculture in China: Looking back and looking forward", *Journal of Integrative Agriculture,* vol. 16, 2017.

[21] Q. Hengde, "A tecnologia agrícola inteligente pode transformar a agricultura chinesa e ajudar a alimentar o planeta", fevereiro de 2021,

https://www.globaltimes.cn/page/202102/1215818.shtml

[22] W. Chen, *Challenges and Opportunities for Chinese Agriculture: Feeding Many While Protecting the Environment.* Springer, 2020.

[23] F. H. King, *Farmers of Forty Centuries; Or, Permanent Agriculture in China, Korea and Japan.* Harcourt, 1911.

[24] M. P. Lee, *The Economic History of China, with Special Reference to Agriculture.* Columbia University Press, 2009.

[25] Z. Li, *Reforma e desenvolvimento da agricultura na China.* Springer, 2017.

[26] X. Dong, *China's Agricultural Development: Challenges and Prospects.* Taylor & Francis, 2017.

[27] S. Fan, *Regional Productivity Growth In China's Agriculture.* Boca Raton, FL: CRC Press, 2019.

[28] J. D. Ploeg e J. Ye (eds.), *China's Peasant Agriculture and Rural Society: Changing Paradigms of Farming.* Taylor & Francis, 2016.

[29] D. H. Rosen, S. Rozelle e J. Huang, *Roots of Competitiveness: China's Evolving Agriculture Interests.* Columbia University Press, 2004.

[30] D. H. Perkins, *Desenvolvimento Agrícola na China, 1368-1968.* Taylor & Francis, 2017.

[31] N. R. Lardy, *Agriculture in China's Modern Economic Development.* Cambridge University Press, 1983.

[32] J. Huang e C. Chen, *Effects of Trade Liberalization on Agriculture in China: Institutional and Structural Aspects.* Centro CGPRT, 1999.

[33] J. Wang et al., *Can China Continue Feeding Itself? O impacto das alterações climáticas na agricultura.* Publicações do Banco Mundial, 2012.

[34] D. H. Perkins, *Agricultural Development in China, 1368-1968 [Desenvolvimento Agrícola na China, 1368-1968].* Routledge, 2017.

[35] R. C. Hsu, *Food For One Billion: China's Agriculture Since 1949.* Taylor & Francis, 2019.

CAPÍTULO 5: AGRICULTURA NA EUROPA

"A agricultura é uma fonte fundamental de prosperidade nacional." - J. J. Mapes

5.1 INTRODUÇÃO

A Europa é o segundo mais pequeno dos continentes do mundo, sendo a Antárctida o mais pequeno. É o terceiro maior em termos de população. É limitada a norte pelo Oceano Ártico, a oeste pelo Oceano Atlântico e a sul pelo Mar Mediterrâneo, pelo Mar Negro e pelo Mar Cáspio. É constituída por 50 países (dependendo da forma de os contar) com um total de mais de 748 milhões de pessoas. Os países incluem a Albânia, Áustria, Bélgica, Bulgária, Croácia, Chipre, República Checa, Dinamarca, Estónia, Finlândia, França, Alemanha, Geórgia, Grécia, Hungria, Irlanda, Itália, Letónia, Lituânia, Luxemburgo, Malta, Países Baixos, Noruega, Polónia, Portugal, Roménia, Rússia, Sérvia, Eslováquia, Eslovénia, Espanha, Suécia, Suíça, Turquia, Ucrânia, Reino Unido e Cidade do Vaticano. Com mais de 200 línguas faladas em toda a Europa, apenas 24 delas são reconhecidas como línguas formais. Dos países europeus, 27 nações pertencem à União Europeia (UE), que é uma união política e económica [1]. A figura 5.1 mostra o mapa da Europa [2].

Figura 5.1 O mapa da Europa [2].

A Europa é um continente fascinante, com um rico património cultural e paisagens diversas, que foram moldadas por séculos de tradições agrícolas e alimentares diversas. A Europa é normalmente conhecida pelos seus reis, rainhas, castelos, igrejas, obras de arte deslumbrantes e imagens imponentes da natureza.

É o lar de algumas comidas incríveis. Acredita-se que os gostos e tradições alimentares eram tão variados na Europa Antiga como o são atualmente [3].

A agricultura na UE pode ser considerada como um sector económico que contribui para o crescimento económico e a redução da pobreza. A agricultura e as indústrias relacionadas com os produtos alimentares criam mais de 44 milhões de empregos na UE. A UE é um dos principais produtores e exportadores mundiais de produtos agrícolas. A UE continuará a ser um exportador líquido de trigo e cevada e um importador líquido de milho e arroz. A figura 5.2 mostra a quantidade produzida na UE em 2019 [4].

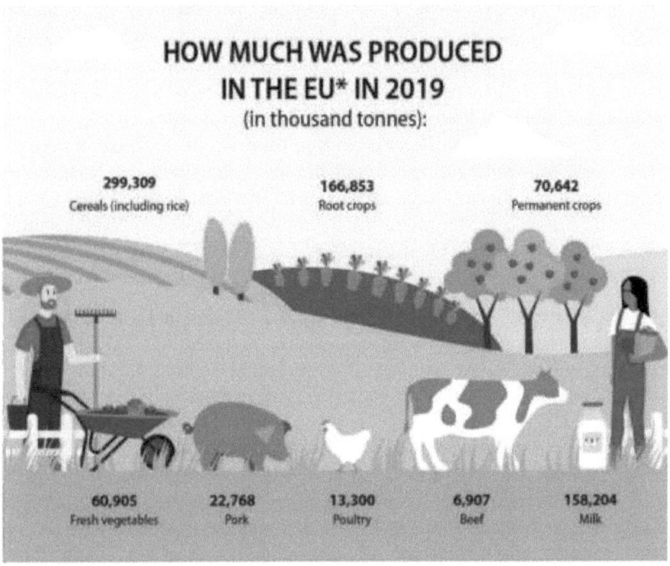

Figura 5.2 Quanto foi produzido na UE em 2019 (*excluindo o Reino Unido) [4].

A Roménia foi o país com mais pessoas empregadas na agricultura em 2019, enquanto a Alemanha foi o país com mais pessoas empregadas na produção alimentar em 2018. Por cada euro gasto, o sector agrícola gera mais 0,76 euros para a economia da UE.

Este capítulo centra-se nas práticas agrícolas na Europa. Começa com uma breve história da agricultura na Europa. Aborda as formas tradicionais e modernas de agricultura na Europa. Destaca os benefícios e os desafios da agricultura na Europa. A última secção conclui com comentários.

5.2 BREVE HISTÓRIA DA AGRICULTURA EUROPEIA

A agricultura começou de forma independente em diferentes partes do mundo. Há oito mil anos, pequenos bandos de caçadores-recolectores seminómadas eram os únicos seres humanos a vaguear pelas florestas verdejantes da Europa. Na Europa, a agricultura desenvolveu-se através de uma combinação de migração e difusão. Os primeiros agricultores a entrar na Europa vieram provavelmente com as suas famílias. Gradualmente, aprenderam quais as plantas e animais que prosperavam nos climas temperados da Europa. Os sítios mais antigos com agricultura encontram-se ao longo da costa mediterrânica. A agricultura espalhou-se através de interacções complexas entre os caçadores e recolectores residentes e os povos agrícolas que migravam para a região. À medida que a agricultura se estendia às regiões mais temperadas da Europa, tornaram-se importantes as práticas que se centravam no gado bovino, nos porcos, na espelta, no milho e nas leguminosas. Por volta de 6000 BP, a transição para a produção alimentar estava em curso nas Ilhas Britânicas e, por volta de 5000 BP, a agricultura era comum na Europa Ocidental. A Suméria, situada na parte mais a sul da Mesopotâmia, foi o berço de uma das primeiras civilizações do mundo. A terra era cultivada por equipas de bois que puxavam arados leves e sem rodas, e os cereais eram colhidos com foices na primavera. No início da 4ª dinastia do Egipto, cerca de 4525 BP, a agricultura tinha-se tornado um empreendimento sofisticado. Em Espanha, os mouros introduziram novas culturas e uma nova raça de ovelhas. Entre o século X e os últimos anos do século XIII, registou-se uma expansão generalizada das terras cultivadas em toda a Europa Ocidental. No final do século XIII, começou uma recessão [5].

A mecanização, caraterística marcante da agricultura dos finais do século XIX e do século XX, facilitou muito do trabalho árduo do agricultor. Tal como a Primeira Guerra Mundial reduziu significativamente a produção alimentar na Europa, o mesmo aconteceu com a Segunda Guerra Mundial. A produção agrícola diminuiu na maior parte dos países europeus. Graças à ajuda prestada no pós-guerra, principalmente pelos EUA e pela ONU, a recuperação da Europa foi rápida. As aplicações da eletricidade na agricultura não aumentaram muito até à década de 1920, quando as pressões económicas e o crescente afastamento da mão de obra da terra provocaram uma mudança em toda a estrutura da agricultura. A partir da segunda metade do século XX, a atualidade e as práticas da agricultura urbana estão a crescer amplamente, não só em iniciativas sociais, mas também na investigação científica.

5.3 AGRICULTURA NA EUROPA

A agricultura é crucial para o nosso presente e futuro. Ocupa uma posição única no centro da sociedade, do ambiente e da economia da União Europeia. Os agricultores da UE são a espinha dorsal da autossuficiência alimentar da Europa e motores vitais do emprego e do crescimento sustentável nas zonas rurais. Existem cerca de 10 milhões de explorações agrícolas na UE e 17 milhões de pessoas trabalham regularmente nas explorações agrícolas. As explorações agrícolas da UE utilizaram 157 milhões de hectares de terras para a produção agrícola em 2020, o que representa 38 % da superfície total da UE. A figura 5.3 mostra as terras pertencentes a explorações agrícolas por tipo de terra (percentagem da superfície total, 2020) [6].

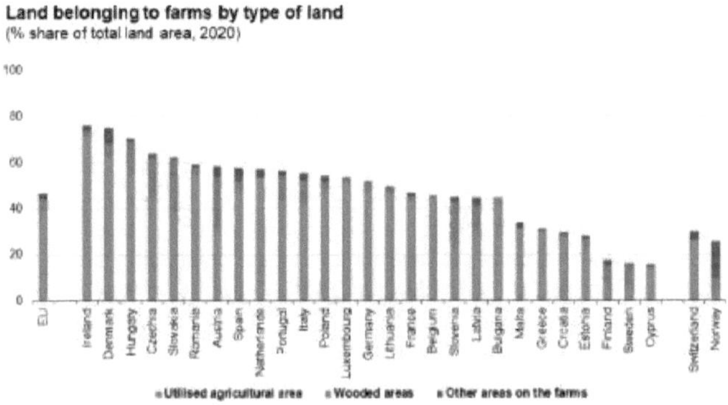

Figura 5.3 Terras pertencentes a explorações agrícolas por tipo de terra (% de quota na superfície total, 2020) [6].

A concorrência fundiária, associada à expansão das zonas florestais e de pastagem, limitará as terras disponíveis para as culturas arvenses. Desde os anos 50, a agricultura tradicional foi substituída por uma rápida industrialização da agricultura, caracterizada por uma intensificação generalizada dos métodos agrícolas.

A agricultura e o ambiente são interdependentes. A qualidade da água, do ar e do solo tem um impacto direto na qualidade e disponibilidade dos produtos agrícolas. A saúde do solo e a biodiversidade são particularmente importantes para a produção agrícola. As culturas podem ser classificadas em dois grupos: anuais e perenes. As culturas anuais são aquelas que não duram mais de duas épocas de crescimento. As culturas anuais podem ser subdivididas em culturas de inverno e culturas de primavera e verão. As culturas perenes (por exemplo, árvores de fruto e vinhas) duram mais de dois períodos de crescimento e são também designadas por culturas permanentes.

Existem três grupos distintos de explorações agrícolas na UE: (i) as explorações agrícolas de semi-subsistência, em que a tónica é colocada na alimentação dos agricultores e das suas famílias; (ii) as pequenas e médias explorações agrícolas, que são geralmente empresas familiares; e (ii) as grandes empresas agrícolas ou a agricultura comercial, que é frequentemente considerada como uma produção para obter dinheiro. Os sistemas agrícolas mistos constituíram elementos-chave da paisagem europeia ao longo dos tempos históricos e muitos deles continuam a existir atualmente.

Por ser um fenómeno cultural, a agricultura tem variado consideravelmente no tempo e no espaço. A agricultura é um sector importante para todos os países da UE e todos eles recebem fundos comunitários através da Política Agrícola

Comum (PAC). Desempenha um papel central, moldando as paisagens, as economias, as comunidades e as culturas da UE. A agricultura na Europa é dominada por produtos animais, cereais, produtos hortícolas, vinho, frutas e açúcar. A Europa tornou o seu sector agrícola competitivo e é um exportador significativo de produtos de valor acrescentado, como os alimentos transformados, a carne e os produtos lácteos [7].

A agricultura é a atividade que consiste em governar e gerir os ecossistemas de modo a que estes produzam produtos alimentares que satisfaçam as nossas necessidades nutricionais. A agricultura moderna na UE pode ser considerada como uma fronteira de aplicações de alta tecnologia. Registou-se um enorme progresso na compreensão e adoção de tecnologias científicas na agricultura. Devem ser adoptadas diferentes abordagens para modernizar a agricultura europeia, respeitando simultaneamente as tradições e as exigências da população rural. Não há contradição em utilizar diferentes abordagens se elas se puderem ajudar mutuamente. Uma abordagem moderna da agricultura europeia inclui a agricultura mecanizada, como se pode ver na Figura 5.4 [8].

Figura 5.4 Agricultura mecanizada na Europa [8].

A agricultura europeia moderna é melhor descrita pelos seguintes factores:

1. *A eletricidade:* Os agricultores progressistas de vários países estavam determinados a explorar as possibilidades da eletricidade nas suas explorações. Engenheiros e agricultores combinaram os seus esforços no desenvolvimento de equipamento elétrico para conservação e armazenamento das colheitas, para ajudar a ultrapassar os riscos climáticos na altura da colheita e para reduzir ao mínimo as necessidades de mão de obra. O impacto da energia eléctrica na agricultura moderna foi, pelo menos, tão significativo como o do vapor ou da gasolina, porque a eletricidade, pela sua natureza, é muito mais versátil do que as fontes de energia anteriores. O acondicionamento e a armazenagem de tubérculos como a batata, a cebola, a cenoura e a beterraba, em armazéns especialmente

concebidos para o efeito, com ventilação forçada e controlo da temperatura, e de fruta em armazéns refrigerados, são técnicas baseadas na eletricidade que minimizam o desperdício e mantêm a qualidade superior durante períodos mais longos do que era possível com os métodos tradicionais de armazenagem [5].

2. *Agricultura Urbana:* Esta é a prática de cultivar, processar e distribuir alimentos em áreas urbanas e nas suas imediações. A agricultura urbana não compete com a agricultura convencional, mas ajuda-a a enfrentar os muitos desafios. Tem de se tornar uma forma complementar de reforçar os sistemas alimentares num futuro próximo. Existe em muitas formas e tipos (ambiente controlado e não controlado) e resultados multifuncionais. A agricultura em ambiente não controlado (AEA) refere-se a espaços abertos e à agricultura no solo em zonas urbanas, como hortas, jardins em telhados, hortas comunitárias ou explorações agrícolas mais tradicionais. A agricultura de ambiente controlado (AEC) refere-se a qualquer forma de agricultura que controla e optimiza as condições ambientais, como a temperatura, a luz ou a concentração de nutrientes. Exemplos deste tipo de agricultura incluem as estufas modernas, a agricultura vertical de interior, a agricultura integrada em edifícios, a hidroponia, a aquaponia e a aeroponia.

3. *Política agrícola comum:* A política agrícola da UE abrange uma vasta gama de domínios, incluindo a qualidade dos alimentos, a rastreabilidade, o comércio e a promoção dos produtos agrícolas da UE. Em 2023, a Comissão Europeia lançou um sistema de apoio aos agricultores por um período de cinco anos (2023-27) sob a forma de um
nova política agrícola comum (PAC). Esta inclui financiamento e incentivos mais fortes para ajudar os agricultores da UE a adotar práticas mais sustentáveis e resilientes. A PAC é uma política comum para todos os países da UE. Apoia os agricultores e garante a segurança alimentar da Europa. Os seus objectivos são [9]:

- apoiar os agricultores e melhorar a produtividade agrícola, garantindo um abastecimento estável de alimentos a preços acessíveis;
- garantir aos agricultores da União Europeia um nível de vida razoável;
- ajudar a combater as alterações climáticas e a gestão sustentável dos recursos naturais;
- manter as zonas rurais e as paisagens em toda a UE;
- manter viva a economia rural, promovendo o emprego na agricultura, nas indústrias agro-alimentares e nos sectores associados.

A PAC articula-se em torno de três objectivos principais para alcançar um sistema agrícola sustentável na UE [10]:

- sustentabilidade económica,
- sustentabilidade ambiental, e
- a sustentabilidade social das explorações agrícolas.

Para atingir estes três objectivos principais, os países da UE recorrem a uma vasta gama de acções específicas, que visam responder às necessidades específicas de cada país e que constituem os planos estratégicos da PAC. Através destes planos, os países da UE prestam apoio ao rendimento dos agricultores. Todos os países da UE recebem fundos comunitários através da Política Agrícola Comum (PAC). A figura 5.5 mostra como os fundos da PAC são divididos entre os países da UE [3].

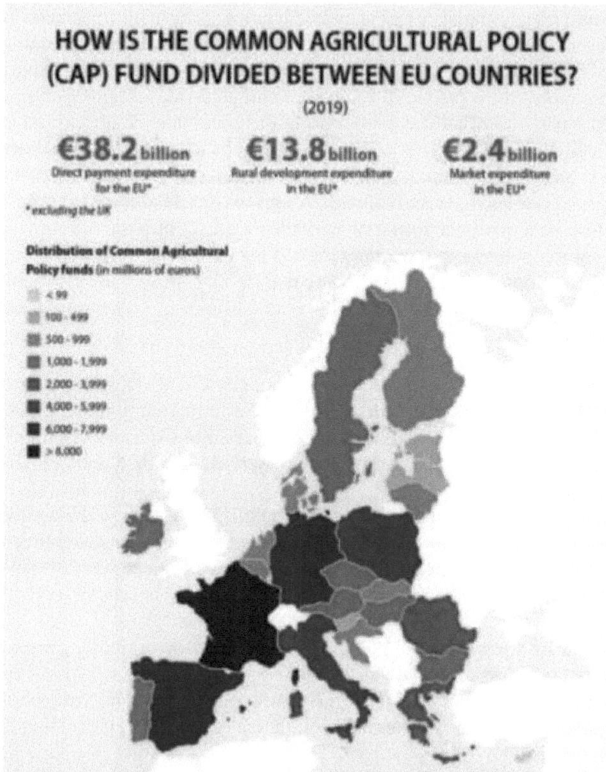

Figura 5.5 Como o fundo da PAC é dividido entre os países da UE [3].

5.4 BENEFÍCIOS

A agricultura está estreitamente ligada a questões estratégicas como a segurança alimentar, a segurança dos alimentos e a sustentabilidade. Os ganhos de eficiência e produtividade na agricultura aumentaram a produção de alimentos e melhoraram o acesso aos mesmos. A UE adoptou legislação para garantir que os alimentos produzidos e vendidos na UE são seguros para consumo. A política agrícola da UE abrange uma vasta gama de domínios, incluindo a qualidade dos alimentos, a rastreabilidade, o comércio e a promoção dos produtos agrícolas da UE. Os actuais sistemas agrícolas conseguiram fornecer grandes volumes de alimentos aos mercados mundiais, alimentando uma população humana em constante crescimento. Outros benefícios da agricultura europeia são os seguintes [11,12]:

- *Agricultura de precisão:* Utiliza a inovação tecnológica, a tecnologia do sistema de posicionamento global (GPS) e os grandes dados para realizar duas tarefas. Em primeiro lugar, é utilizada para tornar mais eficiente a aplicação de fertilizantes, pesticidas e irrigação. Em segundo lugar, é aproveitada para gerir a variabilidade inter e intra-campo.

- *Agricultura biológica:* A agricultura biológica é um sistema de agricultura que está a ganhar popularidade em todo o mundo. A agricultura biológica constitui uma alternativa às formas modernas de agricultura, como a utilização de fertilizantes químicos, organismos geneticamente modificados (OGM), hormonas de crescimento e outras técnicas artificiais. Durante a maior parte da sua história, a agricultura tem sido biológica, sem fertilizantes sintéticos ou pesticidas e sem OGM. As terras agrícolas biológicas na Europa atingiram um máximo histórico com 15,6 milhões de hectares em 2018. A figura 5.6 mostra uma agricultura biológica típica na Europa [13].

Figura 5.6 Uma agricultura biológica típica na Europa [13].

- *Produtividade:* Ao longo do último século, a maioria das regiões da Europa registou um aumento sem precedentes da produtividade agrícola, através de desenvolvimentos na criação de plantas e animais, mecanização, alimentação, fertilização e proteção das culturas. A UE é o maior exportador agroalimentar do mundo, o que coloca as actividades e acções da região no centro do comércio global.

5.4 DESAFIOS

Os agricultores da UE enfrentam desafios e crises crescentes, como as alterações climáticas, a escassez de água, a degradação dos solos, a sazonalidade, a cadeia de abastecimento alimentar durante a pandemia, os custos dos factores de produção fósseis, a competitividade do mercado mundial, as exigências do mercado mundial, o declínio das explorações agrícolas familiares, o aumento da idade média dos agricultores, etc. A política agrícola da UE mudou consideravelmente nas últimas décadas para ajudar os agricultores a enfrentar estes desafios e responder à mudança de atitudes e expectativas das pessoas. A UE está a procurar as melhores formas de apoiar os seus agricultores e de adaptar as suas políticas agrícolas, tendo em conta as suas necessidades. Outros desafios da agricultura da UE são os seguintes [14-18]:

- *Insegurança alimentar:* Este continua a ser um problema importante a nível mundial. Mesmo na Europa, atualmente, mais de 1 em cada 12 cidadãos não pode pagar uma refeição com carne ou peixe. A desigualdade é um dos principais factores de insegurança alimentar na Europa e no mundo. Os indicadores de segurança alimentar na UE incluem as taxas de autossuficiência, o comércio líquido, a diversificação das importações e exportações e as despesas das famílias com a alimentação. Devido aos seus recursos agrícolas excepcionais, a UE deve desempenhar um papel fundamental na garantia da segurança alimentar em todo o mundo.

- *Alterações climáticas:* O sector agrícola não só é afetado pelas alterações climáticas como também contribui significativamente para elas através da libertação de gases com efeito de estufa. As alterações climáticas afectam a agricultura de várias formas. Os impactos adversos das alterações climáticas já estão a afetar a produção agrícola na Europa, especialmente no sul. Juntamente com as alterações climáticas, a pressão da agricultura sobre o ambiente e os recursos naturais prejudica os actuais sistemas alimentares. Os impactos climáticos conduziram a colheitas mais fracas e a custos de produção mais elevados, afectando o preço, a quantidade e a qualidade dos produtos agrícolas na Europa. A UE pode utilizar a PAC como um instrumento para influenciar a elaboração de políticas no domínio das alterações climáticas.

- *Sustentabilidade:* A agricultura sustentável, que concilia baixos impactos ambientais, segurança alimentar e a viabilidade das sociedades rurais, representa um desafio significativo para a agricultura europeia. Ao mesmo tempo que são eficazes em termos de custos, os agricultores devem trabalhar de forma sustentável e respeitadora do ambiente. Os actuais desafios em matéria de sustentabilidade exigem tecnologias que possam melhorar a proteção das plantas contra as pragas e os fenómenos climáticos extremos. A UE apoia financeiramente os seus agricultores e incentiva práticas sustentáveis e respeitadoras do ambiente. A adoção de práticas agrícolas mais sustentáveis terá impacto no desenvolvimento futuro do sector leiteiro da UE. A sustentabilidade desempenhará um papel cada vez mais importante nos mercados de carne da UE. O Pacto Ecológico Europeu e a sua estratégia "do prado ao prato" representam um passo fundamental para alcançar a sustentabilidade da agricultura e do sistema alimentar.

- *Comportamento do consumidor:* Este aspeto também terá de mudar. Alterar os regimes alimentares, como comer menos carne e reduzir o desperdício alimentar, contribuiria para reduções adicionais. O conhecimento tradicional e a mudança de comportamento são vitais para resolver a atual crise do sistema alimentar.

- *Perturbações:* A invasão russa da Ucrânia levou ao aumento dos preços dos factores de produção e da energia. Em consequência, a inflação alimentar disparou e o comércio foi perturbado. Devido a esta perturbação, verifica-se um abrandamento do crescimento da produção dos principais sectores agrícolas da UE. Prevê-se que a produção de algumas culturas estagne, enquanto a produção de leite e de carne diminuirá.

- *Manifestações:* Em toda a Europa, milhares de agricultores baixaram as ferramentas, montaram os seus tractores e saíram à rua em protesto. Os agricultores de diferentes países europeus afirmam que não estão a ser pagos o suficiente pelos seus produtos, que se debatem com impostos e regras ecológicas e que enfrentam concorrência desleal do estrangeiro. Manifestam a sua preocupação por estarem fartos de demasiada administração e de regras que lhes dizem como devem cultivar. Estão também preocupados com o facto de a inflação ter reduzido drasticamente o valor dos seus pagamentos directos. A manifestação dos agricultores europeus é apresentada na figura 5.7 [19]. Até à data, a Europa do Sul tem sido poupada ao peso dos protestos, mas a situação pode mudar em breve.

Figura 5.7 Demonstração efectuada por agricultores europeus [19].

- *Obesidade:* Os cidadãos da UE são cada vez mais afectados por doenças não transmissíveis associadas a escolhas alimentares. O número de pessoas com excesso de peso ou obesas está a aumentar rapidamente na UE. Estima-se que a obesidade, por si só, tenha causado cerca de 2,8 milhões de mortes por ano.

- *Legislação ambiental:* A agricultura na Europa tem sido palco de vários desenvolvimentos e crises socioeconómicas e ambientais importantes ao longo do último século. As regiões da Europa são muito diversas, com uma população rural envelhecida e leis ambientais mais rigorosas.

- *Escassez de agricultores:* Há menos agricultores e menos terras aráveis, mas a procura de alimentos está a aumentar. O número total de agricultores na Europa diminuiu para metade entre 1990 e 2010.

- *Escassez de terras: Prevê-se* que o aumento da concorrência pela terra influencie a agricultura europeia. Durante várias décadas, o número de explorações agrícolas na UE registou uma tendência decrescente.

A figura 5.8 apresenta alguns destes desafios.

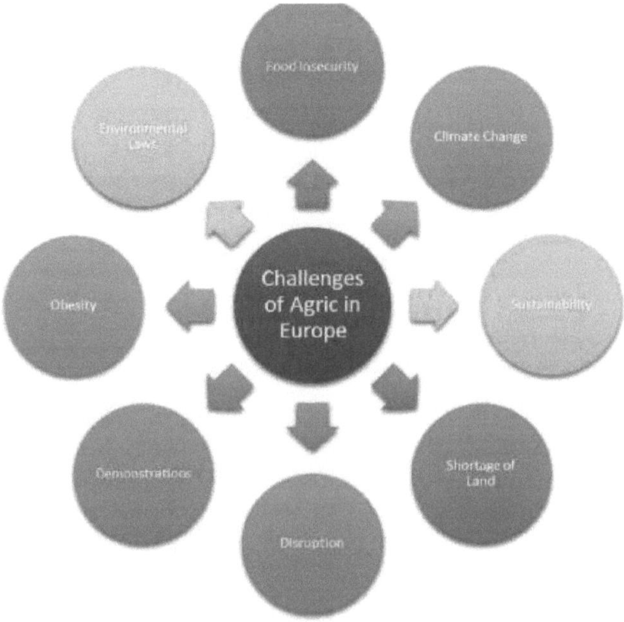

Figura 5.8 Desafios da agricultura na Europa.

A política agrícola da UE mudou consideravelmente nas últimas décadas para ajudar os agricultores a enfrentar estes desafios e responder à mudança de atitudes e expectativas das pessoas. São necessárias redes de parceria fortes para tornar isto uma realidade e transformar o sector agrícola em benefício do clima, das pessoas e da sociedade.

5.5 CONCLUSÃO

As práticas modernas da agricultura industrial, como a fertilização mineral, causaram uma degradação generalizada das terras agrícolas e das massas de água na Europa. O sector agrícola europeu está a enfrentar uma grande crise e tem de alterar profundamente as suas práticas. Os homens e as mulheres do sector agrícola da UE devem trabalhar em conjunto para garantir o abastecimento alimentar no futuro. A Comissão Europeia está a reunir agricultores, proprietários de lojas de produtos alimentares locais, retalhistas europeus, organizações de consumidores, grupos ambientais, instituições financeiras, universidades e outras partes interessadas importantes para partilhar ideias e ouvir as necessidades dos agricultores. O diálogo é crucial para o desenvolvimento de um entendimento comum do futuro sistema agrícola e alimentar da UE [13]. Para mais informações sobre a agricultura na Europa, consultar o livro em [20-37].

REFERÊNCIAS

[1] M. N. O. Sadiku e J. O. Sadiku, *Traditional Foods Around the World.* Moldova, Europa: Lambert Academic Publishing, 2023, pp. 49-50.

[2] "Mapa da Europa,"

https://www.infoplease.com/atlas/europe

[3] M. N. O. Sadiku, S. M. Musa, U. C. Chukwu, e A. Ajayi-Majebi, "Traditional European foods, " *American Journal of Social and Humanitarian Research,* vol. 4, no. 3, março de 2023, pp. 124-133.

[4] "Estatísticas agrícolas da UE: Subsídios, emprego, produção (infografia)", novembro de 2021,

https://www.europarl.europa.eu/news/en/headlines/society/20211118STO17609/eu-agriculture- statistics-subsidies-jobs-production-infographic

[5] "Europa", https://www.britannica.com/topic/agriculture/Europe

[6] "Explorações agrícolas e terras agrícolas na União Europeia - estatísticas,"

https://ec.europa.eu/eurostat/statistics-explained/index.php?title=Farms_and_farmland_in_the_European_Union_-_statistics#:~:text=There%20were%209.1%20million%20agricultural%20holdings%20in%20the ,of%20the%20total%20land%20area%20of%20the%20EU.

[7] M. N. O. Sadiku, C. M. M. Kotteti, e J. O. Sadiku, "Agriculture in Europe" *Journal of Scientific and Engineering Research,* vol. 11, n.º 2, 2024, pp. 58-65.

[8]
https://images.search.yahoo.com/yhs/search;_ylt=AwrNOJkQVhhmH0MaFRwPxQt.;_ylu=Y29s
bwNiZjEEcG9zAzEEdnRpZAMEc2VjA3Nj?p=images+of+agriculture+in+Europe&type=fc_A
C5AE6A96A2_s69_g_e_d_n0002_c999&param1=7&param2=eJwti8sKgzAQRX9llgoSJyZGgl
u%2FoFtxkWqqIdGIDyz9%2Bo6lzOKeey4zuqGtu0fDEUWlZZt1C3VELAjviaKn0FoTufWHT
ArGlWC6IjfaSPLcCU9DNMePC8HkJUNILrcM8dphOYAjwxpIKFnDW8kUzLoGe9mnd0deio
oJBYmfjlkEJy3MNrexxT6aYuzzXkhGN4Hu3mZzfl fvtqTObg%3D&hsimp=yhs- 3971&hspart=fc&ei=UTF-8&fr=yhs-fc-
3971#id=81&iurl=https%3A%2F%2Fwww.theparliamentmagazine.eu%2Fsiteimg%2Fnews- main%2Fugc-
1%2Ffullnews%2Fnews%2F22751%2F22036_original.jpg&action=click

[8] "A política agrícola comum num ápice,"

https://agriculture.ec.europa.eu/common-agricultural-policy/cap-overview/cap-glance_en

[9] "Agricultura sustentável na UE,"

https://agriculture.ec.europa.eu/sustainability_en

[10] F. Mohr et al. , "Why has farming in Europe changed? A farmers' perspective on the development since the 1960s", *Regional Environmental Change,* vol. 23, no. 156, 2023.

[11] "Principais países europeus para a agricultura biológica,"

https://www.worldatlas.com/articles/top-european-countries-for-organic-farming.html#:~:text=Top%20European%20Countries%20For%20Organic%20Farming%201%2
0Organic,Organic%20Farming%20...%204%20Types%20of%20Crops%20

[12] "Diálogo estratégico sobre o futuro da agricultura da UE,"

https://commission.europa.eu/strategy-and-policy/priorities-2019-2024/european-green- deal/agriculture-and-green-deal/strategic-dialogue-future-eu-agriculture_en

[13] "Agricultura,"

https://european-union.europa.eu/priorities-and-actions/actions-topic/agriculture_en

[14] "Qual é o futuro da agricultura sustentável europeia?" julho de 2021, Fonte desconhecida.

[15] "As alterações climáticas ameaçam o futuro da agricultura na Europa,"

https://www.eea.europa. eu/highlights/climate-change-threatens-future-of

[16] "Perspetivas agrícolas da UE para 2022-32: O crescimento da produção dos principais setores agrícolas deverá abrandar", dezembro de 2022,

https://agriculture.ec.europa.eu/news/eu-agricultural-outlook-2022-32-production-growth-major- agricultural-sectors-slow-down-2022-12-08_en

[17] "Agricultura,"

https://www.eea.europa.
eu/soer/2015/europe/agriculture#:~:text=European%20agriculture%20%
E2%80%94%2040%25%20of%20the,dramatic%20loss%20of%20grassland%20b
iodiversity.

[18] "Macron apela à reforma da agricultura e os produtores de alimentos atiram ovos ao Parlamento Europeu,"

https://www.theguardian.com/world/2024/feb/01/farmers-hurl-eggs-at-european-parliament-as- leaders-meet-for-summit

[19] N. S. B. Gras, *A History of Agriculture in Europe and America.* Nova Iorque, Crofts, 1925.

[20] B. Andreosso-O'Callaghan, *The Economics of European Agriculture.* Springer, 2003.

[21] H. Willer e J. Lernoud, *The World of Organic Agriculture. Estatísticas e Tendências Emergentes 2017.* Instituto de Investigação da Agricultura Biológica FiBL e IFOAM-Organics International, 2017.

[22] P. Bogucki, *Forest Farmers and Stockherders: Early Agriculture and Its Consequences In North-Central Europe.* Arquivo CUP, 1988.

[23] M. R. Jarman, G. N. Bailey e H. N. Jarman, *Early European Agriculture: Its Foundations and Development.* Cambridge University Press, 1982.

[24] T. Cooper, K. Hart e D. Baldock, *Provision of Public Goods Through Agriculture in the European Union.* Londres: Instituto para a Política Ambiental Europeia, 2009.

[25] Comissão das Comunidades Europeias, *A agricultura na Europa: Desenvolvimento, limitações e perspectivas.* Serviço das Publicações Oficiais das Comunidades Europeias, 1992.

[26] A. Greer, *Agricultural policy in Europe.* Manchester University Press, 2005.

[27] A. Piccinini e M. Loseby, *Agricultural Policies in Europe and the USA: Farmers Between Subsidies and the Market.* REINO UNIDO: Palgrave Macmillan, 2001.

[28] K. K. Patel, *Fertile Groundfor Europe? The History of European Integration and the Common Agricultural Policy Since 1945.* Nomos, 2009.

[29] C. Martiin, J. Pan-Montojo e P. Brassley, *Agriculture in Capitalist Europe, 1945-1960: From Food Shortages to Food Surpluses.* Taylor & Francis, 2016.

[30] I. J. Thorpe, *The Origins of Agriculture in Europe.* Routledge, 2003.

[31] F. Lohrberg et al. (eds.), *Urban Agriculture Europe.* Berlin: Jovis, 2016.

[32] B. Jack, *Agriculture and EU Environmental Law.* Routledge, 2016.

[33] M. Cardwell, *The European Model of Agriculture.* Oxford University Press, 2004.

[34] T. Gylfason, *The Macroeconomics of European Agriculture.* Secção de Finanças Internacionais, Departamento de Economia, Universidade de Princeton, 1995.

[35] B. Delbaere e A. N. Serradilla (eds.), *Environmental Risks from Agriculture In Europe: Locating Environmental Risk Zones In Europe Using Agri-Environmental Indicators.* ECNC, 2004.

[36] B. Gardner, *European Agriculture: Policies, Production and Trade.* Routledge, 2006.

CAPÍTULO 6 : AGRICULTURA NA ÍNDIA

"A agricultura é o emprego mais saudável, mais útil e mais nobre do homem."

- Anónimo

6.1 INTRODUÇÃO

A Índia, oficialmente conhecida como a República da Índia, é uma das civilizações mais antigas do mundo, com um rico património cultural. Ocupa a maior parte do subcontinente do Sul da Ásia. A Índia faz fronteira com o Paquistão, o Bangladesh, o Nepal, o Butão, a China e está muito próxima da ilha do Sri Lanka. Está localizada no continente asiático e cobre uma área total de 3.287.263 quilómetros quadrados, o que a torna a 7ª maior nação do mundo. A população da Índia é de cerca de 1,4 mil milhões de habitantes, sendo atualmente o país mais populoso do mundo, com mais de 70% da população a viver em zonas rurais ou remotas e 70% da população a depender da agricultura. A Índia é um país enorme, com coisas diferentes de norte a sul ou de leste a oeste e com línguas e costumes diferentes. A economia do país é diversificada e é a 7ª maior do mundo, com um PIB nominal de 2 250 mil milhões de dólares. A Índia tem a maior democracia do mundo. A Índia tem uma economia mista baseada nos serviços (55%) e na agricultura (16%) [1]. A figura 6.1 mostra o mapa da Índia [2].

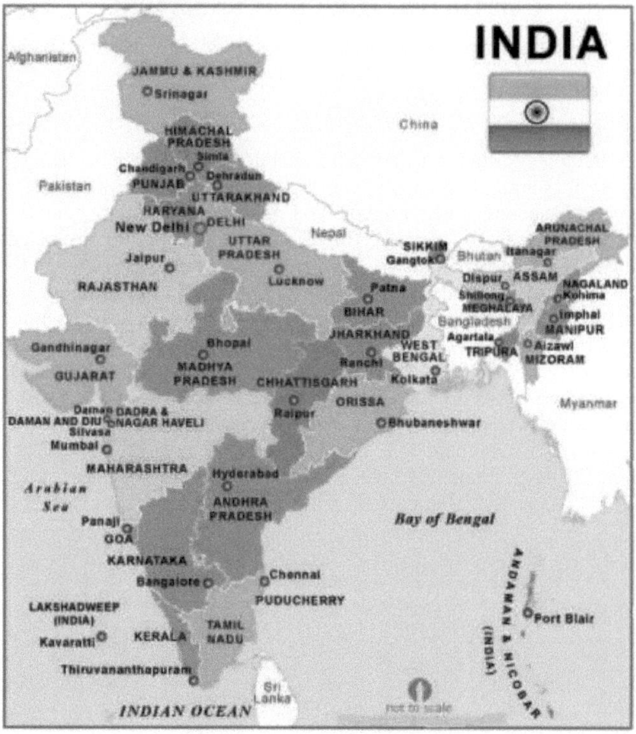

Figura 6.1 O mapa da Índia [1].

Prevê-se que a grande população da Índia se torne a maior do mundo nos próximos 20 anos, enquanto a sua economia se tornará em breve a terceira maior do mundo. A agricultura continua a ser a espinha dorsal e o sistema de apoio de quase todos os países em desenvolvimento, incluindo a Índia. Com uma população de 1,27 mil milhões de habitantes, a Índia é o segundo país mais populoso do mundo. É a terceira maior economia do mundo, depois dos EUA e da China. Tem uma cultura única e é uma das maiores e mais antigas civilizações do mundo. É um país diversificado, onde se falam mais de 22 línguas principais e 415 dialectos. A capacidade humana de praticar a agricultura é a base da civilização indiana. A indústria agrícola é um pilar central da economia indiana, empregando uma grande parte da força de trabalho do país. É o único sector que emprega mais de dois terços da população [3].

A agricultura é uma das actividades económicas mais antigas da Índia. A agricultura indiana caracteriza-se pela diversidade agro-ecológica do solo, da precipitação, da temperatura e do sistema de cultivo. Os produtos agrícolas produzidos têm de ser submetidos a uma série de operações, como a colheita, a debulha, a peneiração, o ensacamento, o transporte, o armazenamento, a transformação e a troca antes de chegarem ao mercado. A produção indiana de cereais alimentares tem vindo a aumentar todos os anos e a Índia encontra-se entre os principais produtores de várias culturas, como o trigo, o arroz, as leguminosas, a cana-de-açúcar e o algodão. É o maior produtor de leite e o segundo maior produtor de frutas e legumes.

Este capítulo examina a prática da agricultura na Índia. Começa por abordar os diferentes tipos de agricultura na Índia. Apresenta uma breve história da agricultura na Índia. Aborda as formas tradicionais e modernas de agricultura na Índia. Destaca os benefícios e os desafios da agricultura na Índia. A última secção conclui com comentários.

6.2 TIPOS DE AGRICULTURA

Desde a antiguidade que os agricultores indianos se dedicam a várias práticas agrícolas. A figura 6.2 mostra uma classificação da agricultura na Índia [4]. Os métodos agrícolas prevalecentes na Índia podem ser classificados da seguinte forma [5,6]:

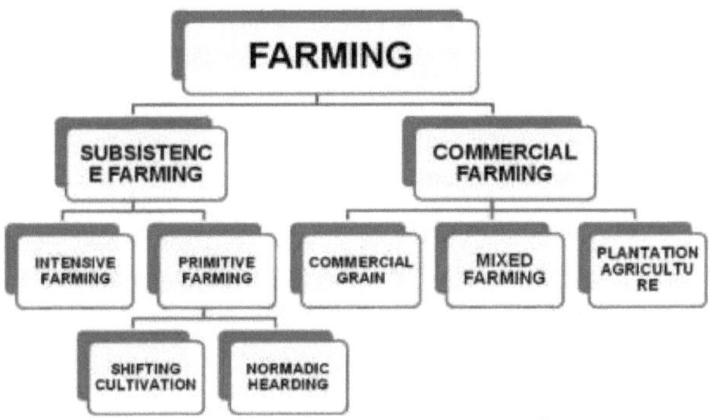

Figura 6.2 Classificação da agricultura na Índia [3].

1. *Agricultura de subsistência:* Este método de agricultura é praticado por uma família de agricultores que utiliza a produção para consumo próprio. Trata-se de um método agrícola primitivo que os agricultores ainda praticam em algumas regiões do país. A agricultura de subsistência é tipicamente praticada em pequenas terras agrícolas e também utiliza ferramentas indígenas como a enxada, o Dao, paus de escavação, etc. A figura 6.3 mostra uma agricultura de subsistência típica na Índia [7].

Figura 6.3 Um exemplo de agricultura de subsistência na Índia [7].

2. *Agricultura intensiva:* Trata-se de uma outra forma de agricultura de subsistência. Esta prática agrícola pode ser observada em áreas densamente povoadas da Índia. Requer uma enorme quantidade de capital, para além de uma grande quantidade de trabalho humano, mas pode ser cultivada mais do que uma cultura por ano. Além disso, para obter uma grande quantidade de produtos, são utilizados fertilizantes químicos e diferentes métodos de irrigação.

3. *Agricultura extensiva:* Este é o tipo moderno de agricultura que pode ser visto em grande parte no mundo desenvolvido e em algumas partes da Índia. Baseia-se em grande parte na maquinaria, em oposição à força de trabalho humana.

4. *A agricultura de plantação:* Este tipo de agricultura foi introduzido pelos europeus nas regiões tropicais e subtropicais. É frequentemente utilizada para culturas que requerem muito espaço e um longo período de crescimento, como a borracha, o chá, o coco, o café, o cacau, as especiarias e os frutos. As plantações só são capazes de produzir uma única cultura.

5. *Agricultura de sequeiro:* Este tipo de agricultura é praticado nas zonas mais áridas e desérticas do país, incluindo o noroeste e o centro da Índia.

6. *Agricultura em terras húmidas:* Muitas áreas da Índia são afectadas por fortes chuvas de monção e subsequentes inundações. Áreas bem irrigadas, como as do nordeste da Índia e dos Ghats Ocidentais, são adequadas para o cultivo de arroz, juta e cana-de-açúcar.

7. *Agricultura itinerante:* A terra desbravada é cultivada durante dois ou três anos com ferramentas primitivas. Quando a terra deixa de ser fértil, é desbravada outra área de terra e as culturas são transferidas para lá. A agricultura itinerante ainda é praticada em pequena escala nas áreas florestais dos estados do nordeste da Índia.

8. *A agricultura comercial:* Este tipo de agricultura produz grandes volumes de

rendimento e contribui para a economia do país. O objetivo da agricultura comercial é um rendimento elevado, de modo a que os produtos possam ser exportados para outras nações com lucro. Neste método de agricultura, o agricultor indiano depende de uma grande quantidade de fertilizantes, pesticidas e insecticidas para melhorar e manter o crescimento das culturas. O principal problema da Índia em relação à agricultura começou quando, há cerca de 50 anos, passaram da agricultura de subsistência para a agricultura de rendimento ou comercial. A população rural diminuiu simplesmente devido a esta mudança da agricultura de subsistência para a agricultura de rendimento.

9. *Exploração mista:* Trata-se de uma situação em que se pratica simultaneamente a agricultura e a criação de animais. A criação de gado e a rotação de culturas são importantes. É praticada em zonas muito povoadas. Os rendimentos são geralmente elevados. Os agricultores que praticam a agricultura mista estão em melhor situação económica do que os outros.

10. *A produção de leite:* Este tipo de agricultura foi desenvolvido para satisfazer as necessidades das cidades industriais. O gado leiteiro é criado perto das grandes cidades para fornecer produtos lácteos às pessoas que vivem e trabalham nas zonas urbanas.

6.2 BREVE HISTÓRIA DA AGRICULTURA INDIANA

A Índia é uma das civilizações mais antigas do mundo. A história da agricultura está intimamente ligada ao progresso da cultura. A agricultura indiana tem uma longa história que remonta à era da civilização do Vale do Indo. A agricultura era um modo de vida mesmo antes da civilização do Vale do Indo. O trigo e a cevada eram cultivados durante a revolução neolítica e a irrigação surgiu em pleno durante a civilização do Vale do Indo. Os agricultores indianos tinham descoberto e começado a cultivar muitas especiarias e cana-de-açúcar há mais de 2500 anos. Há trezentos anos, a Índia era provavelmente o país mais industrializado do mundo. Antes da colonização britânica, a Índia tinha uma das mais elevadas produções agrícolas per capita e os preços dos alimentos eram baixos. Sob o domínio britânico, as culturas de rendimento como o algodão, o ópio, o índigo, o arroz e o trigo eram regularmente exportadas.

A Índia passou por mudanças na agricultura desde os tempos antigos, através de invasões e ocupações, cujas repercussões os agricultores de hoje ainda sofrem. A intensificação da agricultura nas décadas de 1970 e 1980 registou um aumento da procura de mão de obra rural que fez subir os salários rurais. O forte aumento da produção de cereais alimentares durante a Revolução Verde da Índia, na década de 1970, permitiu ao país alcançar a autossuficiência em cereais alimentares e evitar a ameaça de fome. Até ao início da década de 1960, o modo de cultivo predominante era o que atualmente se designa por "agricultura biológica", sem fertilizantes sintéticos nem pesticidas. Desde a utilização da ureia, no início da década de 1960, os fertilizantes à base de azoto, fósforo e potássio passaram a estar disponíveis após o estabelecimento de unidades industriais. Devido à seca de

1964-70, a Índia teve de importar alimentos e tornou-se fortemente dependente dos Estados Unidos para o fornecimento de trigo. Por fim, foi iniciada a Revolução Verde. O objetivo da iniciativa era aumentar a produção de cereais alimentares de arroz e trigo, utilizando qualquer método e a qualquer custo [8]. Quando a Índia se tornou uma nação independente, a agricultura era o motor da economia, contribuindo com mais de metade do PIB do país. O principal objetivo do governo após a independência era assegurar o abastecimento alimentar da população em crescimento. Atualmente, a Índia continua a ser um dos maiores produtores mundiais de produtos agrícolas.

6.3 AGRICULTURA TRADICIONAL INDIANA

A Índia é uma potência agrícola global. É o maior produtor mundial de leite, leguminosas e especiarias e tem o maior efetivo bovino do mundo, bem como a maior área cultivada com trigo, arroz e algodão. Os agricultores indianos têm posto comida na mesa da Índia e do mundo durante décadas. A agricultura tem sido a base mais duradoura da economia indiana. Constitui a parte mais significativa da economia indiana e continuará a sê-lo durante muito tempo. Continua a proporcionar meios de subsistência à população do país. Satisfaz as necessidades básicas dos seres humanos e dos animais. A Índia encontra-se entre as principais nações do mundo que produzem produtos de base como o arroz, o trigo, o algodão, o açúcar, o leite e a horticultura. No entanto, a agricultura indiana está a registar um atraso de crescimento em comparação com o resto da economia há décadas.

A agricultura na Índia tem duas faces: moderna e tradicional. A maior parte das vezes, as formas tradicionais de agricultura prevaleceram na Índia. Os agricultores praticavam então uma agricultura sustentável para a sua subsistência. Utilizavam uma grande variedade de técnicas biológicas, incluindo a reciclagem de todos os materiais orgânicos, a utilização de variedades indígenas, a rotação de culturas e a consociação de culturas, a incorporação de leguminosas e o controlo biológico de pragas. A criação de gado era uma parte integrante da atividade agrícola. A Figura 6.4 mostra um exemplo de criação de gado [9].

Figura 6.4 Um exemplo de criação de gado [9].

A agricultura na Índia, embora dominada pelos homens, tem algumas pequenas secções onde as mulheres se dedicam ao cultivo e à colheita. Os principais factores de produção agrícola tradicionais na Índia incluem o painço, o arroz, o trigo, o chá, a borracha, as couves, os legumes, as árvores de fruto, o tabaco, o couro, a carne de bovino, as aves de capoeira, as cabras, a caça, as osgas, o mel, as peles de aves e as aves ornamentais. A transição da agricultura tradicional para a agricultura moderna alterou o objetivo da agricultura. A necessidade de alterar os métodos de cultivo para satisfazer as exigências de uma população em crescimento era inevitável. A agricultura na Índia foi facilitada pelas tecnologias modernas, que a tornaram viável, eficiente e rentável para os agricultores.

6.4 AGRICULTURA MODERNA

A agricultura é a maior fonte de subsistência na Índia. 70% dos agregados familiares rurais ainda dependem essencialmente da agricultura para a sua subsistência. A Índia é um país com uma economia agrária, com mais de 54% das terras do país classificadas como aráveis. Os agricultores na Índia são tão diversos como o próprio país. A Índia não tem nada de especial, mas tem pessoas. O seu único verdadeiro recurso é o recurso humano. A agricultura é a principal fonte de rendimento de metade da população. 59% da população ativa vive da agricultura [10].

A Índia está classificada em primeiro lugar na produção de leite, em segundo lugar na produção de frutos secos, em terceiro lugar na produção de peixe, em quarto lugar na produção de ovos e em quinto lugar na produção de aves de capoeira a nível mundial. A Índia é o maior produtor da maioria dos frutos do mundo, incluindo bananas, goiabas, mangas, limões, papaias e legumes. A Índia também produz especiarias que incluem gengibre, pimenta e chili. A Índia é também o maior país produtor de trigo do mundo. Os agricultores da Índia estão satisfeitos por poderem alimentar a sua família e dar educação aos seus filhos. O aumento da produtividade por unidade de terra terá de ser o principal motor do crescimento agrícola, uma vez que praticamente toda a terra cultivável é cultivada. O desenvolvimento rural pode beneficiar os pobres, os sem-terra, as mulheres, as castas e as tribos. Uma das necessidades mais importantes para o crescimento agrícola é a reforma profunda e o reforço dos sistemas de investigação e de extensão agrícola da Índia. Dado que a agricultura é o maior utilizador de água na Índia, a crescente concorrência pela água entre a indústria, a utilização doméstica e a agricultura evidenciou a necessidade de planear e gerir a água numa base de bacia hidrográfica e multi-setorial [11]. O governo indiano criou uma Sub-Missão para a Mecanização Agrícola (SMAM). O seu objetivo é aumentar a produtividade em terras limitadas, a fim de satisfazer o aumento da procura devido à expansão da população e ao aumento da riqueza. A Figura 6.5 mostra uma agricultura mecanizada típica [12].

Figura 6.5 Uma exploração agrícola mecanizada típica [12].

Atualmente, a alimentação de base no sul da Índia passou a ser o arroz, o tamarindo, a cebola e o piripiri. A Índia é o maior produtor (25% da produção mundial), consumidor (27% do consumo mundial) e importador (14%) de leguminosas do mundo. Os principais tipos de culturas na Índia são [13]:

Culturas alimentares - Arroz, trigo, milho, painço, leguminosas
Culturas de rendimento - cana-de-açúcar, tabaco, algodão, juta Culturas de plantação - café, coco, chá, borracha Horticultura - frutas e legumes

A Índia é um importador líquido de algodão, mas é um exportador líquido de lã e de couros e peles. Para cerca de 90% dos indianos, o arroz ou o trigo são quase exclusivamente os alimentos de base. O alimento de base para o gado é a palha de arroz.

O governo indiano também tomou várias medidas políticas e realizou projectos-piloto para promover a tecnologia e a inovação no sector agrícola. Estas políticas e iniciativas estão a apoiar os agricultores em áreas onde precisam de mais ajuda. O investimento na Índia tem-se centrado nos aspectos básicos: financiamento e tecnologia para melhorar a agricultura e as práticas agrícolas e para evitar os riscos climáticos. A tecnologia está a ajudar os agricultores a crescerem de forma determinada e mais rentável. As tecnologias digitais podem melhorar a produção em todas as fases, desde os factores de produção agrícola de alta qualidade até aos produtos agrícolas de classe mundial. Para que a adoção das agtechs seja bem sucedida, os agricultores precisam de fontes de financiamento estáveis [14].

6.5 BENEFÍCIOS

A agricultura é o coração da Índia. Não se trata apenas de um meio de subsistência. Tornou-se a essência da existência cultural. A Índia continua a ser um dos principais produtores de vários produtos agrícolas, como o coco, o gengibre, a banana, a curcuma, o trigo, o amendoim, as frutas, os legumes, etc. As tendências indicam um aumento da alimentação em viagem, dos petiscos entre as refeições, da mudança para alternativas alimentares mais saudáveis, das refeições pré-cozinhadas e prontas a comer e do consumo crescente de alimentos biológicos. Com o aumento da urbanização, o aumento dos rendimentos e a alteração dos hábitos de consumo, a procura de diferentes tipos de produtos frescos e transformados está a aumentar. Outros benefícios da agricultura na Índia são os seguintes [15,16]:

- *Agricultura biológica:* Esta é nativa da Índia e é benéfica para todos - os agricultores, os consumidores e o ambiente. A agricultura biológica tem alimentado a Índia durante séculos e é novamente um sector em crescimento na Índia. A produção biológica oferece métodos de produção limpos e ecológicos, sem a utilização de fertilizantes e pesticidas sintéticos, e atinge um preço superior no mercado. A procura de produtos biológicos no mercado indiano está a crescer e prevê-se que venha a aumentar no mercado indiano.

- *Agricultura de precisão:* Trata-se de um fator de mudança para os agricultores indianos. Pode ajudá-los a obter rendimentos mais elevados e colheitas de melhor qualidade, maximizando a utilização dos recursos. Os agricultores indianos utilizam técnicas de agricultura de precisão para melhorar o rendimento das culturas, reduzir os custos de mão de obra e conservar os recursos. A agricultura de precisão envolve a utilização de tecnologias modernas como o GPS e a cartografia GIS para otimizar a produção agrícola. Estas tecnologias permitem aos agricultores tomar decisões com base em dados em tempo real e melhorar a utilização dos recursos.

- *Agricultura sustentável:* Trata-se de um sistema agrícola que promove a utilização sustentável dos recursos naturais. Nos últimos tempos, tem merecido uma atenção significativa na Índia. Com a ameaça crescente das alterações climáticas e da degradação ambiental, as práticas agrícolas sustentáveis tornaram-se cruciais para o futuro da agricultura indiana. A agricultura biológica e a diversificação das culturas são algumas das práticas agrícolas sustentáveis mais populares seguidas na Índia.

- *Diversificação:* A Índia é uma nação agrícola diversificada, com regiões e condições climáticas distintas que favorecem o cultivo de uma variedade de culturas. Atualmente, a Índia continua a ser um dos maiores e mais diversificados produtores de alimentos do mundo.

- *Crescimento económico:* O sector agrícola desempenha um papel crucial no crescimento económico e no desenvolvimento da Índia. Para além de contribuir para o PIB do país, proporciona emprego e matérias-primas para várias indústrias, incluindo a transformação de alimentos, os têxteis e o papel. O sector também ajuda a gerar divisas através da exportação de vários produtos agrícolas, como o chá, o café e as especiarias.

- *Tecnologias modernas:* Os agricultores indianos estão a adotar tecnologias modernas para melhorar a produtividade agrícola. Estas tecnologias estão a transformar a agricultura indiana e a torná-la mais competitiva. Tecnologias como os drones, os sensores e a Internet das coisas (IoT) estão a tornar a agricultura mais eficiente e sustentável. Os drones podem ser utilizados para monitorizar o crescimento das culturas, a utilização da água e detetar precocemente pragas e doenças. Os dispositivos IoT, como sensores inteligentes e sistemas de irrigação automatizados, podem ajudar os agricultores a poupar água e a reduzir os custos de mão de obra.

- *Governo:* O governo indiano tem estado ativamente envolvido no apoio e na promoção do sector agrícola. Reconhece a importância da agricultura no crescimento económico do país e nas oportunidades de emprego. O governo implementou várias políticas e iniciativas destinadas a melhorar a produtividade agrícola, os avanços tecnológicos e a sustentabilidade.

6.6 DESAFIOS

A falta de interesse pela agricultura é cada vez maior entre os jovens com formação académica. Os desafios do sector agrícola serão importantes para o desenvolvimento global da Índia e para a melhoria do bem-estar das suas populações rurais pobres. Não pode haver uma abordagem única para enfrentar estes desafios. Os desafios incluem os seguintes [17,18]:

1. *Aumentar a produtividade:* A produtividade agrícola continua a ser um desafio. Embora a Índia tenha atingido a autossuficiência em produtos alimentares básicos, a produtividade das suas explorações agrícolas é inferior à do Brasil, dos Estados Unidos, da França e de outras nações. A Índia poderia erradicar a fome e a desnutrição e ser uma importante fonte de alimentos para o mundo se atingisse uma produtividade comparável à de outros países. O aumento da produtividade por unidade de terra terá de ser o principal motor do crescimento agrícola, uma vez que praticamente toda a terra cultivável é cultivada. Todas as medidas destinadas a aumentar a produtividade terão de aumentar os rendimentos, a

diversificação para culturas de maior valor e o desenvolvimento de cadeias de valor para reduzir os custos de comercialização. O acesso limitado à educação e à informação básica sobre as culturas mantém muitos agricultores presos num ciclo de baixa produtividade e pobreza. A produtividade do trabalho na agricultura pode ser aumentada através de uma maior produtividade da terra ou de uma maior disponibilidade de terra por agricultor e da mecanização. No entanto, o aumento drástico da produtividade da terra através da agricultura industrial causou graves danos ambientais e não aumentou a produtividade do trabalho agrícola. A Índia precisa de um grande impulso para melhorar a produtividade e a nanotecnologia vem em socorro e ajuda a melhorar a produtividade.

2. *Reduzir a pobreza:* Embora a Índia tenha alcançado a suficiência alimentar em termos de produção, continua a ser responsável por um quarto das pessoas que passam fome no mundo e alberga mais de 190 milhões de pessoas subnutridas. A maioria dos pobres da Índia (cerca de 70 por cento) encontra-se nas zonas rurais. O desenvolvimento rural deve beneficiar igualmente os pobres, os sem-terra, as mulheres, as castas e as tribos. A redução da pobreza é um pilar central dos esforços de desenvolvimento rural do governo e do Banco Mundial. Embora o crescimento agrícola constitua a base para o aumento dos rendimentos dos agricultores rurais que se encontram abaixo do limiar de pobreza, são necessárias medidas adicionais para tornar este crescimento inclusivo. A classe e a casta também têm desempenhado um papel na dinâmica financeira do sector e, por conseguinte, o fosso entre camponeses ricos e pobres tem sido muito acentuado desde há muito tempo.

3. *Segurança alimentar:* O forte aumento da produção de cereais alimentares durante a Revolução Verde da Índia na década de 1970 permitiu ao país alcançar a autossuficiência em cereais alimentares e evitar a ameaça de fome. A segurança alimentar da Índia depende da produção de culturas de cereais.

4. *Alterações climáticas:* Estas alterações estão a ter um efeito adverso na população da Índia e na sua economia. A agricultura na Índia está sujeita a flutuações de temperatura, chuvas excessivas e inoportunas, inundações, secas, pragas, doenças e outros problemas ambientais. Na linha da frente destes riscos estão os agricultores, especialmente no Norte da Índia. As secas, as inundações e as chuvas irregulares têm maior impacto nas zonas de sequeiro. O clima da Índia varia de tropical húmido e seco no sul a alpino temperado no norte. É necessário tornar a agricultura resiliente face ao grave impacto das alterações climáticas. O Conselho Indiano de Investigação Agrícola (ICAR) deve lançar variedades de culturas resistentes ao clima para ajudar os agricultores e incentivá-los a optar por uma agricultura sustentável.

5. *Reforma:* Nas últimas décadas, o governo tem feito um esforço concertado para iniciar mudanças na economia agrícola que estimulem a produção, aumentem o nível de vida e reduzam as desigualdades económicas e sociais nas zonas rurais. A grande reforma e o reforço dos sistemas de investigação e extensão agrícola da Índia é uma das necessidades mais importantes para o crescimento agrícola. As

últimas reformas parecem ser alimentadas por um objetivo concertado de transformar a Índia num centro de produção fundamental nos próximos anos. Com a última reforma, os agricultores passarão a ter maior liberdade para vender os seus produtos diretamente a grossistas e outros compradores. Ao abrigo do novo quadro, os agricultores poderão acordar preços fixos com grossistas, transformadores, retalhistas, agregadores e exportadores no momento da sementeira.

6. *Recursos hídricos:* A agricultura é o maior utilizador de água da Índia. No entanto, a crescente concorrência pela água entre a indústria, o uso doméstico e a agricultura tem evidenciado a necessidade de planear e gerir a água numa bacia hidrográfica. medida que as necessidades urbanas e outras se multiplicam, é provável que haja menos água disponível para irrigação. É necessário encontrar formas de aumentar radicalmente a produtividade da irrigação. A fim de disponibilizar água para irrigação, são efectuados enormes investimentos na construção de barragens e canais.

7. *Diversificação:* Incentivar os agricultores a diversificarem para produtos de maior valor será um fator significativo para um maior crescimento agrícola. Embora as iniciativas de diversificação devam ser deixadas ao critério dos agricultores, o governo pode liberalizar as restrições à comercialização, ao transporte e à exportação.

8. *Feminização:* A feminização da agricultura deve-se principalmente à crescente migração rural-urbana dos homens, ao aumento dos agregados familiares chefiados por mulheres e ao crescimento da produção de culturas de rendimento que requerem muita mão de obra. As mulheres rurais indianas estão amplamente envolvidas em actividades agrícolas. As mulheres das zonas rurais, que não são proprietárias de terras, dedicam-se geralmente a actividades agrícolas laborais. A figura 6.6 mostra algumas mulheres agricultoras na Índia [19].

Figura 6.6 Algumas mulheres agricultoras na Índia [19].

As mulheres agricultoras da Índia aperceberam-se dos benefícios da utilização de tecnologias e técnicas modernas nas actividades agrícolas, tais como a pulverização de herbicidas, a irrigação, os fertilizantes, o tratamento de sementes, etc. A mecanização da agricultura resultou no confinamento das mulheres a funções tradicionais como a ceifa, a colheita, a sementeira e a criação de gado, que são mal remuneradas.

9. *Protestos:* Hoje, os agricultores indianos estão a lutar pelos seus direitos. A nação assistiu a agricultores que saíram à rua de forma pacífica para protestar contra estas leis agrícolas. A Índia está a assistir a uma mobilização histórica de massas de agricultores contra três novas leis agrícolas, principalmente sobre os preços dos produtos agrícolas, os canais de comercialização e o papel dos intermediários. Muitos agricultores estão preocupados com o facto de as novas leis os deixarem vulneráveis à exploração pelo agronegócio empresarial e em risco de perderem as suas terras. A figura 6.7 mostra agricultores indianos em protesto [20].

Figura 6.7 Agricultores indianos em protesto [20].

10. *Suicídios:* Os suicídios de agricultores foram manchete de jornais e assim permaneceram. E assim, o agricultor indiano, que há muito é o pilar e o suporte desta nação, infelizmente nunca viu o seu estatuto social exaltado a um nível que merecesse respeito e dignidade.

11. *Sustentabilidade:* Existe o desafio da sustentabilidade dos recursos naturais - terra, água, florestas, etc. Por exemplo, a tecnologia pode ser utilizada para aumentar a eficiência da utilização da água.
Deve ser dada a devida atenção à sustentabilidade das plantas, dos peixes, das florestas e dos animais e à sua interdependência natural com o bem-estar das pessoas.

12. *Perda de alimentos:* ocorre desde a exploração agrícola até ao retalho. Grande parte da produção agrícola da Índia é desperdiçada devido à falta de infra-estruturas adequadas. Há perdas na cadeia de abastecimento alimentar, bem como perdas nos armazéns governamentais que armazenam trigo e arroz. A figura 6.8 mostra um exemplo de perda ou desperdício de alimentos [21].

Figura 6.8 Um exemplo de perda ou desperdício de alimentos [21].

Alguns destes desafios são apresentados na Figura 6.9. Estes desafios estão a travar o potencial inexplorado da nação. Se forem resolvidos, um sector agrícola florescente poderá impulsionar a economia e melhorar significativamente o rendimento dos agricultores.

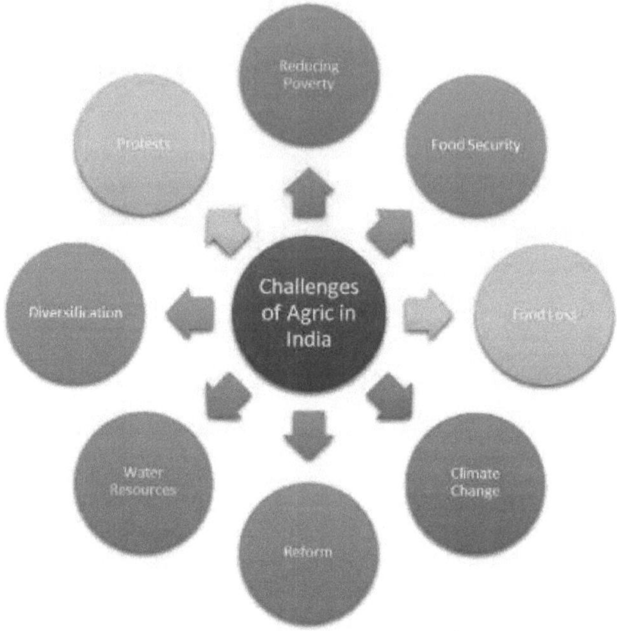

Figura 6.9 Desafios da agricultura na Índia

6.8 CONCLUSÃO

A Índia é predominantemente agrária; 80% da população depende direta ou indiretamente da agricultura. Desde a sua independência, o país alcançou um progresso socioeconómico global. No entanto, a agricultura continuou a enfrentar sérios desafios, incluindo o crescimento regional desigual, o aumento das restrições fiscais, o aumento dos subsídios, o fracasso das instituições que gerem os canais públicos, a crescente fragmentação das explorações, a agricultura de mão de obra intensiva e o esgotamento das águas subterrâneas e dos nutrientes sólidos. Uma das coisas mais importantes a fazer neste momento é organizar a agricultura, introduzir tecnologia e, acima de tudo, é necessária uma economia de escala. Para satisfazer a procura de alimentos por parte de uma população em crescimento e com rendimentos mais elevados, terá de surgir, a um ritmo acelerado, um sector agrícola produtivo, competitivo, diversificado e sustentável. O sector agrícola deve ganhar mais dinamismo nos próximos anos devido ao aumento dos investimentos em infra-estruturas agrícolas, tais como instalações de irrigação, armazéns e câmaras frigoríficas. A Índia deve responder à crise agrícola avançando para um sistema mais inclusivo, equitativo e sustentável. Como se pode ver na Figura 6.10, o futuro da agricultura indiana assenta em práticas agrícolas baseadas na tecnologia [22]. Para mais informações sobre a agricultura na Índia, consultar os livros em [23-45].

Figura 6.10 O futuro da agricultura indiana assenta em práticas agrícolas orientadas para a tecnologia [15].

REFERÊNCIAS

[1] M. N. O. Sadiku e J. O. Sadiku, *Traditional Foods Around the World.* Moldova, Europa: Lambert Academic Publishing, 2023, pp. 101-102.

[2]
https://www.bing.com/images/search?view=detailV2&ccid=CV0u6Ac%2F&id=2 3D4E3BCCFA B2E682665C16C42D5796ED1B4ED91 &thid=OIP.CV0u6Ac_BhKSQJ0YfQNpjAHaIl&mediau rl=https%3A%2F%2Fs3mn.mnimgs.com%2Fimg%2Fshared%2Fck-files%2Fck_58e265b9b2ada.jpg&cdnurl=https%3A%2F%2Fth.bing.com%2Fth%2Fid%2FR.09 5d2ee8073f061292409d187d03698c%3Frik%3Dke200W551UJswQ%26pid%3D ImgRaw%26r %3D0&exph=566&expw=488&q=images+of+the+map+of+India&form=IRPRS T&ck=9D7753 084187E95CAECFA95675FDF591&selectedindex=6&itb=0&ajaxhist=0&ajaxse rp=0&vt=0&pi votparams=insightsToken%3Dccid_NFSjGpBV*cp_346E524B9E80DED86853B 84B25E36DB C*mid_C007AA5CD53644F8664E141B013E9D43E47E7146*simid_608028706 728706762*thi d_OIP.NFSjGpBVt4MF ! _7bDbGSbhwHaHl&sim=11&iss=VSI&ajaxhist=0&ajaxserp=0

[2] M. N. O. Sadiku, C. M. M. Kotteti e J. O. Sadiku, "Agriculture in India", *International Journal of Advances in Scientific Research and Engineering,* vol. 10, n.º 2, fevereiro de 2024, pp. 1-11.

[4]

https://images.search.yahoo.com/yhs/search;_ylt=AwrNOGk_kRhmLmYA8x0Px Qt.;_ylu=Y29s bwNiZjEEcG9zAzEEdnRpZAMEc2VjA3Nj?p=images+of+types+of+agriculture

+in+India&typ
e=fc_A519E8A3231_s69_g_e_d_n200001_c999&param1=7&param2=eJwtS8sK
hDAM%2FJU
cFURT6wPrdb9gr%2BKh1ajFasUHLvv1G2ETyMxkZkbbN3X7fgnErEqxidqVd
Yo8gsVjMnQM
VVUxs9tjF4hKlHwoM73iLiqJg1SGVF9qVENJhsMjeU5fB9NLM1v81zqnkzxG
CG679v4%2B
YD1BYIw18KPIavgUWQh62xzdZGZ7JrksY1lAME%2Fn4iJwdiYYqZt9CN20
%2B4USkcoYn
4VDD3q3%2F8oP31dBPQ%3D%3D&hsimp=yhs-3211&hspart=fc&ei=UTF-8&fr=yhs-fc- 3211#id=52&iurl=https%3A%2F%2Fcdn.testbook.com%2F
1691497430180-
Types%2520of%2520Farming%2520chart.jpg%2F1691497430.jpeg&action=click

[3] "A agricultura na Índia: História do agricultor indiano, tipos de agricultura, exemplos", julho de 2021,

https://guides.byjusweb. com/guides/geography/agriculture/farming-in-india/

[4] "9 Tipos de agricultura na Índia,"

https://aquaponicsinindia.com/types-of-agriculture-in-india/

[7]
https://images.search.yahoo.com/yhs/search;_ylt=AwrNOGk_kRhmLmYA8x0PxQt.;_ylu=Y29s
bwNiZjEEcG9zAzEEdnRpZAMEc2VjA3Nj?p=imagens+de+tipos+de+agricultura+na+Índia&typ
e=fc_A519E8A3231_s69_g_e_d_n200001_c999&param1=7&param2=eJwtS8sK
hDAM%2FJU
cFURT6wPrdb9gr%2BKh1ajFasUHLvv1G2ETyMxkZkbbN3X7fgnErEqxidqVd
Yo8gsVjMnQM
VVUxs9tjF4hKlHwoM73iLiqJg1SGVF9qVENJhsMjeU5fB9NLM1v81zqnkzxG
CG679v4%2B
YD1BYIw18KPIavgUWQh62xzdZGZ7JrksY1lAME%2Fn4iJwdiYYqZt9CN20
%2B4USkcoYn
4VDD3q3%2F8oP31dBPQ%3D%3D&hsimp=yhs-3211&hspart=fc&ei=UTF-8&fr=yhs-fc-
3211#id=24&iurl=https%3A%2F%2Fwww.tractorjunction.com%2Fblog%2Fwp-content%2Fuploads%2F2020%2F06%2Fsubstain-compressed.jpg&action=click

[5] S. Pachauri, "Defeminisation of Indian agriculture", março de 2018,

https://www.downtoearth.org.in/news/agriculture/defeminisation-of-indian-agriculture-59834

[9]
https://images.search.yahoo.com/yhs/search?p=images+of+livestock+rearing+in+India&fr=yhs- fc-3211

&type=fc_A519E8A3231_s69_g_e_d_n200001_c999&hspart=fc&hsimp=yhs-3211&imgurl=https%3A%2F%2Fcvagro.weebly.com%2Fuploads%2F7%2F6%2F2%2F7%2F76
274639%2F27tcow1.gif#id=-1&iurl=https%3A%2F%2Fcvagro.weebly.com%2Fuploads%2F7%2F6%2F2%2F7%2F7627463
9%2F27tcow1.gif&action=click

[6] "A Índia num ápice,"

https://www.fao.org/india/fao-in-india/india-at-a-glance/en/

[7] "Índia: Issues and priorities for agriculture", maio de 2012,

https://www.worldbank.org/en/news/feature/2012/05/17/india-agriculture-issues-priorities#:~:text=India%20is%20a%20global%20agricultural%20powerhouse.%20It%20is,shee
p%20%26%20goat%20meat%2C%20fruit%2C%20vegetables%20and%20tea.

[8] "Sub-Missão para a Mecanização Agrícola: Missão para aumentar a produtividade," maio de 2022, https://www.theindianiris.com/sub-mission-on-agricultural-mechanization-mission-to-boost- productivity/

[9] "Agricultura na Índia,"

https://examsdaily.in/agriculture-in-india-pdf-upsc-ssc

[10] "How agtech is pronpost to transform India into a farming powerhouse", maio de 2023,

https://www.mckinsey.com/industries/agriculture/our-insights/how-agtech-is-poised-to- transformar-india-em-uma-potencia-agricola

[11] "Agricultura na Índia", Wikipédia, a enciclopédia livre,

https://en.wikipedia.org/wiki/Agriculture_in_India

[12] "Agricultura na Índia: A comprehensive guide for 2023", julho de 2023,

https://indianfarmers.org/agriculture-in-india/

[13] "India: Issues and priorities for agriculture," maio de 2012, https://cropsafepesticides.com/india-issues-and-priorities-for-agriculture/#:~:text=India%3A%20Issues%20and%20Priorities%20for%20Agriculture%201%2
01.,Poverty%20alleviation%20and%20community%20actions%20...%20More%20items

[14] "Agricultores finalmente libertados do retrógrado sistema Mandi - 'Uma Índia, Um Mercado' pode transformar a agricultura indiana", junho de 2020,

https://www.timesnownews.com/business-economy/economy/article/farmersfinally-freed-from- backward-mandi-system-one-india-one-market-can-transform-indian-agriculture/601472

[15] D. Tali, "In India, mobile apps are transforming agriculture", janeiro de 2016, https://modernfarmer.com/2016/01/agriculture-apps-india/

[16] S. Bhogal e S. Sinha, "India protests: Os agricultores poderiam mudar para culturas mais resistentes ao clima - mas não lhes foi dado qualquer incentivo", fevereiro de 2021,

https://theconversation.com/india-protests-farmers-could-switch-to-more-climate-resilient-crops- but-they-have-been-given-no-incentive-154700

[17] "Quanto da produção agrícola da Índia é desperdiçada anualmente?" janeiro de 2021, https://thewire.in/agriculture/india-agricultural-produce-wasted

[18] Agriculture Post, "O futuro da agricultura indiana reside nas práticas agrícolas baseadas na tecnologia: Vice-presidente", janeiro de 2021,

https://agriculturepost.com/agritech/future-of-indian-agriculture-lies-on-tech-driven-farming- practices-vice-president/

[19] T. Brown, *Farmers, Subalterns, and Activists [Agricultores, Subalternos e Activistas]: Política Social da Agricultura Sustentável na Índia.* Cambridge University Press, 2018.

[20] A. Gupta, *Postcolonial Developments: Agriculture in the Making of Modern India.* Duke University Press, 1998.

[21] P. S. Ramakrishnan, *Shifting Agriculture and Sustainable Development: An Interdisciplinary Study From North-Eastern India.* Parthenon Publishing Group, 1992.

[22] S. Dasgupta, *Diffusion of Agricultural Innovations in Village India.* Wiley Eastern, 1989.

[23] J. A. Voelcker, *Report on the Improvement of Indian agriculture.* Eyre and Spottiswoode, 1893.

[24] R. Chand, *Effects of Trade Liberalization on Agriculture in India: Commodity aspects.* Centro CGPRT, 1999.

[25] T. Haque, *Sustainability of Small Holder Agriculture in India.* Concept Publishing Company, 1996.

[26] A. Dinar (ed.), *Measuring the Impact of Climate Change on Indian agriculture.* Publicações do Banco Mundial, 1998.

[27] A. Howard e G. L. C. Howard, *The Development of Indian Agriculture.* H. Milford, Oxford University Press, 1927.

[28] K. Palanisami et al., *Climate Change and Agriculture in India: Studies From Selected River Basins.* Routledge, 2014.

[29] A. Mohammad (ed.), *Dynamics of Agricultural Development in India.* Concept Publishing Company, 1979.

[30] N. A. Mujumdar, *A Agricultura Indiana no Novo Milénio: Mudança de Percepções e Política de Desenvolvimento · Volume 2.* Fundação Académica, 2006.

[31] S. Ray, *Handbook of Agriculture in India.* Oxford University Press, 2007.

[32] K. P. Jena, *Agriculture in India: Institutional Structure and Reforms.* Publicações Novo Século, 2014.

[33] P. C. Bansil, *Agricultural Problems of India.* Vikas Publishing House, 1975.

[34] B. S. Rao, *Agriculture in India: Policy and Performance.* Publicações em série, 2003.

[35] S. Mittal, *Modern ICTfor Agricultural Development and Risk Management in Smallholder Agriculture in India [TIC modernas para o desenvolvimento agrícola e a gestão de riscos na agricultura familiar na Índia].* CIMMYT, 2012.

[36] G. S. L. H. V. Prasada, V. U. M. Rao, e G. G. S. N. Rao. *Climate Change and Agriculture Over India [Alterações Climáticas e Agricultura na Índia].* PHI Learning Pvt. Ltd., 2010.

[37] M. D. Kumar, *Segurança alimentar e agricultura sustentável na Índia: The water management challenge.* IWMI, 2003.

[38] I. Scoones, *Science, Agriculture and The Politics of Policy: The Case of Biotechnology in India.* Orient blackswan, 2006.

[39] N. Gupta et al., *Sustainable Agriculture in India 2021.* Relatório CEEW, 2021.

[40] V. C. Srivastava, *History of Agriculture in India, Up to c. 1200 AD.* Concept Publishing Company, 2008.

[41] V. P. Sharma e D. Jain, *High-value Agriculture in India: Past Trends and Future Prospects [Tendências do passado e perspectivas futuras].* Ahmadabad: Instituto Indiano de Gestão, 2011.

CAPÍTULO 7 : AGRICULTURA EM ISRAEL

"A agricultura, a manufatura, o comércio e a navegação, os quatro pilares da nossa prosperidade, são os mais prósperos quando deixados mais livres à iniciativa individual." - Anónimo

7.1 INTRODUÇÃO

Israel faz fronteira com o Mar Mediterrâneo e situa-se entre o Egipto e o Líbano, no Médio Oriente. Jerusalém é a capital de Israel e a língua oficial é o hebraico e o árabe. Israel é um pequeno país de 22 072 km2 e, em 2023, a sua população era de 9,2 milhões de pessoas [1]. O mapa político de Israel é apresentado na Figura 7.1 [2].

Figura 7.1 O mapa político de Israel [2].

Apenas 20% das terras de Israel são adequadas para a agricultura. A localização geográfica única de Israel permite aos agricultores cultivar uma grande variedade de produtos durante todo o ano. Desde que Israel alcançou a sua independência em 1948, o número de comunidades agrícolas aumentou de 400 para 900. Uma vez que o território da Palestina é um espaço contestado, o conflito sobre a terra e a água é um dos principais factores subjacentes à utilização da terra. Para muitos no mundo, Israel é mais frequentemente discutido no contexto do conflito entre Israel e a Palestina e na esperança da sua conclusão pacífica. Apesar do conflito contínuo, Israel emergiu como uma nação bem sucedida, moderna e inovadora. Apesar dos muitos desafios, Israel conseguiu transformar o seu sector agrícola e emergiu como líder mundial em tecnologias agrícolas e de gestão da água. Outras nações em desenvolvimento em África e na Ásia aprenderam com o milagre agrícola de Israel [3].

A agricultura representa 2,4% do Produto Interno Bruto e 4% das exportações em Israel. Constitui quase o único meio de subsistência da população em certas zonas, como o Arava e o vale do Jordão. Israel é um grande exportador de produtos frescos e um líder mundial em tecnologias agrícolas, apesar de mais de metade do seu território ser deserto e não ser naturalmente adequado para a agricultura. Israel é um dos principais produtores e exportadores mundiais de citrinos frescos, incluindo laranjas, toranjas e tangerinas. Israel produziu 95% das suas próprias necessidades alimentares, complementando-as com importações de cereais, oleaginosas, carne, café, cacau e açúcar. O tomate, o pepino, o pimento e a curgete são cultivados em todo o país. O gado (vacas) de Israel produz as maiores quantidades de leite por animal do mundo. O Mar Mediterrâneo é uma fonte de pesca de água salgada. Israel produz grandes quantidades de flores para exportação. Os produtos biológicos representam 1,5% da produção agrícola israelita, mas são responsáveis por 13% das exportações agrícolas. Israel é o segundo maior comerciante e fabricante de refrigerantes. Israel produz quase 70% das suas necessidades alimentares. Importa açúcar, café, cacau, sementes oleaginosas, carne e peixe.

Este capítulo apresenta ao leitor a prática da agricultura em Israel. Começa por discutir alguns factos sobre a agricultura em Israel. Apresenta uma breve história da agricultura em Israel. Aborda a agricultura moderna em Israel. Destaca os benefícios e os desafios da agricultura em Israel. A última secção conclui com comentários.

7.2 FACTOS SOBRE A AGRICULTURA ISRAELITA

A agricultura de Israel é um fenómeno em que o baixo potencial natural para o desenvolvimento da indústria é compensado pela elevada intensidade e eficiência da inovação. Os dez factos seguintes sobre a agricultura israelita são dignos de nota [4]:

1. 76% das exportações de produtos agrícolas de Israel são enviadas para a UE.
2. Os agricultores israelitas são capazes de alterar a qualidade do sabor dos frutos e dos legumes.
3. A triagem dos legumes é efectuada por meio de equipamento fotográfico e informático.
4. As amêndoas e os figos não são colhidos à mão, mas sim com uma máquina especial.
5. O governo subsidia até 40% do preço de compra do equipamento e há uma

introdução constante de novas tecnologias.
6. Perdas muito reduzidas na vindima.
7. A produção de leite aumentou com o derramamento de água fria sobre as vacas.
8. A produção de ovos das galinhas aumentou com a utilização de brinquedos multicoloridos.
9. A luta contra os insectos é mais global e sistémica em Israel do que noutros países.
10. O período de armazenamento da batata é prolongado através do tratamento dos gomos adventícios com óleos essenciais.

O governo israelita tem demonstrado consistentemente uma liderança visionária num compromisso a longo prazo com a agricultura e a água. Nos seus primeiros anos, 30% do seu orçamento nacional foi dedicado à agricultura e à água. O mercado de exportação foi sempre um motor essencial da investigação agrícola de Israel. Foi assim que Israel se tornou líder mundial em numerosos produtos, incluindo tâmaras, romãs, laranjas e tomates.

7.3 HISTÓRIA DA AGRICULTURA ISRAELITA

Israel tem uma longa e orgulhosa história de inovação, desde os tempos bíblicos até aos dias de hoje. Uma grande parte do sucesso agrícola de Israel está ligada à sua história. Alguns arqueólogos datam o início da agricultura em Israel/Palestina no período Mesolítico. A esse mesmo período pertencem as foices, os almofarizes e os pilões que foram descobertos noutras localidades da Palestina. Enquanto os agricultores palestinianos mantiveram a sua produção familiar e de mão de obra intensiva, os agricultores judeus concentraram-se em culturas de alto valor e na criação de gado orientada para o mercado [5].

Desde os tempos bíblicos que o povo judeu tem fortes laços com a agricultura. Os pastores de Abraão e de Lot discutiram entre si enquanto "os cananeus e os perizeus habitavam então na terra" (Génesis 13,7). Tendo vagueado no deserto durante muitos anos, dificilmente se poderia esperar que os filhos de Israel conseguissem dominar a agricultura intensiva que existia no território recém-conquistado. Durante o período da conquista, o gado era criado nas florestas. Com o tempo, os israelitas dominaram gradualmente o cultivo do solo. A Bíblia descreve a terra de Canaã como "onde corre leite e mel". A agricultura judaica baseava-se na pequena exploração familiar [6]. Durante o reinado de Salomão, cerca de 20.000 medidas de trigo foram enviadas para Hiram em troca de madeira, enquanto os tírios trocavam cereais por mercadorias.

Seguiu-se um êxodo da aldeia para a cidade, no qual se iniciou o processo de deslocação do agricultor judeu. A situação da agricultura sofreu flutuações constantes, de acordo com a política dos conquistadores romanos. A conquista pelos cruzados causou ainda mais danos à agricultura local. Os judeus sofreram menos do que os muçulmanos às mãos dos cruzados. [th]No final do século XIV, os judeus expulsos de França estabeleceram-se em Erez Israel. Sob o domínio otomano, no final do século XVI, registou-se uma melhoria acentuada da agricultura e um aumento da populaçãoth . A partir de 1882 e até hoje, a extensão da colónia agrícola judaica tem vindo a expandir-se constantemente [6].

O desenvolvimento da agricultura moderna está intimamente ligado ao movimento sionista e à imigração judaica para a Palestina no final do século XIX. Os judeus que imigraram compraram terras. O cultivo baseava-se principalmente nas planícies costeiras do norte, nas colinas do interior e no vale superior do Jordão. Desde o início, os agricultores israelitas estavam organizados em cooperativas bem geridas e eficazes (kibutzim e moshavim) ou eram agricultores privados representados por uma associação de agricultores. As explorações agrícolas israelitas dependiam sobretudo de trabalhadores palestinianos até à década de 1990, altura em que se verificou uma repressão da liberdade de trabalho dos trabalhadores palestinianos fora dos territórios ocupados. Nessa altura, Israel começou a procurar trabalhadores noutras áreas. Em 2023, havia entre 30 000 e 40 000 trabalhadores tailandeses a trabalhar no sector agrícola israelita. Após os ataques do Hamas em 7 de outubro de 2023, muitos cidadãos tailandeses regressaram ao seu país de origem [1].

No século XIX, os israelitas desejavam transformar a terra do seu estado estéril numa terra para o desenvolvimento de utilizações agrícolas. A investigação agrícola começou em 1870 e foi criada uma estação agrícola em Telavive em 1921. A investigação e o desenvolvimento (I&D) contínuos e orientados para a aplicação têm sido efectuados no país desde o início do século passado.

Após a Primeira Guerra Mundial, a Palestina foi designada como território mandatado pela Grã-Bretanha para governar o país até que este estivesse pronto para a independência. Antes da independência israelita em 1948, o território que acabou por constituir Israel passou por uma sucessão de impérios, incluindo o britânico, o otomano e o bizantino. Desde a independência em 1948, a área total cultivada aumentou. Após a sua independência, o país adoptou uma estratégia agressiva de desenvolvimento agrícola. A nação herdou da Grã-Bretanha um sofisticado sistema de infra-estruturas. Em 2022, o Ministério da Agricultura e do Desenvolvimento Rural de Israel anunciou um plano para aumentar o número total de terras agrícolas cultivadas. Em 2023, após os ataques de 7 de outubro do Hamas contra Israel, muitos agricultores sofreram perdas em grande escala devido à morte dos seus trabalhadores.

7.4 AGRICULTURA MODERNA

A agricultura é um sector altamente desenvolvido em Israel. Apenas 20% da área terrestre é naturalmente arável. Devido à diversidade da terra e do clima em todo o país, Israel é capaz de produzir uma vasta gama de culturas, incluindo trigo, sorgo e milho. Israel superou muitos desafios (como a limitação de terras e recursos hídricos) para emergir como líder mundial em agricultura e tecnologias de gestão da água. A experiência e o sucesso agrícola de Israel são uma ferramenta inestimável que pode beneficiar outros países em desenvolvimento em África e não só. Muitos agricultores de todo o mundo olham para Israel para saberem como gerir e prosperar em condições adversas e inóspitas [7].

Israel é um país único cuja história, política e geografia moldaram a mentalidade do seu povo e dos seus líderes. Produtores, transformadores de alimentos, grossistas, retalhistas, operadores de serviços alimentares e importadores de alimentos fazem todos parte de um sector agrícola bem desenvolvido. A indústria de transformação alimentar israelita é inovadora, introduzindo constantemente novos produtos no mercado. Constitui um ator importante na economia nacional. O mercado de retalho alimentar é composto por cadeias de supermercados, lojas de conveniência, estações de serviço, mercearias de bairro e mercados.

Os métodos agrícolas tradicionais não se aplicam efetivamente em Israel. Israel tem duas formas únicas de comunidades agrícolas: o kibutz e o moshav. O kibbutz é uma comunidade colectiva em que os meios de produção são propriedade da comunidade e o trabalho de cada membro beneficia todos. O moshav é uma aldeia agrícola onde cada família mantém a sua própria casa e trabalha a sua própria terra. Ao fim de setenta anos, três quartos da superfície agrícola total do país continuam a ser geridos por kibutzim e moshavim, cooperativas agrícolas. Atualmente, entre os kibutzim e os moshavim, 76% dos produtos frescos do país são produzidos. Israel regista a maior produtividade de leite de vaca do mundo, o maior rendimento de tomate e a menor perda de cereais pós-colheita a nível mundial.

Um elevado nível de tecnologias inovadoras ajuda a maximizar a produtividade da indústria com custos mínimos de recursos. Israel é um líder mundial em investigação e desenvolvimento agrícola, o que levou a aumentos dramáticos na quantidade e qualidade das colheitas do país. Em 1973, dois cientistas israelitas, Haim Rabinowitch e Nachum Kedar, desenvolveram uma variedade de tomate com um amadurecimento mais lento. A sua investigação levou ao desenvolvimento das primeiras variedades comerciais de tomate de longa duração do mundo. A Exposição Agritech, que se realiza de três em três anos, é um dos principais eventos internacionais de apresentação das tecnologias agrícolas israelitas e internacionais. Atrai muitos Ministros da Agricultura, decisores, peritos, profissionais e milhares de visitantes [1].

Nenhum outro lugar na Terra conquistou o coração e a imaginação do mundo como a antiga terra da Bíblia. Apesar do facto de mais de metade da área do país ser desértica, a produção agrícola de Israel é suficiente para cobrir as necessidades dos seus habitantes. O crescimento constante da produção agrícola deve-se à estreita cooperação entre investigadores, agricultores, governo israelita e indústrias relacionadas com a agricultura. A agricultura de Israel é uma história de sucesso, que reflecte uma luta contínua para ultrapassar as condições locais desfavoráveis. Atualmente, os pequenos agricultores de África e da Ásia vêem Israel como uma fonte de soluções. A figura 7.2 mostra uma aula típica de piscicultura intensiva em Israel para profissionais de 15 países [8].

Figura 7.2 Um curso intensivo de piscicultura em Israel para profissionais de 15 países [8].

A legislação alimentar e o sistema de normalização israelitas estão em grande parte harmonizados com as normas europeias, que podem diferir das dos Estados Unidos, o que resulta num processo de licenciamento de importação difícil. A certificação kosher não é um requisito legal para a importação de alimentos para Israel, exceto para a carne de vaca, aves e outros produtos de carne. Os fabricantes que produzem produtos kosher devem satisfazer as exigências dos supervisores rabínicos israelitas e cumprir as normas kosher [9].

7.5 BENEFÍCIOS

Os agricultores israelitas são um exemplo notável de tecnologia agrícola em todo o mundo. Os desenvolvimentos mais venerados na agricultura israelita foram a irrigação por gotejamento e a utilização de estufas. Os sistemas de irrigação gota a gota, a mecanização automática e controlada, as sementes e plantas de alta qualidade e outros produtos são exportados para uma série de países, para além da exportação de produtos agrícolas [10]. Outros benefícios da agricultura israelita são os seguintes [11-13]:

- *Tecnologia:* Israel empreendeu uma tremenda transformação agrícola para se tornar um líder mundial neste domínio. Nenhum outro país, tão pequeno como Israel, contribuiu com mais avanços na agricultura do que Israel. Israel desenvolveu tecnologias de ponta para resolver problemas do mundo real. Como resultado, Israel fortaleceu a segurança alimentar nacional, estabeleceu mercados de exportação lucrativos e revolucionou a agricultura e a gestão da água a uma escala global.
- *Inovação:* Desde a sua independência em 1948, Israel nunca parou de inventar tecnologias agrícolas que melhoram consideravelmente a agricultura em todo o mundo. Israel é um centro tradicional de inovação tecnológica. A densidade de empresas em fase de arranque em Israel é comparável à da área da Baía de São Francisco nos EUA; o país tem uma elevada proporção de patentes per capita.

A investigação e o desenvolvimento fazem parte do espírito nacional. As empresas israelitas em fase de arranque tentam os investidores e os responsáveis políticos com uma variedade estonteante de ideias.

- *Envolvimento do Governo:* O Ministério da Agricultura apoia e supervisiona as actividades do sector agrícola do país. O sucesso da agricultura israelita ao longo de 70 anos de independência deve-se em grande parte ao incrível investimento do governo na agricultura. O governo israelita tem-se empenhado firmemente no desenvolvimento da indústria agrícola desde o primeiro dia e continua na era moderna. Este facto contribuiu imensamente para o sucesso do país. O governo israelita assegurou um fluxo constante de água para a sua população, apesar do clima seco como um osso.
- *Irrigação por gotejamento:* A agricultura em Israel seria praticamente impossível sem irrigação. A irrigação é talvez o tópico mais quente na tecnologia agrícola de Israel, dada a importância da água para o país como um todo. O esforço para aumentar a produtividade e a qualidade das colheitas levou ao desenvolvimento de inovações como a irrigação por gotejamento, a tecnologia mais importante. A Figura 7.3 mostra uma irrigação típica em Israel [12].

Figura 7.3 Uma irrigação típica em Israel [12].

A Netafim é líder mundial em irrigação por gotejamento, oferecendo uma ampla gama de produtos e serviços para ajudar os agricultores a tirar o máximo proveito dos recursos hídricos limitados. É uma empresa de irrigação que encontra soluções inteligentes de água para obter um futuro sustentável na produção de estufas. A rega gota-a-gota de precisão israelita é uma ferramenta essencial para os agricultores que enfrentam um mundo mais seco e quente e continua a transformar a agricultura em todo o mundo. Muitos agricultores na Índia adoptaram a irrigação gota-a-gota. Muitas nações como a Etiópia, a Nigéria e o Gana beneficiaram da experiência israelita em irrigação gota-a-gota.

- *Estufas:* Uma das maiores conquistas da agricultura israelita foi a capacidade dos agricultores de utilizarem as áreas desérticas do país como estufas. As estufas foram adoptadas como um método de cultivo que aumentou consideravelmente o controlo das condições de cultivo. A figura 7.4 mostra uma estufa típica [14]. O Fundo Nacional Judaico (JNF) tem desempenhado um papel fundamental no sucesso da agricultura no deserto, financiando a preparação de 8.000 acres por ano para utilização.

Figura 7.4 Uma estufa típica em Israel [14].

- *Agricultura de precisão:* Inclui dispositivos como imagens de satélite e drones para monitorizar o crescimento da vegetação e corrigir com fertilizantes e pesticidas aplicados com precisão, um problema significativo devido à falta de eficiência e a preocupações com a saúde dos trabalhadores. A figura 7.5 mostra uma utilização típica de um drone em Israel [15].

Figura 7.5 Uma utilização típica de um drone em Israel [15].

Para além da implementação da agricultura de precisão e da incorporação da Internet das coisas, os sistemas de gestão agrícola baseados na nuvem desempenham um papel crescente na melhoria da produção agrícola em Israel.

- *Produção leiteira:* Os efectivos de gado leiteiro e de carne de bovino representam 17% da produção agrícola total do país. Israel é considerado um dos sistemas de produção leiteira mais eficientes do mundo, com uma produção média de leite por vaca superior a 12.000 kg. A produção leiteira israelita tem de ter em conta as condições climáticas relativas ao pasto e à forragem. Também tem de ter em consideração as leis dietéticas judaicas que restringem a forma como o leite é obtido das vacas.
- *Investigação e desenvolvimento:* A agricultura de Israel é uma história de sucesso, que reflecte uma luta contínua para ultrapassar condições locais desfavoráveis. O sucesso pode ser atribuído à I&D tecnológica e a uma miríade de inovações que revolucionaram a forma como os agricultores cultivam, regam e protegem as culturas. O país investiu fortemente no desenvolvimento de novas fontes de água, promovendo a irrigação com águas residuais e fomentando uma estreita cooperação entre os agricultores.
- *Reformas políticas:* Em meados da década de 1980, Israel empreendeu reformas substanciais da política económica que resultaram igualmente em profundas mudanças estruturais no sector agrícola, tais como a diminuição do número de explorações agrícolas e a expansão da dimensão das explorações. Estas políticas contribuíram para uma melhor integração do sector agroalimentar nos mercados mundiais.

A figura 7.6 mostra alguns destes benefícios.

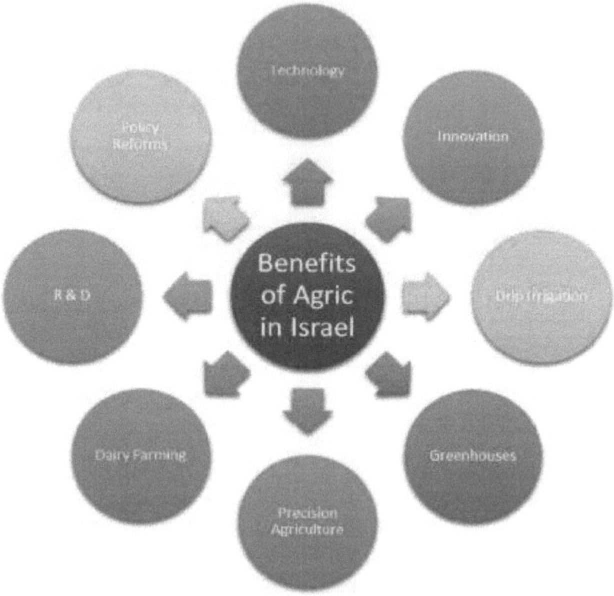

Figura 7.6 Benefícios da agricultura em Israel.

7.6 DESAFIOS

As populações em crescimento, as flutuações nos mercados mundiais e as alterações climáticas representam desafios para novas inovações no sector agrícola de Israel. A segurança alimentar é uma preocupação crítica à medida que a população mundial se expande e os recursos naturais diminuem. A geografia e o clima de Israel não são naturalmente propícios à agricultura. Mais de metade da área terrestre é desértica e a falta de recursos hídricos não favorece a agricultura. Uma vez que 60% da sua superfície é desértica, para além da necessidade de zonas residenciais, comerciais e industriais nos restantes 40%, as terras agrícolas são muito reduzidas. A agricultura no deserto israelita continua a ser a última fronteira e o último desafio para a agricultura israelita. Mais de 40% dos produtos hortícolas e das culturas arvenses do país são cultivados na zona desértica. A figura 7.7 mostra a agricultura no deserto israelita [12].

Figura 7.7 Agricultura no deserto israelita [12].

Outros desafios da agricultura israelita são os seguintes:

- *Escassez de água:* A escassez de água é um dos principais factores limitantes da agricultura israelita. O custo da extração de água dos poços é elevado. A precipitação sempre foi uma questão de vida ou de morte em Israel. A chuva cai entre setembro e abril, com uma distribuição desigual pelo país. Israel é o décimo sexto país do mundo com maior carência de água. Os agricultores aprenderam a cultivar mais com menos água, utilizando menos 12% de água para produzir 26% mais produtos. Alguns investigadores acreditam que a melhor e mais barata solução para a agricultura é a dessalinização da água do mar. A dessalinização tem sido a chave para o abastecimento urbano. Alguns referem-se a Israel como o Vale do Silício da tecnologia da água. A IDE Technologies construiu mais de 400 instalações de dessalinização em todo o mundo, o que a torna um líder global neste domínio.
- *Alterações climáticas: As* alterações climáticas são uma das maiores ameaças à economia global e ao bem-estar humano. Os agricultores das zonas áridas de Israel não precisam de ser convencidos de que o clima está a mudar debaixo dos seus pés. Os Verões estão a ficar mais quentes. Desde os dias de Noé, as inundações têm sido devastadoras para a humanidade. O aumento das temperaturas e a aceleração da desertificação irão exercer uma enorme pressão sobre o abastecimento mundial de alimentos e água. Muitos agricultores de todo o mundo olham para Israel como um modelo de como gerir e prosperar em condições de escassez de água e de um clima mais quente e seco.

- *Escassez de mão de obra:* Atualmente, há uma escassez de cerca de 40.000 trabalhadores agrícolas. Esta é a pior crise de mão de obra para a agricultura na história de Israel. O Hamas assassinou 32 trabalhadores agrícolas tailandeses e raptou 23. Em resposta à escassez de mão de obra agrícola necessária para a colheita de fruta, estão a ser utilizados robôs e drones. As empresas israelitas são pioneiras no desenvolvimento de drones para colher frutos e outros produtos agrícolas. A figura 7.8 mostra como os robôs podem atenuar a escassez crónica de mão de obra na agricultura [16]. Os robôs agrícolas estão a tornar-se um assistente comum e útil dos agricultores em vários trabalhos.

Figura 7.8 Os robôs podem atenuar a escassez crónica de mão de obra na agricultura [16].

Apesar destes desafios, Israel conseguiu transformar o seu sector agrícola e emergiu como um líder mundial na agricultura.

7.7 CONCLUSÃO

Como se pode ver na Figura 7.9, Israel não é um local natural para a agricultura, com dois terços do território semi-árido e uma escassez de recursos hídricos naturais [10].

Figura 7.9 Israel não é um local natural para a agricultura [10].

Os agricultores israelitas percorreram um longo caminho desde que os primeiros pioneiros começaram a desbravar os campos cheios de pedras. A necessidade tem sido a mãe da invenção. Apesar dos numerosos desafios, os israelitas encontraram novas formas inovadoras de cultivar. Israel conseguiu transformar o seu sector agrícola e emergiu como um líder mundial na agricultura e na gestão da água. Em resultado das suas incríveis realizações, muitos países em desenvolvimento em África, na Ásia e não só, estão a voltar-se para Israel para aprender com as suas práticas agrícolas. Estão a utilizar as poderosas lições para transformar a agricultura nos seus países. Embora certos princípios e ideias sejam universais, cada país precisa de traçar o seu próprio caminho para o sucesso com base nas suas características únicas e vantagens competitivas. Israel está a ajudar os agricultores de muitos países a aprender a cultivar em condições de escassez de água e de um clima mais quente e seco. A figura 7.10 mostra um investigador israelita a ensinar agricultores indianos [17]. Mais informações sobre a agricultura em Israel podem ser encontradas nos livros em [18-29].

Figura 7.10 Investigador israelita ensina agricultores indianos [17].

REFERÊNCIAS

[1] S. Windland, "Sustainable horticultural crop production in Israel," (Produção sustentável de culturas hortícolas em Israel).

https://conservancy.umn.edu/bitstream/handle/11299/57119/Israel.pdf;sequence=1

[2] "Mapa de Israel", agosto de 2017,

https://www.guideoftheworld.com/israel-map.html

[3] D. Abraham et al., "How Israel became a world leader in agriculture and water", setembro de 2019, Fonte desconhecida

[4] "Agricultura em Israel", *Wikipédia,* a enciclopédia livre

https://en.wikipedia.org/wiki/Agriculture_in_Israel

[5] L. Temper, "Creating facts on the ground: Agriculture in Israel and Palestine (1882-2000)", *Historia Agraria,* vol. 48, 2009, pp. 75-100.

[6] "Agricultura em Israel: História e visão geral,"

https://www.jewishvirtuallibrary.org/history-and-overview-of-agriculture-in-israel

[7] M. N. O. Sadiku, U. C. Chukwu, e J. O. Sadiku, "Agriculture in Israel," (Agricultura em Israel)

2024: Conferência Internacional sobre Ciências Agrícolas, Ambiente, Desenvolvimento Urbano e Rural (Marrocos), pp. 1-11.

[8] A. K. Leichman, "The top 12 ways Israel is feeding the world", setembro de 2022,

https://www.israel21c.org/the-top-12-ways-israel-feeds-the-world/

[9] "Agricultura,"

https://www.trade.gov/country-commercial-guides/israel-agriculture

[10] M. Markou e M. G. Stavri, "Market and trade policies for mediterranean agriculture: The case of fruit/vegetable and olive oil", janeiro de 2006,

https://www.researchgate.net/publication/271847481_Market_and_Trade_Policies_for_Mediterr anean_Agricultura_O_caso_da_fruta_vegetal_e_azeite

[11] "How Israeli agriculture technology is changing the world for the better," abril de 2021, https://www.touchpointisrael.com/2021/04/13/how-israeli-agriculture-technology-is-changing- the-world-for-the-better/

[12] "Agricultura em Israel: História e tecnologias agrícolas actuais,"

https://aboutjewishpeople.com/agriculture-in-israel/

[13] A. Tal, "Israeli Agriculture-Innovation and advancement", em *From Food Scarcity to Surplus.* Singapura: Springer, 2021.

[14] M. Wagner, "As crops with wither, farmers say fields will soon be barren without foreign workers", novembro de 2023,

https://www.timesofisrael.com/as-crops-wither-farmers-say-fields-will-soon-be-barren-without- trabalhadores estrangeiros/

[15] https://images.search.yahoo.com/yhs/search;_ylt=AwrirmpRXhlmT18Q9SsPxQt.;_ylu=Y29sbw NiZjEEcG9zAzEEdnRpZAMEc2VjA3Nj?p=images+of+mordern+agriculture+in+Israel&type=f c_A519E8A3231_s69_g_e_d_n200001_c999&param1=7&param2=eJwtS8sOgzAM%2B5UcQ UKQ8ii0XPcFuyIOhRaoKBTxENO%2BfkFaIsV2bI9WN3X7fjHEXKTYRO1K OkUaRuIxCXo CIQQxuz02R5SspGPyTkvqoiyqcpC8KiqpmTJS6D6l%2BGg85a%2BD6KWlLf5rnVNJESMEt 121vw9YT2AYYw304HkNH56HoLbNmdt0sz2TIivjjEMwT%2BfiInB2NjCafvY h9NPuF5OwN IvxWTjUoHb7r%2FwAHKFBXA%3D%3D&hsimp=yhs-3211&hspart=fc&ei=UTF-8&fr=yhs- fc-3211#id=107&iurl=https%3A%2F%2Fwww.w2ssolutions.com%2Fblog%2Fwp-content%2Fuploads%2F2019%2F01%2Fmodern-farming.jpg&action=click

[15] S. Srivastava, "Robotic agriculture will provide sustainable assistance to farmers in feeding the mouths", abril de 2019,

https://www.analyticsinsight.net/robotic-agriculture-will-provide-sustainable-assistance-to- farmers-in-feeding-the-mouths/

[16] A. K. Leichman, "Why the future of agriculture lies in Israel's desert," março de 2020, https://www.israel21c.org/why-the-future-of-agriculture-lies-in-israels-desert/

[17] O. Borowski, *Agriculture in Iron Age Israel.* Universidade de Michigan, 1979.

[18] D. Rosen et al. (eds.), *Modern Agriculture and the Environment: Proceedings of an International Conference, held in Rehovot, Israel, 2-6 October 1994.* Springer Science & Business Media, 2012.

[19] T. Hiebert, *The YahwistS Landscape: Nature and Religion in Early Israel.* Oxford University Press, 1996.

[20] I. Merkaz ha-hasbarah, *Agricultura em Israel.* Merkaz ha-hasbarah, 1993.

[21] M. E. Kurtzig, *Israel's Agricultural Economy in Brief: Volumes 248-260.* Departamento de Agricultura dos EUA, Divisão de Análise Regional Estrangeira, 1969.

[22] H. H. Tegeler, *Israel's Agricultural Economy in Brief.* Serviço de Investigação Económica, Departamento de Agricultura dos EUA, 1964.

[23] H. H. Tegeler, *The Agricultural Economy of Israel.* Departamento de Agricultura dos EUA, Serviço Agrícola Estrangeiro, 1960.

[24] Organização para a Cooperação e Desenvolvimento Económico (edj, *OECD Review of Agricultural Policies: Israel 2010.* Publicação da OCDE, 2010.

[25] H. Darin-Drabkin, *Patterns of Cooperative Agriculture in Israel.* Departamento, 1962

[26] H. Halperin, *Changing Patterns ii Israel Agriculture.* Routledge, 2019.

[27] A. Singer, *The Soils of Israel the Soils of Israel.* Springer Berlin Heidelberg. http://doi. org/10.1007/978-3-540-71734-8, 2007.

[28] R. Weitz e A. Rokach, *Agricultural Development: Planning and Implementation: Israel Case Study.* Springer Science & Business Media, 2013.

CAPÍTULO 8 : AGRICULTURA NO JAPÃO

"O conformismo é valorizado na sociedade japonesa; destacar-se pode trazer críticas."

- Ditado japonês

8.1 INTRODUÇÃO

O Japão é um grupo de 6.852 ilhas na Ásia Oriental. Tem 126 milhões de habitantes, sendo a 11ª maior população do mundo. Está dividido em 47 prefeituras. Tal como o Reino Unido, o Japão é considerado uma monarquia constitucional com um sistema de direito civil. O seu governo é constituído pela Dieta Nacional (como o Parlamento britânico ou o Senado dos EUA) e pelo Imperador (uma figura decorativa sem grande poder político). O Japão tem-se visto como uma aristocracia e um Estado militar. Existem duas grandes religiões no Japão: o xintoísmo e o budismo. O Japão é um país com um património cultural complexo e antigo. No entanto, é um dos países mais avançados em termos de tecnologia e inovação. É uma das principais regiões económicas e tecnológicas do mundo [1].

A maior parte do território é montanhosa e, por conseguinte, a terra arável é limitada, com uma área total cultivada de cerca de 4,8 milhões de hectares. A figura 8.1 mostra o mapa do Japão [2].

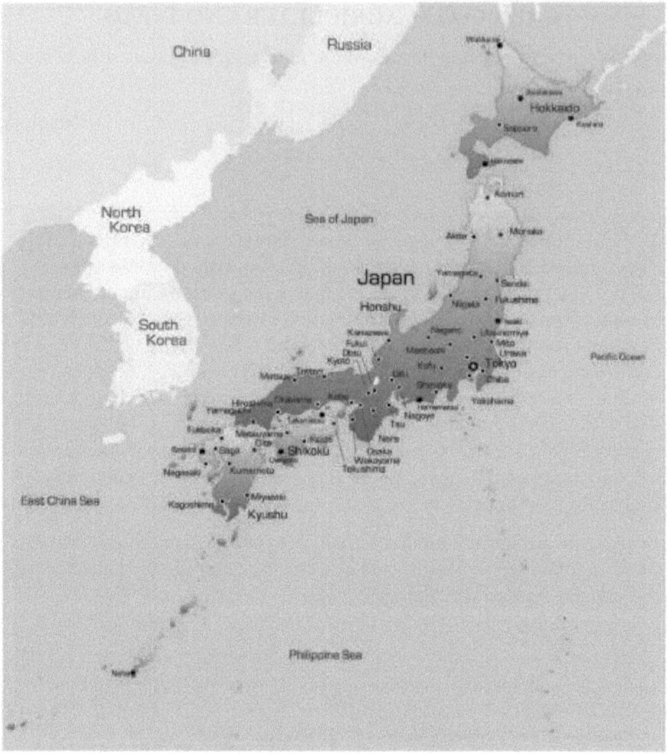

Figura 8.1 O mapa do Japão [1].

Apesar da limitação das terras aráveis, o Japão depende fortemente da agricultura. O Japão é o segundo maior importador de produtos agrícolas do mundo, a seguir à China. A sua cozinha é mundialmente conhecida como requintada, de alta qualidade e saudável. O arroz e outras culturas têm sido cultivados em colinas íngremes (mais de 6 metros). O governo japonês detém 88% do sector agrícola, que vale cerca de 40 mil milhões de ienes.

A agricultura, a silvicultura e a pesca constituem o principal sector industrial da economia japonesa, juntamente com a indústria mineira japonesa. Os campos inactivos são uma oportunidade perdida num país onde apenas cerca de um terço da terra é arável. A maioria das terras agrícolas é detida através de propriedade e arrendamento. O contrato de arrendamento deve incluir uma disposição que permita a rescisão do contrato se as terras agrícolas não estiverem a ser utilizadas de forma adequada. A figura 8.2 mostra o mapa agrícola do Japão [3].

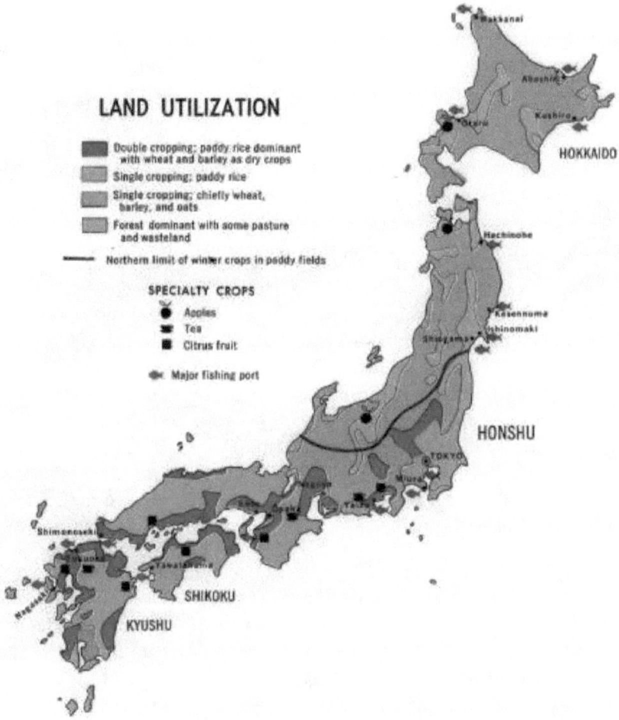

Figura 8.2 Mapa agrícola do Japão [3].

Este capítulo explora a prática da agricultura no Japão. Começa com uma breve história da agricultura no Japão. Aborda a forma como a agricultura é gerida pelo governo. Discute as formas tradicionais e modernas de agricultura no Japão. Destaca os benefícios e os desafios da agricultura no Japão. A última secção conclui com comentários.

8.2 BREVE HISTÓRIA DA AGRICULTURA JAPONESA

A indústria agrícola do Japão tem sido uma parte importante da sua economia desde os tempos antigos. A maioria da sua população dedica-se à agricultura. A agricultura no Japão tem uma longa história, que remonta aos dias em que o país foi colonizado. O arroz foi a cultura mais importante do país durante o período Edo (1603-1868). Durante o período Meiji (1868-1912), que baseou o seu programa de industrialização nas receitas fiscais provenientes da propriedade privada da terra, o Japão começou a importar alimentos e o sector agrícola prosperou [4]. Hokkaido tornou-se uma área alvo de desenvolvimento agrícola. A agricultura japonesa era dominada por um sistema de arrendamento agrícola. Os proprietários de terras cobravam uma elevada taxa de renda em espécie, em vez de dinheiro, e, consequentemente, desempenhavam um papel importante no desenvolvimento da agricultura, uma vez que os agricultores arrendatários tinham dificuldade em obter capital. Até à segunda metade do século XIX, a riqueza económica era calculada em arroz. A sociedade, a cultura e a economia do Japão foram construídas em torno do arroz. Após os motins do arroz de 1918, muitos camponeses ficaram sob a influência do movimento operário urbano com ideias socialistas, comunistas e/ou agrárias. Na década de 1930, o crescimento da economia urbana e a fuga dos agricultores para as cidades enfraqueceram gradualmente o domínio dos proprietários. As primeiras cooperativas agrícolas foram criadas em 1900.

Com o crescimento da economia em tempo de guerra, o governo apercebeu-se de que o senhorio era um impedimento ao aumento da produtividade agrícola e tomou medidas para mudar a situação. O boom económico do Japão, que começou nos anos 50, deixou os agricultores muito para trás, tanto em termos de rendimento como de tecnologia agrícola. Em 1991, na sequência de fortes pressões dos Estados Unidos, o Japão pôs termo às quotas de importação de batatas e de citrinos [5]. Até 1995, o governo comprava todo o arroz produzido no Japão e vendia-o a um preço relativamente elevado. Simultaneamente, foram proibidas as importações de arroz.

As cooperativas agrícolas foram criadas no Japão após a Segunda Guerra Mundial para permitir que o governo comprasse arroz aos agricultores durante a escassez de alimentos. Foi-lhes concedido o poder extraordinário de efetuar operações bancárias, bem como de controlar vários aspectos da agricultura. A venda direta é mais difícil, uma vez que os agricultores têm de fazer a sua própria comercialização. Após a Segunda Guerra Mundial, o Japão importou muitas ideias novas da América, incluindo uma dieta à base de pão. Assim, durante muitos anos, o governo japonês forneceu apenas pão para os almoços escolares. A maior parte da carne e do trigo é importada principalmente dos EUA. Como resultado, a autossuficiência alimentar do Japão desceu de 80% em 1960 para apenas 39% em 2006. O sector agrícola entrou em declínio no Japão desde a década de 1950, mas continua a representar uma parte significativa da economia japonesa, sendo o arroz, a fruta e os legumes as culturas mais populares.

8.3 ADESÕES INTERNACIONAIS

O MAFF (Ministério da Agricultura, Florestas e Pescas) é o ministério do governo que rege a agricultura. O governo promoveu recentemente a utilização da aplicação MAFF que fornece informações úteis diretamente do MAFF a todos os envolvidos na agricultura. O Japão é membro da [6]:

- A Organização Mundial do Comércio (OMC), que aderiu à OMC em 1 de janeiro de 1995.
- A Organização das Nações Unidas para a Alimentação e a Agricultura (FAO), que aderiu à FAO em 21 de novembro de 1951.
- A Convenção Fitossanitária Internacional (CFI), assinada em 6 de dezembro de 1951.

- O Gabinete Internacional das Epizootias (OIE)/Organização Mundial da Saúde Animal, que aderiu ao OIE em 1930.
- Acordo abrangente e progressivo para a parceria transpacífica (CPTPP), tornando-se signatário em 2018.

- O Codex Alimentarius, que aderiu em 1966 e participa na formulação de normas internacionais

O Japão aplica procedimentos de quarentena de plantas com base em normas internacionais. Os animais devem ser declarados na alfândega e estão sujeitos a quarentena. Para exportar animais e produtos de origem animal, o Japão emite um certificado de quarentena de exportação sempre que tal seja exigido pelo país importador. Existem controlos de importação relativamente a cães, macacos e animais aquáticos, como carpas e peixes dourados. Estes controlos de importação/exportação baseiam-se em normas de organizações internacionais como a OIE. O Food Sanitation Act proíbe o fabrico, a venda, a importação, a transformação, a utilização, a preparação e a armazenagem de produtos alimentares que não cumpram as normas aplicáveis.

As cooperativas agrícolas japonesas (JA) desempenham um papel importante no tratamento de questões agrícolas gerais a nível local. O número de sociedades anónimas e de sociedades cooperativas de produtores agrícolas aumentou nos últimos anos. As cooperativas agrícolas moldam a política do arroz no Japão através de actividades tanto a nível nacional como a nível local em todo o país [7]. As Normas Agrícolas Japonesas (JAS) são as normas nacionais japonesas estabelecidas pelo MAFF em 2000 nos domínios da alimentação, agricultura, silvicultura e pescas. Uma certificação JAS indica que a agricultura biológica, as plantas biológicas e os alimentos transformados à base de plantas biológicas foram certificados.

8.4 AGRICULTURA TRADICIONAL JAPONESA

O Japão é um dos principais países agrícolas do mundo, produzindo uma grande variedade de produtos agrícolas. O arroz é a cultura agrícola mais importante do Japão. Tem estado no centro da economia e da cultura japonesas durante séculos. Outras culturas agrícolas principais incluem o milho, o trigo, a soja, a cevada, o amendoim, a colza e a aveia. A caraterística mais marcante da agricultura japonesa é a escassez de terras agrícolas devido à geografia e geologia únicas do Japão. Os agricultores japoneses são altamente eficientes e utilizam tecnologia e técnicas de ponta para maximizar a produção. A economia japonesa é extremamente competitiva, sendo responsável por mais de um terço de toda a produção mundial de arroz. O país tem feito progressos significativos nas últimas décadas no sentido de se tornar mais amigo do ambiente. O país está a começar a afastar-se da sua dependência da cultura do arroz [8].

No Japão, não é necessário obter uma autorização para comprar um imóvel, uma propriedade, um lote ou um apartamento. No entanto, uma pessoa ou entidade que venda, compre ou alugue terrenos agrícolas (Nouchi) deve obter a aprovação do comité governamental de assuntos agrícolas e apresentar previamente um plano de negócios. Os documentos necessários e o processo de aprovação podem variar consoante o município. Aplicam-se a regra do "primeiro a registar" e o princípio da reciprocidade. O prazo máximo para o arrendamento de terrenos, incluindo terrenos agrícolas, é de 50 anos. Para constituir uma hipoteca sobre um terreno agrícola, deve ser celebrado um contrato de hipoteca. Para se tornar agricultor, é necessário solicitar uma autorização ao comité dos assuntos agrícolas. Qualquer pessoa que pretenda utilizar a água do rio deve obter a autorização do administrador do rio. Não é necessário qualquer sistema de aprovação ou licença para a criação de centros de I&D. Também não existe um sistema de aprovação para o cultivo/produção de sementes de culturas. É proibida qualquer utilização não reconhecida do arroz.

A agricultura japonesa é caracterizada por pequenas explorações familiares que utilizam tecnologias e técnicas avançadas para produzir rendimentos elevados. Os agricultores japoneses utilizam uma variedade de técnicas tradicionais e modernas para produzir produtos de alta qualidade. Um exemplo de agricultura tradicional é apresentado na Figura 8.3 [9].

Figura 8.3 Agricultura tradicional no Japão [9].

No Japão, a agricultura é o tipo de agricultura mais importante, enquanto a pecuária tem um papel secundário. As principais culturas cultivadas no Japão são o arroz, o trigo, a soja e os legumes. Os agricultores japoneses utilizam frequentemente métodos tradicionais para criar os seus animais de quinta, tais como a utilização de fertilizantes naturais e o facto de deixarem os animais pastar em campos abertos. Os animais de quinta japoneses são conhecidos pela sua elevada qualidade e são frequentemente utilizados na cozinha japonesa. Estes incluem vacas, porcos, galinhas e patos. O gado no Japão é alimentado com uma dieta de alta qualidade e é sujeito a um intenso trabalho agrícola. O gado foi trazido da China para o Japão por volta do século II d.C. pelo período Yayoi, juntamente com o cultivo do arroz. Devido à falta de regulamentação na indústria pecuária japonesa, as galinhas são mantidas em pequenas gaiolas, o que afecta grandemente o seu bem-estar, tornando-as incapazes de andar e sofrendo de insuficiência cardíaca.

A indústria agrícola japonesa, fortemente subsidiada, está a morrer na sua forma tradicional. A maioria dos jovens não está disposta a herdar as quintas dos pais. O número de famílias de agricultores comerciais está também a diminuir.

8.5 AGRICULTURA MODERNA

O sector agrícola japonês é altamente mecanizado, com cerca de 70% da terra em uso pronta para irrigação. Devido à sua eficiência e ao extenso sistema de irrigação, o sector agrícola japonês é capaz de produzir três vezes mais arroz do que consome em média. Os agricultores no Japão vivem numa grande variedade de locais, desde pequenas aldeias em zonas rurais a grandes cidades. No entanto, a agricultura é praticada principalmente na ilha de Hokkaido, onde o clima é mais fresco e há mais terra disponível para a agricultura. Kesennuma é um dos portos mais importantes do Japão e é conhecido em toda a Ásia. É um importante porto de pesca e é considerado um dos três bancos de pesca mais produtivos do mundo. A indústria de arroz em casca do Japão é o maior e mais importante sector agrícola do país. A figura 8.4 mostra uma exploração mecanizada de arroz no Japão [10].

Figura 8.4 Cultivo mecanizado de arroz no Japão [10].

É fundamental que o governo mantenha o seu apoio ao sector agrícola para que este possa permanecer viável a longo prazo. Para atingir os seus objectivos, o governo procura promover [5]:

- A utilização da inteligência artificial (IA) na agricultura.
- Agricultura inteligente.
- A utilização da gestão laser.
- Recolha de informações em tempo real.
- A utilização de drones.

O Japão promove a investigação, o desenvolvimento e a inovação tecnológica para a melhoria e modificação da agricultura. Tem uma posição conservadora relativamente aos organismos geneticamente modificados (OGM).

Os principais produtos agrícolas do Japão incluem:

- Arroz (a cultura mais importante no Japão)
- Soja
- Trigo
- Cevada
- Beterraba sacarina
- Legumes

Os agricultores japoneses também cultivam fruta, flores e chá. O arroz é a cultura agrícola mais importante do Japão. É cultivado em todo o país. A produção de arroz do Japão em 1999 foi de 12,5 milhões de toneladas, de acordo com o USDA. Quase todo o arroz produzido no Japão é Japonica, arroz de grão curto. Existem cinco categorias principais de arroz no Japão: arroz de mesa, arroz para transformação, arroz para alimentação animal, arroz para farinha e arroz para exportação. O MAFF tem estado a encorajar alguns agricultores a mudar a produção de arroz de mesa para arroz para alimentação animal. A figura 8.5 mostra algumas mulheres musculadas que transportam arroz [11], enquanto a figura 8.6 mostra como as mulheres musculadas são colocadas em correias transportadoras [11]. O Japão é o terceiro maior exportador de carne de bovino do mundo. A carne de bovino japonesa é habitualmente servida em restaurantes de todo o mundo.

Figura 8.5 Mulheres musculadas transportadoras de arroz [11].

Figura 8.6 Mulheres musculadas são colocadas em tapetes rolantes [11].

Para investir na agricultura no Japão, é necessário ter em conta alguns aspectos. O primeiro é o clima. O Japão é um país temperado com quatro estações distintas, o que torna o clima ideal para a agricultura. O segundo é a terra. O Japão é um país pequeno, com terras agrícolas limitadas e é também muito fértil, o que o torna ideal para a agricultura. A terceira é a infraestrutura. O Japão tem uma infraestrutura bem desenvolvida, que inclui uma forte rede de transportes e instalações modernas. Isto facilita o transporte de mercadorias para o mercado e o acesso à mais recente tecnologia agrícola.

8.6 BENEFÍCIOS

O Japão é uma potência mundial em numerosas indústrias, mas até à data o sector agrícola tem sido uma exceção. O país gera milhares de milhões de dólares em exportações da sua cozinha tradicional, conhecida como *washoku,* mas as receitas de exportação de todos os produtos agrícolas têm-se mantido estáveis há décadas. Embora os agricultores sejam em número reduzido, exercem uma forte influência. São um grupo político poderoso no Japão. Durante as eleições, nenhum partido político se pode dar ao luxo de ignorar os eleitores das regiões agrícolas. Os agricultores são mais poderosos na defesa da proteção.

Há muitas razões para o sucesso do sector agrícola japonês. O país tem uma rede bem desenvolvida de portos, caminhos-de-ferro e auto-estradas, o que permite aos agricultores transportar rapidamente os seus produtos para o mercado. As explorações agrícolas japonesas são também altamente mecanizadas, o que lhes permite produzir colheitas de elevada qualidade. Para a maioria dos consumidores no Japão, o sistema alimentar é opaco, onde apenas se vêem os belos produtos em exposição, mas não se consegue ver o que se passa por detrás da cortina. Outros benefícios da agricultura japonesa são os seguintes [12-15]:

- *Governo:* O governo japonês tem vindo a apoiar a indústria agrícola com uma série de políticas, procurando várias formas de garantir que o sector está a crescer de forma saudável e sustentável. Apoiou ativamente o sector agrícola através de mecanismos como subsídios para fertilizantes e condições de empréstimo flexíveis. O Governo apoia práticas agrícolas sustentáveis que incluem questões ambientais e promove a agricultura biológica. Envidou igualmente esforços no sentido de integrar novas tecnologias agrícolas para melhorar a eficiência do sector e aumentar a produtividade da terra. Os factores políticos parecem desempenhar um papel mais importante na determinação e aplicação da política governamental no sector agrícola do que em qualquer outro sector no Japão.

- *Agricultura urbana:* A agricultura urbana, também conhecida como agricultura urbana, consiste no cultivo, processamento e distribuição de alimentos em áreas urbanas ou nas suas imediações. O Japão tem sido bem sucedido na sua agricultura urbana. Um terço da produção agrícola do Japão provém da agricultura urbana. À medida que a agricultura urbana ganha força no Japão, apresenta inúmeros benefícios e alguns desafios. A Figura 8.7 mostra uma agricultura urbana típica [14].

Figura 8.7 Uma agricultura urbana típica [14].

- *Disciplina:* Os agricultores japoneses são altamente disciplinados e seleccionam cuidadosamente as culturas que cultivam para garantir a melhor qualidade dos alimentos.

- *Imagem:* O sistema alimentar do Japão distingue-se por uma longa história de distribuição eficiente e eficaz. A imagem dos produtos alimentares japoneses como seguros e protegidos enraizou-se noutros países asiáticos. A cozinha e os produtos alimentares japoneses são reconhecidos em todo o mundo pela sua qualidade e sabor.

- *Drones:* O sector agrícola do Japão está a voltar-se para a tecnologia dos drones à medida que as comunidades agrícolas envelhecem e mais jovens optam por carreiras profissionais. O Ministério da Agricultura planeia utilizar drones para trazer a agricultura para o século XXI e facilitar a vida ao número cada vez menor de pessoas que trabalham a terra. A Figura 8.8 mostra uma utilização típica de drones [15].

Figura 8.8 Uma utilização típica de drones na agricultura japonesa [15].

8.7 DESAFIOS

O sector agrícola não conseguiu atingir o mesmo nível de sucesso alcançado por outras indústrias japonesas, como a indústria automóvel e a alta tecnologia. Devido aos seus elevados custos de produção alimentar e agrícola, o Japão é um mercado altamente competitivo. O país está altamente poluído, o que terá um impacto na qualidade dos alimentos exportados. O Japão proibiu a importação de arroz até 1995. As importações de carne de bovino também foram proibidas. O sector agrícola no Japão tem sido enfraquecido pela dependência dos direitos aduaneiros e por subsídios governamentais ineficazes, que não recompensam as explorações agrícolas pela inovação ou produtividade.

A agricultura japonesa tem sido caracterizada como um sector doente devido a uma série de limitações. Estes incluem a idade dos trabalhadores da produção agrícola, que estão a envelhecer; os elevados custos dos factores de produção importados, como os fertilizantes e as sementes; uma estrutura industrial fragmentada, que inibe a melhoria da produção; elevados custos de distribuição; a rápida diminuição da disponibilidade de terras aráveis; a natureza variável da procura de alimentos; a diminuição do consumo interno; a intensificação da concorrência global; e a diminuição do rendimento agrícola. A menos que sejam tomadas medidas drásticas, é provável que estes desafios se agravem. Outros desafios enfrentados pelo sector agrícola são os seguintes [3,16]:

1. *Escassez de agricultores:* À medida que cada vez mais famílias de agricultores se voltaram para actividades não agrícolas, a população agrícola diminuiu. Nos últimos anos, muitos agricultores têm-se deslocado para as cidades em busca de melhores oportunidades. Este facto conduziu a um declínio do número de agricultores nas zonas rurais. Devido à diminuição do número de agricultores, a

quantidade de terras agrícolas detidas por particulares também diminuiu.

2. *Envelhecimento da população:* Um dos principais inibidores do crescimento do sector agrícola é o envelhecimento da mão de obra com um baixo nível de educação, o subdesenvolvimento do sistema de serviços financeiros rurais e o despovoamento das zonas rurais. Os agricultores japoneses estão a envelhecer e é cada vez mais difícil passar as explorações agrícolas para a geração seguinte. Mais de 70 por cento dos proprietários têm mais de 60 anos e quase 10 por cento das terras agrícolas foram abandonadas. Os filhos abandonaram completamente a agricultura e mudaram-se para as cidades, deixando as comunidades agrícolas desorganizadas e as terras agrícolas abandonadas. A idade média dos agricultores aumentou para 65,8 anos. O número de pessoas que se dedicam à agricultura diminuiu para metade, para 2,6 milhões. Para responder às necessidades de uma população envelhecida, serão necessárias novas culturas.

3. *Diminuição do número de explorações agrícolas:* O sector agrícola do Japão está em declínio há muitos anos. O número de explorações agrícolas comerciais diminuiu de 1,1 milhões em 1990 para pouco mais de 1.000 atualmente. Isto deve-se ao número decrescente de novas explorações agrícolas que estão a ser estabelecidas e ao número decrescente de agricultores que podem continuar a operar as suas empresas. O aumento dos custos da terra é outra razão para o declínio, tornando mais difícil a competitividade das pequenas empresas. Em consequência do elevado preço das terras agrícolas no Japão, muitos agricultores abandonaram o mercado. Para manter as empresas japonesas competitivas em relação às empresas estrangeiras, o governo deve apoiar o sector agrícola. Devem ser implementados mais regulamentos sobre a propriedade da terra e deve ser prestada assistência governamental às empresas em dificuldades.

4. *Subsídios:* O programa de subsídios é uma das principais reformas agrícolas necessárias para que o Japão possa tornar o seu sector agrícola mais eficiente e produtivo. Tendo em conta o declínio do número de agricultores no Japão, os novos agricultores são subsidiados. A partir do exercício financeiro de 2022, é concedido aos novos agricultores um empréstimo sem juros até 10 milhões de ienes. O dinheiro deve ser investido em instalações e maquinaria. São concedidos subsídios aos agricultores que adoptem medidas amigas do ambiente. O governo japonês também concede subsídios àqueles cujo trabalho recorra a qualquer agricultura inteligente que utilize tecnologias avançadas, incluindo robots, IA, Internet das coisas (IoT) e drones. O problema do regime de subsídios é que não são concedidas compensações de rendimento aos agricultores que se recusam a cumprir a política governamental de redução da área cultivada. Os pagamentos directos aos agricultores ajudariam a reduzir os direitos aduaneiros sobre as importações agrícolas. O sistema tem sido frequentemente utilizado de forma abusiva por alguns agricultores que tentam obter a devolução das suas terras arrendadas com o objetivo de receberem dinheiro de compensação. Alguns agricultores estão a ganhar a vida com o arrendamento de terras a essas pessoas.

5. *Reformas:* Os responsáveis pela política agrícola sentem-se frustrados por

objectivos contraditórios e difíceis de resolver. Ao mesmo tempo que faz reformas para preservar a agricultura nacional, o governo também tem de aumentar a taxa de autossuficiência alimentar do país e a competitividade internacional das suas explorações agrícolas. As reformas propostas pelo Ministério da Economia, Comércio e Indústria (METI) incluem a melhor utilização dos conhecimentos especializados que o ministério adquiriu na promoção de pequenas e médias empresas. O ministério também acredita na redução do custo dos fertilizantes e das máquinas agrícolas. No passado, o Japão manteve os preços do arroz reduzindo a capacidade produtiva dos agricultores através da redução da área cultivada. Atualmente, o país precisa de mudar a sua política de administração agrícola para uma que concentre o apoio nas famílias de agricultores que serão a força motriz da agricultura no futuro.

O governo japonês também quer liberalizar o mercado agrícola para facilitar a celebração de acordos de parceria económica (APE) ou acordos de comércio livre.

6. *Consolidação:* Cada vez mais, as grandes empresas gerem grandes explorações agrícolas. A quantidade de área cultivada tem um grande impacto na rentabilidade da cultura do arroz. O rendimento agrícola aumenta com a consolidação das terras. Em fevereiro de 2011, o METI elaborou um pacote de medidas para aumentar a produção agrícola e manter os custos baixos através da consolidação das terras agrícolas. O governo deve considerar formas de proporcionar uma melhor compensação proporcional à dimensão da exploração e dar uma vantagem aos agricultores com experiência em operações agrícolas em grande escala.

7. *Clima:* O clima é uma das coisas que se deve ter em conta quando se pretende fazer agricultura no Japão. O Japão é um país temperado com quatro estações distintas, que proporcionam amplas oportunidades para o cultivo de uma variedade de culturas. O clima no Japão é ideal para a agricultura. A agricultura japonesa tem provado ser adaptável a ambientes em mudança para ter sucesso.

8. *Segurança alimentar:* Esta tem sido uma das principais preocupações dos consumidores japoneses, especialmente no que respeita a produtos agrícolas como cereais, carne, legumes e marisco. Os escândalos recentes diminuíram um pouco a confiança dos consumidores na segurança alimentar e, em resposta, o governo introduziu regulamentos para melhorar a segurança alimentar e reforçar a monitorização da qualidade. Por exemplo, a China exige que o arroz estrangeiro seja esterilizado em instalações de fumigação antes de ser expedido. Muitos países proibiram as importações de alimentos japoneses após o acidente nuclear de Fukushima em 2011.

9. *Segurança alimentar:* O Japão é motivado, em parte, por preocupações com a segurança alimentar e pelas recordações da escassez de alimentos durante a Segunda Guerra Mundial e no seu rescaldo. O governo japonês faz um esforço concertado para proporcionar mais rendimentos aos agricultores e garantir uma melhor segurança alimentar para a nação. As alterações climáticas já estão a ter um impacto significativo na agricultura do arroz e podem constituir uma ameaça para a segurança alimentar nacional. Apesar dos elevados níveis de proteção e

apoio, a taxa de autossuficiência do Japão tem vindo a diminuir. O governo está a reduzir gradualmente o seu envolvimento na formação dos preços dos produtos agrícolas.

10. *Leis complexas:* Um dos principais problemas que a agricultura japonesa enfrenta tem a ver com as leis e regulamentos complicados que, muitas vezes, desencorajam as pessoas de experimentar este tipo de negócio. Quando é necessário novo capital, um agricultor pode ter de passar por um processo de aprovação complicado.

A figura 8.9 apresenta alguns destes desafios.

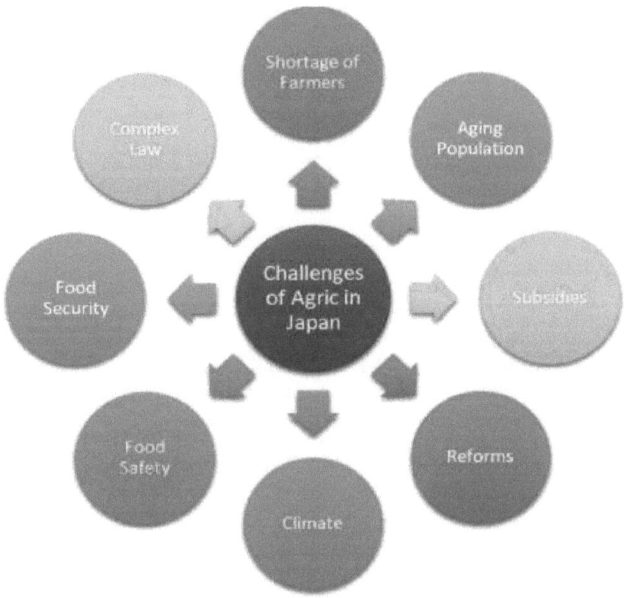

Figura 8.9 Desafios da agricultura no Japão.

8.8 CONCLUSÃO

Os sectores da agricultura, do comércio e da indústria combinaram com êxito os seus pontos fortes e desenvolveram esforços coordenados para impulsionar os negócios. A agricultura japonesa tem estado em declínio nos últimos 20 anos. A procura de arroz em casca está a diminuir e a indústria está a ser espremida por outras culturas. O Governo japonês não está a fazer o suficiente para proteger a produção nacional de arroz. Apesar do declínio dos produtores de arroz no Japão, ainda há muitos sítios onde se podem ver campos de arroz e apreciar o sabor tradicional do arroz. Os produtores de arroz dependem em grande medida dos subsídios governamentais. Para ajudar os agricultores a obter um retorno razoável

do seu investimento, têm de receber estes subsídios. No Japão, os agricultores dedicam-se frequentemente à agricultura como trabalho secundário ou como atividade de reforma.
Como resultado do envelhecimento da população, da diminuição do tamanho das famílias, do aumento da participação das mulheres na força de trabalho e do declínio das taxas de casamento, as pessoas no Japão têm menos probabilidade de preparar refeições em casa. O número de famílias de agricultores comerciais está a diminuir. É provável que esta tendência se mantenha, uma vez que os preços das terras agrícolas continuam a subir e o número de novas explorações agrícolas começa a diminuir. Já está em vigor um programa de formação técnica aprovado pelo governo para permitir que os trabalhadores estrangeiros colham colheitas e executem outros trabalhos nas explorações agrícolas japonesas.

Ao disponibilizar mais recursos financeiros aos produtores e exportadores de produtos agrícolas e alimentares, o governo japonês pretende expandir as exportações agrícolas. O governo está a negociar com outros países para eliminar ou flexibilizar as barreiras comerciais e os regulamentos relativos aos produtos agrícolas. A agricultura no Japão está a sofrer grandes alterações devido a tecnologias emergentes como a IoT e a IA. Estas tecnologias irão resolver o problema da escassez de água na agricultura e ajudar a aumentar o valor da agricultura. Ajudarão a tornar a agricultura sustentável para as próximas gerações. Para mais informações sobre a agricultura no Japão, consultar os livros em [17-36].

REFERÊNCIAS

[1] M. N. O. Sadiku e J. O. Sadiku, *Traditional Foods Around the World.* Moldova, Europa: Lambert Academic Publishing, 2023, p. 82.

[2] "Mapa do Japão", agosto de 2017,

https://www.guideoftheworld.com/map-of-japan.html

[3] "Mapa agrícola do Japão,"

https://maps-japan.com/maps-japan-geography/japan-agriculture-map

[4] "A agricultura no Japão: O clima, a terra e as infra-estruturas".

https://visit-nagasaki.com/farming-in-japan-the-climate-land-and-infrastructure/

[5] "Agricultura no Império do Japão", *Wikipédia,* a enciclopédia livre

https://en.wikipedia.org/wiki/Agriculture_in_the_Empire_of_Japan

[6] T. Hirano e T. Nasu, "Agricultural law in Japan: Overview", março de 2023,

https://content.next.westlaw.com/practical-law/document/I325df90fddf611e498db8b09b4f043e0/Agricultural-law-in-Japan-overview?viewType=FullText&contextData=%28sc.Default%29&transitionType=Default

[7] N. L. Freiner, "Japan agriculture (JA): The role of the agricultural

cooperative", em *Rice and Agricultural Policies in Japan.* Palgrave Macmillan, 2019.

[8] M. N. O. Sadiku, O. D. Olaleye, e J. O. Sadiku, "Agriculture in Japan," *International Journal of Trend in Research and Development,* vol. 11, n.º 1, janeiro-fevereiro, 2024, pp. 171176.

[9] "A cadeia alimentar: Agricultura japonesa - Da exploração agrícola ao supermercado", abril de 2019, https://hackerfarm.jp/2019/04/the-food-chain-japanese-agriculture-from-farm-to-supermarket/

[10]
https://www.bing.com/images/search?view=detailV2&ccid=0lKOSmnM&id=F57 9E017911187 B0E77991B8D41418AC 1DD11D7E&thid=OIP.0lKOSmnMa4_PD-2dwwpR1QHaEK&mediaurl=https%3a%2f%2fi.ytimg.com%2fvi%2fNblTWvwz Gn4%2fmaxre sdefault.jpg&cdnurl=https%3a%2f%2fth.bing.com%2fth%2fid%2fR.d2528e4a69 cc6b8fcf0fed9 dc30a51d5%3frik%3dfh3RHawYFNS4kQ%26pid%3dImgRaw%26r%3d0&exph =720&expw=1 280&q=images+of+rice+farm+in+japan&simid=608010659267740676&FORM= IRPRST&ck= 9867D1008347881A845A8A001E1DFF73&selectedIndex=1&itb=0&qpvt=imag es+of+rice+far m+in+japan&ajaxhist=0&ajaxserp=0

[10] W. W. Kelley, "Porque é que a agricultura japonesa é culturalmente central e economicamente marginal? Rice revolutions and farm families in a Tohoku region", *The Asia-Pacific Journal,* vol. 5, n.º 6, junho de 2007.

[11] "Tendências, estatísticas, crescimento e previsões do mercado agrícola do Japão,"

https://www.globalmonitor.us/product/japan-agriculture-market

[12] "Agricultura urbana japonesa,"

https://www.tokyotimes.org/urban-japanese-farming/

[13] L. Clavecilla, "Urban farming in Japan: Types, benefits, challenges and how to start," https://www.smejapan.com/business-news/urban-farming-in-japan-types-benefits-challenges- and-how-to-start/

[15]
https://images.search.yahoo.com/yhs/search;_ylt=Awrijzx6fxlmFoMIpcQ2nIlQ;_ ylu=c2VjA3Nl YXJjaARzbGsDYnV0dG9u;_ylc=X1MDMTM1MTE5NTcwMgRfcgMyBGZyA 3locy1mYy0z OTcxBGZyMgNwOnMsdjppLG06c2ItdG9wBGdwcmlkA3FKa3F5eDlvVHUyV

VV9aZ3RFSUtD
SUEEbl9yc2x0AzAEbl9zdWdnAzAEb3JpZ2luA2ltYWdlcy5zZWFyY2gueWFo
b28uY29tBHB
vcwMwBHBxc3RyAwRwcXN0cmwDMARxc3RybAM0MARxdWVyeQNpbW
FnZXMlMjBvZ
iUyMGRyb25lcyUyMGluJTIwYWdyaWN1bHR1cmUlMjBpbiUyMEphcGFuBH
Rfc3RtcAMx
NzEyOTQ3MTQx?p=images+of+drones+in+agriculture+in+Japan&fr=yhs-fc-
3971&fr2=p%3As%2Cv%3Ai%2Cm%3Asb-top&ei=UTF-
8&x=wrt&type=fc_AC5AE6A96A2_s69_g_e_d_n0002_c999&hsimp=yhs-
3971&hspart=fc&param1=7&param2=eJwti8sKgzAQRX9llgoSJyZGglu%2FoFt
xkWqqIdGIDy
z9%2Bo6lzOKeey4zuqGtu0fDEUWlZZt1C3VELAjviaKn0FoTufWHTArGlWC
6IjfaSPLcCU9
DNMePC8HkJUNILrcM8dphOYAjwxpIKFnDW8kUzLoGe9mnd0deiooJBYmfjl
kEJy3MNrex
xT6aYuzzXkhGN4Hu3mZzf1fvtqTObg%3D#id=13&iurl=https%3A%2F%2Fww
w.outstandingd rone.com%2Fwp-
content%2Fuploads%2F2018%2F05%2Fshutterstock_694175725.jpg&action=cli
ck

[14] "Agricultura, silvicultura e pesca no Japão", *Wikipédia,* a enciclopédia livre

https://en.wikipedia.org/wiki/Agriculture,_forestry,_and_fishing_in_Japan

[15] A. G. Mulgan, *The Politics of Agriculture in Japan.* Routledge, 2013.

[16] F. H. King, *Farmers of Forty Centuries; Or, Permanent Agriculture in China, Korea and Japan.* Harcourt, 1911.

[17] C. Van der Meer e S. Yamada, *Japanese Agriculture: A Comparative Economic Analysis.* Routledge, 2005.

[18] C. Verschuer e W. Cobcroft, *Rice, Agriculture, and the Food Supply in Premodern Japan.* Routledge, 2016.

[19] R. H. Moore, *Japanese Agriculture: Patterns of Rural Development.* Westview Press, Inc., 1990.

[20] Y. Hayami, *Japanese Agriculture Under Siege.* Springer, 1988.

[21] C. P. Clausen, *Insects Injurious to Agriculture in Japan.* Departamento de Agricultura dos EUA, 1931.

[22] R. J. Smethurst, *Agricultural Development and Tenancy Disputes in Japan, 1870-1940.* Princeton University Press, 2014.

[23] J. J. Rein, *The Industries of Japan: Together With An Account of Its Agriculture, Forestry, Arts and Commerce.* Routledge, 2016.

[24] J. Boestel, P. Francks e C. H. Kim, *Agriculture and Economic Development in East Asia: From Growth to Protectionism in Japan, Korea and Taiwan.* Routledge, 2013.

[25] A. D. Sheingate, *The Rise of the Agricultural Welfare State: Institutions and Interest Group Power in* the United States, France, and Japan. Princeton University Press, 2000.

[26] E. N. Castle, K. Hemmi e S. A. Skillings, *U.S.-Japanese Agricultural Trade Relations*. Londres, Reino Unido: Routledge, 1982.

[27] A. G. Mulgan, *The Politics of Agriculture in Japan.* Taylor & Francis, 2013.

[28] A. G. Mulgan, *Japan's Agricultural Policy Regime.* Taylor & Francis, 2012.

[29] T. Kawagoe, *Agricultural Land Reform in Postwar Japan: Experiences and Issues.* Banco Mundial, 1999.

[30] Y. Godo, *The Puzzle of Small Farming in Japan.* Centro de Investigação Austrália-Japão, 2007.

[31] Y. Hayami e S. Yamada, *The Agricultural Development of Japan: A Century's Perspective.* University of Tokyo Press, 1991.

[32] K. Ohkawa, B. F. Johnston e H. Kaneda, *Agriculture and Economic Growth: Japan's Experience.* Princeton University Press, 2015.

[33] P. Francks, *Technology and Agricultural Development in Pre-War Japan.* Yale University Press, 1984.

[34] J. I. Nakamura, *Agricultural Production and the Economic Development of Japan, 18731922.* Princeton University Press, 2015.

CAPÍTULO 9 : AGRICULTURA NA NIGÉRIA

"Uma pessoa saudável que implora por comida é um insulto para um agricultor generoso." - Provérbio africano

9.1 INTRODUÇÃO

A República Federal da Nigéria é o país mais populoso de África. Situa-se totalmente nos trópicos, ao longo do Golfo da Guiné, na costa ocidental de África, sendo o seu mapa apresentado na Figura 9.1 [1].

Figura 9.1 O mapa da Nigéria [1].

A Nigéria situa-se entre as longitudes 2° 49' E e 14° 37' E e as latitudes 4° 16' N e 13° 52' Norte do Equador. Faz fronteira com o Níger a norte, com o Chade a nordeste, com os Camarões a leste, com o oceano Atlântico a sul e com o Benim a oeste. A Nigéria é uma república federal, dividida em 36 estados e no território da sua capital. Existem mais de 250 grupos étnicos na Nigéria, incluindo os Hausa, os Fulani, os Yoruba e os Igbo. A sua população é enorme, com mais de 200 milhões de habitantes. O clima é tropical, caracterizado por temperaturas e humidade elevadas, bem como por estações húmidas e secas bem marcadas.

É impossível exagerar a importância da agricultura na Nigéria e em todo o mundo. A Nigéria tem uma superfície agrícola total de 70,8 milhões de hectares, dos quais 34 milhões de hectares são terras aráveis. Os produtos agrícolas do país dividem-se em duas categorias principais: culturas alimentares produzidas para consumo interno e culturas de rendimento vendidas com fins lucrativos e exportadas para o estrangeiro. A Nigéria está classificada em sete zonas agroecológicas principais, que incluem a Floresta Húmida, a Savana Derivada, a

Savana do Sul da Guiné, a Savana do Norte da Guiné, a Savana do Sudão, a Savana do Sahel e a Altitude Média. O mapa da Nigéria que mostra os produtos agrícolas é apresentado na Figura 9.2 [2].

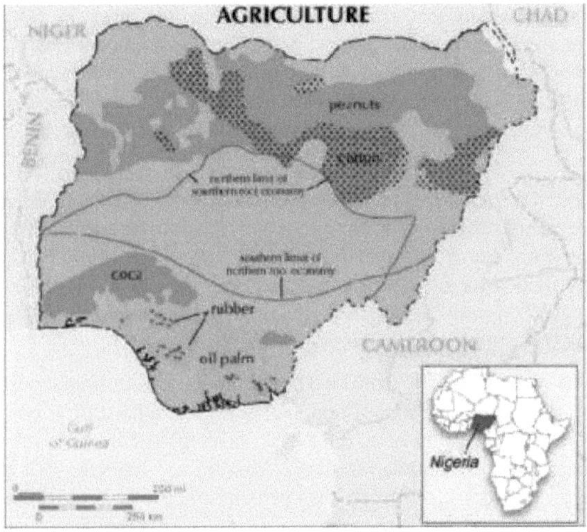

Figura 9.2 Mapa da Nigéria com os produtos agrícolas [2].

A batalha pelo crescimento económico a longo prazo é ganha ou perdida no sector agrícola. A Nigéria depende fortemente das importações para colmatar os défices da sua produção alimentar e agrícola. Importa principalmente trigo, arroz, aves de capoeira, peixe, serviços alimentares e alimentos orientados para o consumidor da Europa, Ásia, Estados Unidos, América do Sul e África do Sul. As principais importações americanas de produtos agrícolas originários da Nigéria incluem cacau, chá/produtos à base de plantas, rações e forragens, castanhas de caju/árvores, especiarias e marisco. O marisco congelado é a fonte de proteínas animais mais acessível para os nigerianos e o seu consumo está a aumentar. A cavala, o arenque e a corvina são as principais espécies consumidas.

O petróleo é amplamente reconhecido como o pilar da economia da Nigéria. A agricultura na Nigéria continua a ser um sector de valor inestimável, cuja contribuição para o rendimento nacional não pode ser negligenciada. Durante muitos anos, a agricultura contribuiu mais para o Produto Interno Bruto (PIB) da Nigéria do que o petróleo, apesar de este último representar cerca de 80% das receitas anuais de exportação do país.

Este capítulo apresenta ao leitor a prática da agricultura na Nigéria. Começa por discutir as diferentes formas de agricultura na Nigéria. Apresenta uma breve história da agricultura na Nigéria. Aborda as formas tradicionais e modernas de agricultura na Nigéria. Apresenta vários produtos agrícolas na Nigéria. Destaca os benefícios e os desafios da agricultura na Nigéria. A última secção conclui com comentários.

9.2 FORMAS DE AGRICULTURA

A agricultura é considerada como a arte ou ciência de cultivar o solo para a produção de culturas e criação de animais para consumo humano. Pode ser dividida em categorias baseadas no tipo de cultura plantada, na escala de cultivo, na intensidade do cultivo, no nível de mecanização e nas combinações de animais. O clima tropical da Nigéria é perfeito para diferentes formas de agricultura. Na Nigéria, praticam-se várias formas de agricultura. Estas incluem as seguintes [3,4]:

1. *Agricultura:* Tem a ver com a plantação, tratamento e colheita de culturas para uso humano e industrial. O milho, a mandioca, o milho-da-índia, o feijão e o inhame são as principais culturas cultivadas na Nigéria, com 70% dos agregados familiares envolvidos na agricultura. As culturas e o gado são sempre considerados em conjunto devido à tendência da maioria dos agricultores para praticar simultaneamente a agricultura e a criação de gado.

2. *Agricultura de subsistência:* Esta é a forma de agricultura mais comum na Nigéria, especialmente nas zonas rurais. Neste tipo de agricultura, os indivíduos ou as famílias cultivam culturas e criam gado principalmente para se alimentarem a si próprios e à sua comunidade imediata. Atualmente, mais de 70% dos nigerianos dedicam-se à agricultura, mas principalmente ao nível da subsistência.

3. *Agricultura itinerante:* Esta atividade agrícola envolve a utilização de uma porção de terra limpa durante um mínimo de três a cinco anos até que esta perca a sua fertilidade. Durante esse período, os agricultores abandonam a porção para um período de pousio e avançam para uma porção diferente de terra para cultivo.

4. *Agricultura comercial:* Trata-se da produção em grande escala de culturas e gado com fins lucrativos. Esta forma de agricultura está a ganhar força na Nigéria, com investidores e empresas agrícolas a modernizarem as técnicas e práticas agrícolas.

5. *Agricultura de plantação:* Pode até ser chamada de agricultura de culturas arbóreas ou agricultura industrializada. Este tipo de agricultura é praticado em grandes áreas agrícolas. Algumas plantas comerciais cultivadas nestas terras incluem o chá, a borracha, o café, o coco, o cacau, as uvas, as maçãs, as especiarias, as laranjas, o abacate, as mangas, a banana-da-terra, o óleo vegetal, etc. Por exemplo, a plantação de plátanos permite várias receitas alimentares, incluindo batatas fritas de plátanos, plátanos assados, farinha de plátanos e outros pratos locais. A banana-da-terra tem um preço elevado na Nigéria e é sempre muito procurada durante todo o ano.

7. *Criação de gado:* É o ato de criar animais. Alguns agricultores concentram-se sobretudo na criação de animais. A produção de gado é uma parte importante do sistema agrícola da Nigéria. As práticas de pastoreio de animais (pastoreio nómada tradicional) na Nigéria mudaram devido ao crescimento da população, à urbanização e à mudança das práticas agrícolas. A Figura 9.3 mostra uma exploração pecuária típica na Nigéria [5].

Figura 9.3 Uma criação de gado típica na Nigéria [5].

8. *Pastoreio nómada:* Este pode ser um tipo de agricultura que se centra na criação de animais. Implica a manutenção e o pastoreio de animais em pastagens naturais. Os nómadas deslocam-se com os seus animais de um lugar para outro em busca de água e de pastagens verdes para os animais, que incluem ovelhas, gado, burros, camelos, cabras e cavalos.

9. *Horticultura:* Esta atividade centra-se no cultivo de frutas, legumes e plantas ornamentais. O clima diversificado da Nigéria permite a produção durante todo o ano de uma vasta gama de culturas hortícolas, incluindo tomates, pimentos, cebolas e citrinos.

10. *Apicultura:* Também conhecida como apicultura. É a prática de criar e manter abelhas para delas extrair mel, cera de abelha e outros produtos em grandes quantidades.

11. *Pesca: Trata-se* da captura de animais que vivem na água (animais aquáticos) e da sua conservação até atingirem a maturidade total antes de serem vendidos para gerar rendimentos como agricultor. A Nigéria é o maior consumidor de peixe em África e está entre os maiores consumidores de peixe do mundo. Alguns pescadores são mostrados na figura 9.4 [4].

Figura 9.4 Alguns pescadores [4].

12. *Criação de caracóis:* Esta prática é também conhecida como helicultura. É a prática agrícola em crescimento na Nigéria. Envolve a criação e gestão controladas de caracóis, para consumo e produção comercial.

9.3 BREVE HISTÓRIA DA AGRICULTURA NIGERIANA

A história da agricultura na Nigéria é tão significativa que a bandeira nacional apresenta uma cor verde que representa as vastas potencialidades agrícolas do país [6]. A história está entrelaçada com a sua história política. A Nigéria é um país anteriormente agrário que, no passado, fornecia muitos produtos agrícolas ao mercado mundial e se abastecia de alimentos. A agricultura desempenhou um papel importante na condução do crescimento económico da Nigéria antes da descoberta do petróleo bruto em 1956. Antes da era pré-colonial, a agricultura de subsistência era amplamente praticada. A produção alimentar destinava-se principalmente à autossuficiência e ao consumo. Eram cultivadas várias culturas, incluindo feijão, arroz, sésamo, castanha de caju, mandioca, amendoim, milho, cacau, goma acácia, noz de cola, milho, melão, arroz, painço, palmiste, óleo de palma, banana, borracha, sorgo, soja, banana e inhame. O período da administração colonial na Nigéria, 1861-1960, foi pontuado por uma atenção ad hoc ao desenvolvimento agrícola. As realizações do período incluem o cultivo de arroz em Sokoto, o cultivo de trigo nas províncias do norte, unidades de compra de leite em Jos Plateau à escala comercial e a expansão da produção de culturas de exportação como o cacau, o óleo de palma e o amendoim. O país tinha as pirâmides de amendoim no Norte, especialmente no estado de Kano.

O pós-1960 foi um período de planeamento extensivo e de concorrência regional na agricultura. A história agrícola do país entrou numa nova fase de modificação das práticas tradicionais, tendo em conta a incapacidade da produção alimentar para satisfazer as necessidades da população em crescimento. Antes de meados da década de 1960, foi criado um Ministério Federal da Agricultura e dos Recursos Naturais. O papel da educação no desenvolvimento da agricultura na Nigéria ganhou destaque nesta fase. Entre 1962 e 1968, a principal fonte de divisas eram as culturas de exportação. A região ocidental produzia cacau, o que fez da Nigéria um dos maiores exportadores de cacau da altura. O edifício mais alto da Nigéria nessa altura, a Casa do Cacau em Ibadan, foi construído com as receitas do comércio do cacau. O desenvolvimento da agricultura no final da década de 1960 e início da década de 1970 foi fortemente influenciado pela guerra civil (1967-1970), quando as despesas militares excederam significativamente o montante do financiamento canalizado para o sector agrícola. Após a descoberta do petróleo, o governo negligenciou o sector agrícola porque o petróleo é considerado um recurso mais viável para o crescimento económico. Este facto rapidamente polarizou o país em grupos de rendimento alto e baixo.

9.4 AGRICULTURA TRADICIONAL

A agricultura é a plantação e a criação de animais para fins alimentares e monetários. A agricultura continua a ser um dos pilares da economia da Nigéria, empregando 70% da mão de obra do país. É o segundo ramo de atividade mais rentável. Tem um grande potencial para criar oportunidades de emprego, tanto para os empregadores como para os trabalhadores, e para gerar rendimentos suficientes. A agricultura também desempenha um papel importante na atividade de exportação no país, uma vez que os produtos agrícolas são normalmente exportados por estrangeiros. O sector agrícola inclui quatro subsectores: produção vegetal, pecuária, silvicultura e pesca. A Nigéria tem 70,8 milhões de hectares de área agrícola, sendo as principais culturas o milho, a mandioca, o milho-da-índia, o inhame, o feijão, o painço e o arroz. A agricultura nigeriana é essencialmente de sequeiro e caracteriza-se por uma baixa produtividade, baixa tecnologia e elevada intensidade de mão de obra [7]. Os produtos agrícolas são produzidos, transformados, promovidos e distribuídos.

Inicialmente, a maioria dos agricultores nigerianos dedica-se apenas à agricultura de subsistência para fornecer alimentos à sua família, enquanto muito pouco é disponibilizado para venda. O solo nigeriano e as condições climáticas são muito adequados para a produção de várias culturas, incluindo inhame, milho, painço, sorgo, feijão, batata, arroz, cebola, lixo, cenoura, pera, cacau, inhame de cacau, quiabo, legumes e muitos outros. Como se pode ver na Figura 9.5, a maioria dos agricultores nigerianos utiliza simplesmente o trabalho manual, juntamente com o uso de enxadas e cutelos, uma vez que o custo de funcionamento de máquinas com fontes alternativas de energia é muito caro [8]. O principal sistema de cultivo continua a ser a agricultura itinerante. Este sistema consome muito tempo e reduz a eficiência.

Figura 9.5 A agricultura tradicional nigeriana utiliza o trabalho manual [6].

9.5 AGRICULTURA MODERNA

A Nigéria é abençoada com recursos terrestres abundantes. As suas terras agrícolas têm uma grande vantagem em termos de aumento da produtividade agrícola e de crescimento do emprego na economia. A agricultura é um importante sector económico nigeriano, representando até 35% do emprego total em 2020. Pode ser considerado como a espinha dorsal da economia da Nigéria, proporcionando meios de subsistência a milhões de pessoas e contribuindo significativamente para o PIB do país. A agricultura na Nigéria está a sofrer uma transformação através da comercialização a nível das pequenas, médias e grandes empresas. No entanto, existem vários desafios que podem impedir o seu crescimento. A ciência está a evoluir e a Nigéria precisa de acordar, uma vez que a necessidade de alimentar a sua população crescente já atingiu o seu estado crítico de urgência.

O sector agrícola melhorou muito nos últimos anos devido ao advento da tecnologia e de outras infra-estruturas necessárias. Em muitas grandes explorações agrícolas, é utilizada tecnologia moderna - incluindo pesticidas e fertilizantes - numa tentativa de aumentar o rendimento das culturas e a eficácia agrícola [9]. A figura 9.6 mostra uma agricultura mecanizada típica na Nigéria [10].

Figura 9.6 Agricultura mecanizada na Nigéria [10].

O sector agrícola é considerado como um motor que contribui para o crescimento da economia global da Nigéria. Apesar destes esforços, o sector continua a caraterizar-se por baixos rendimentos, baixo nível de insumos e áreas limitadas de cultivo devido à dependência do governo de uma economia monocultural baseada no petróleo. A agricultura moderna na Nigéria não garante a segurança alimentar do país. Os produtores agrícolas locais não conseguem satisfazer a procura da população em constante crescimento do país. Atualmente, a Nigéria dispõe de recursos abundantes para uma agricultura bem sucedida. Tem uma população numerosa (mais de 200 milhões de pessoas), 36% da qual se dedica à produção agrícola. No entanto, apesar da riqueza dos recursos, a segurança alimentar no país é muito baixa. A produção vegetal continua a desempenhar o papel principal na estrutura da produção agrícola na Nigéria [11].

9.6 PRODUTOS AGRÍCOLAS

O gabinete governamental responsável pelo desenvolvimento e transformação da agricultura na Nigéria é atualmente o Ministério Federal da Agricultura e do Desenvolvimento Rural (FMARD). O seu principal objetivo é posicionar a agricultura como um negócio rentável, integrar a cadeia de valor agrícola, estabelecer a agricultura como um dos principais motores do crescimento económico da Nigéria e garantir a segurança alimentar nas culturas, na pecuária e nas pescas. A Nigéria é líder em vários tipos de produção agrícola. Entre os produtos agrícolas mais populares da Nigéria contam-se os seguintes [12,13]:

- *Arroz:* A Nigéria é o maior produtor de arroz de África e está entre os 15 maiores produtores mundiais. Continua a ser um dos maiores mercados mundiais de arroz parboilizado. A casca e o farelo do arroz parboilizado são removidos para dar origem ao grão branco no sudeste da Nigéria. A Dangote Rice Industries iniciou a construção da sua principal fábrica de arroz no Estado de Jigawa em 2021. O arroz tailandês e indiano (variedades de grão longo) domina as importações. O Governo Federal da

Nigéria também fechou as suas fronteiras terrestres para reduzir as importações de arroz e incentivar a produção local. O arroz é um dos produtos enumerados na lista do Banco Central da Nigéria (CBN) como não elegíveis para divisas estrangeiras.

- *Cacau:* O cacau é a maior divisa estrangeira não-petrolífera, mas o predomínio de pequenos proprietários e a falta de mão de obra agrícola devido à urbanização atrasam a produção. A Nigéria deixou de ser o segundo maior produtor de sementes de cacau e passou a ser o quarto, ultrapassada pela Costa do Marfim, Gana e Indonésia.
- *Borracha:* É a segunda maior fonte de divisas não petrolíferas. É cultivada em vários estados da Nigéria, incluindo Edo, Delta, Ondo, Ogun, Abia, Anambra, Akwa Ibom, Ebonyi e Bayelsa.
- *Óleo de palma:* A indústria do óleo de palma constitui outro sector da economia nigeriana, fornecendo alimentos e matérias-primas para a indústria alimentar, cosmética, farmacêutica, de plásticos e de medicamentos. No início dos anos 60, a Nigéria era o maior produtor mundial de óleo de palma, com uma quota de mercado global de 43%, à frente da Malásia e da Indonésia. Atualmente, é o quinto maior produtor.
- *Mandioca:* A Nigéria é o primeiro produtor mundial de mandioca. A cultura da mandioca assumiu um papel central na Nigéria e contribui com mais de 45% do PIB agrícola nigeriano. A Nigéria é responsável por cerca de 20% da produção mundial de mandioca, o que faz do país o maior produtor mundial desta cultura. A cultura é cultivada durante todo o ano devido à sua excecional capacidade de adaptação às alterações climáticas. A produção de mandioca domina a parte sul do país. Os principais estados da Nigéria que produzem mandioca são Anambra, Delta, Edo, Benue, Cross River, Imo, Oyo, Ogun e Rivers. A figura 9.7 mostra agricultores a colher mandioca [14].

Figura 9.7 Agricultores a colher mandioca [14].

- *Inhame:* A Nigéria é também o maior produtor mundial de inhame, sendo responsável por mais de 70% da produção mundial de inhame.

9.7 BENEFÍCIOS

Nos últimos tempos, a agricultura tem provado ser o sector que mais contribui para o crescimento económico da Nigéria. Os benefícios do sector agrícola para a economia da Nigéria incluem o fornecimento de alimentos, a contribuição para o PIB, a criação de emprego, o fornecimento de matérias-primas para o sector transformador e a geração de receitas estrangeiras. A agricultura na Nigéria desempenha um papel muito significativo na unificação das muitas tribos da Nigéria através da interdependência dos produtos agrícolas. Por exemplo, o sul da Nigéria produz óleo de palma e frutas, enquanto o norte se especializa na produção de feijão e legumes, como cenouras, cebolas, carne de vaca e produtos lácteos. As actividades agrícolas ajudam a proteger o ambiente.

Outros benefícios incluem os seguintes [6,15]:

1. *Benefícios económicos:* A agricultura está no centro da economia nigeriana, constituindo a principal fonte de subsistência e de rendimento para a maioria dos nigerianos. Nos últimos tempos, tem provado ser o contribuinte mais valioso para o crescimento económico da Nigéria. O sector agrícola na Nigéria emprega cerca de 70% de toda a força de trabalho do país. O sector agrícola foi recomendado como o melhor sector para investimento na economia nigeriana.

2. *Procura de alimentos:* Entre as necessidades básicas do homem, a alimentação ocupa o primeiro lugar. Para o homem, a agricultura é tão importante como a vida e tão antiga como a civilização. Desde a produção de alimentos até ao fornecimento de matérias-primas, a agricultura assume sempre a liderança no que respeita à maior contribuição para a existência humana. Atualmente, na Nigéria, a agricultura ocupa o primeiro lugar desta lista devido à crise alimentar que se faz sentir em todo o mundo. Praticamente todos os ramos da agricultura, incluindo a horticultura, a pecuária, a pesca e a silvicultura, exigem uma grande procura de produtos alimentares, produtos lácteos e matérias-primas. A população da Nigéria está a crescer a um ritmo acelerado e a procura de alimentos está a aumentar em conformidade. O país tem as condições necessárias para aumentar a produção alimentar em termos de clima, solo, pluviosidade e topografia.

3. *Exportação:* Os países da Europa, Ásia e Estados Unidos têm uma grande procura de matérias-primas como madeira, colheitas, peles de animais, borracha, etc. para apoiar a sua indústria transformadora. A Nigéria é o principal fornecedor de algumas das matérias-primas mais importantes do mundo. Os produtos exportáveis na Nigéria, como a madeira, a borracha, o cacau, o etanol e muitos outros, são todos produtos da indústria agrícola da Nigéria. O clima diversificado da Nigéria torna possível produzir praticamente todos os produtos agrícolas que podem ser cultivados nas zonas tropicais do mundo.

4. *Divisas:* A agricultura é a segunda maior fonte de divisas estrangeiras para o país, a seguir ao petróleo. A agricultura ajuda o país a trocar os seus produtos agrícolas, como o cacau, o óleo de palma, o palmiste, as peles de animais, etc., por produtos estrangeiros trazidos para o país.

5. *Emprego dos jovens:* A Nigéria tem atualmente uma elevada taxa de desemprego juvenil. O país pode reduzir o desemprego juvenil através da agricultura. A Organização das Nações Unidas para a Alimentação e a Agricultura (FAO) promove tecnologias da informação e da comunicação adaptadas aos jovens para a gestão e divulgação de conhecimentos. Incentiva programas de formação em competências para a vida para jovens empresários agrícolas. A figura 9.8 mostra os jovens a trabalhar numa exploração agrícola [16].

Figura 9.8 Jovens a trabalhar na quinta [16].

6. *Agricultura de precisão:* A terceira vaga de revoluções agrícolas modernas depende em grande medida do avanço da agricultura de precisão. A primeira revolução na agricultura foi o aumento da
da agricultura mecanizada que se estendeu entre 1900 e 1930, com a Nigéria a debater-se com ela até agora. No entanto, continua a ser desolador ouvir que a Nigéria ainda está a lutar para recuperar o atraso, tal como aconteceu com a era da agricultura mecanizada. As tecnologias emergentes na agricultura de precisão incluem robots, drones e imagens de satélite [17].

7. *Comércio global:* As exportações não petrolíferas da Nigéria são dominadas por produtos agrícolas como a castanha de caju.

9.8 DESAFIOS

O sector agrícola da Nigéria tem sido gravemente afetado por vários factores: inundações regulares, desertificação das terras de cultivo e de pastagem, insurreições extremistas, alterações climáticas, falta de instalações de armazenamento e de fundos para a sua construção, falta de mão de obra e conflitos entre pastores e agricultores locais. Mais recentemente, as alterações das temperaturas médias, a precipitação, os extremos climáticos e a crescente infestação de pragas e doenças associadas constituem um desafio para a integridade do sistema agrícola do país. Estes factores mantiveram a produtividade agrícola baixa e podem impedir o crescimento do sector agrícola nigeriano. O aumento dos preços dos combustíveis e a insegurança também contribuíram para o aumento dos preços dos géneros alimentícios, devido ao aumento dos custos de transporte.

O governo da Nigéria iniciou programas agrícolas, como o Anchor Borrowers

Program (ABP), para diversificar a sua economia, afastando-a do petróleo. Outros desafios incluem os seguintes [11,18-21]:

1. *Segurança alimentar:* A Nigéria continua a ser vulnerável à insegurança alimentar e é incapaz de satisfazer a sua procura interna de alimentos. O governo identificou a insegurança alimentar como um desafio importante. O seu objetivo é garantir a segurança alimentar através da redução das importações de produtos alimentares. A segurança alimentar é um pré-requisito para o desenvolvimento. A invasão da Ucrânia pela Rússia poderá ameaçar a situação de segurança alimentar da Nigéria, uma vez que este país importa mais de 50% das suas necessidades de trigo da Rússia. Esta situação pode conduzir a um aumento dos custos dos derivados do trigo, especialmente do pão, que é um importante alimento de base na Nigéria. As indústrias de lacticínios e outras indústrias baseadas na pecuária são afectadas pela insegurança. O sector agrícola é vital para combater a insegurança alimentar.

2. *Analfabetismo:* Este é também um dos principais factores que impedem o progresso e o desenvolvimento da agricultura na Nigéria. A maioria dos agricultores na Nigéria não adquiriu educação formal.

3. *Preços elevados dos produtos alimentares:* Os preços dos produtos alimentares aumentaram significativamente devido à diminuição da liquidez para os comerciantes e à menor disponibilidade de mão de obra agrícola. A Nigéria registou aumentos nos preços do pão e dos cereais, das batatas, dos inhames e de outros tubérculos, da carne, dos legumes, do peixe, dos óleos e gorduras, do leite, do queijo e dos ovos. O aumento dos preços no sector tem um impacto significativo no rendimento dos nigerianos.

4. *Baixa produtividade:* Apesar de um abastecimento abundante de água, um clima favorável e vastas áreas de terra arável, a produtividade é baixa devido à baixa fertilidade do solo em muitas áreas e a métodos de cultivo ineficientes. A taxa de crescimento da população da Nigéria excede o ritmo da produção agrícola. O sector agrícola apresenta uma baixa produtividade do trabalho, associada a uma elevada intensidade de trabalho na produção. O estado atual do cultivo de plantas e da criação de animais é caracterizado por um baixo nível de mecanização e pela falta de meios modernos de tratamento de animais e plantas. A produtividade depende diretamente do volume de fertilizantes que contêm nutrientes adicionais. A utilização de fertilizantes é modesta e afecta significativamente a produtividade das culturas. A ocorrência de conflitos armados em zonas agrícolas também contribui para a baixa produtividade. O governo implementou várias iniciativas e programas para aumentar a produtividade agrícola, a fim de fornecer quantidades suficientes de alimentos para satisfazer a procura interna, bem como uma abundância de culturas de base para exportação no mercado internacional.

5. *Pecuária:* O sector da pecuária está em grande risco. A produção animal continua a ser subaproveitada. As estatísticas mostram que a procura interna de produtos animais na Nigéria é superior à produção. Os animais criados

principalmente por famílias de agricultores na Nigéria incluem cabras, ovelhas e gado. Nas últimas décadas, ocorreram repetidamente epidemias entre os animais e as aves de capoeira, tendo o seu número diminuído drasticamente. Os vírus da gripe aviária altamente patogénica, a peste equina, a peste suína africana e a propagação da mosca tsé-tsé dificultam a manutenção do gado. A produtividade extremamente baixa dos animais é digna de nota. Nas últimas décadas, os conflitos entre agricultores e pastores intensificaram-se devido à constante migração dos rebanhos.

6. *Pobreza:* A pobreza dos agricultores coloca sérias limitações à sua capacidade de melhorar a sua situação. Apenas 36% dos agricultores podem entregar a produção no ponto de venda utilizando motociclos, bicicletas e carroças. Há falta de apoio governamental às explorações agrícolas, o que, por sua vez, leva à saída de mão de obra do campo, ao défice de pessoal qualificado, à falta de infra-estruturas rurais, etc. Os esforços da iniciativa Feed the Future não só estimulam o crescimento económico, como também aumentam as oportunidades de emprego, capacitam as mulheres e os jovens, promovem a inovação, promovem o comércio e tiram as pessoas da pobreza extrema.

7. *Falta de eletricidade:* Mais de 40 por cento dos produtos perecíveis da Nigéria estragam-se após a colheita devido à falta de eletricidade necessária para o armazenamento. A eletricidade é também necessária para o funcionamento de grandes equipamentos agrícolas.

8. *Infra-estruturas:* A falta de infra-estruturas é outro problema agrícola grave. Na Nigéria, há falta de boas estradas necessárias para o transporte das colheitas. A maioria das explorações agrícolas na Nigéria está localizada a vários quilómetros de distância da estrada principal. Após a produção, é necessário que os produtos sejam transportados de um sítio para outro.

9. *Alterações climáticas:* Existe um receio crescente do efeito do aquecimento global. A plantação de árvores, que é a principal atividade da silvicultura, é de grande ajuda para o ambiente do país, contribuindo simultaneamente para o rendimento da economia. Pensa-se que as alterações climáticas provocaram mais precipitação do que no passado, o que exacerbou as inundações na Nigéria. As inundações provocam a destruição de vidas, propriedades e meios de subsistência, exacerbando assim a pobreza e a insegurança alimentar. A recorrência incessante de catástrofes de inundações em toda a Nigéria exigiu uma perspetiva urgente das técnicas de gestão do risco de inundações. Praticamente todos os trinta e seis estados do país são susceptíveis a catástrofes de inundações. O Delta do Níger é a região mais vulnerável ao clima na Nigéria.

10. *Desperdício:* Questões como o desperdício podem prejudicar o sucesso da agricultura na Nigéria. Por exemplo, cerca de 30% a 40% dos produtos agrícolas produzidos na Nigéria foram desperdiçados em 2018.

11. *Falta de modernização:* Os agricultores na Nigéria ainda usam ferramentas

rudimentares e também sofrem de instalações de armazenamento deficientes que afectam negativamente a produtividade. A indisponibilidade de ferramentas mecânicas, como tractores, para substituir ou compensar o trabalho manual, prejudica a produtividade.

12. *As mulheres:* As mulheres não têm acesso à terra e às sementes. Mesmo quando as mulheres produzem, são os homens que detêm o controlo, devido à crença tradicional de que as mulheres são sempre inferiores aos homens. A figura 9.9 mostra algumas mulheres agricultoras rurais [22].

Figura 9.9 Algumas mulheres rurais agricultoras [22].

13. *Mentalidade:* A mentalidade dos jovens nigerianos, especialmente os mais instruídos, é que a agricultura é para os pobres e sem instrução. Atualmente, a agricultura é considerada um empreendimento que necessita de indivíduos altamente qualificados e instruídos para produzir alimentos saudáveis através da utilização de métodos e técnicas agrícolas melhorados.

14. *Corrupção:* A corrupção não pode ser excluída quando se enumeram os problemas da agricultura na Nigéria. A corrupção surge no desembolso de subsídios e fundos aos agricultores para fins agrícolas. Verificar-se-á que as subvenções que se destinam normalmente aos agricultores rurais e locais nunca chegam até eles.

15. *Conflito violento:* Devido à desertificação e ao esgotamento da água no norte da Nigéria, os pastores nómadas estão agora a deslocar-se para o sul em busca de campos de pastagem e água para o seu gado. Esta situação deu origem a conflitos violentos entre os pastores e os agricultores do sul. O aumento da violência está a provocar o declínio da produção alimentar da Nigéria. O nordeste da Nigéria tem enfrentado uma instabilidade significativa durante mais de uma década devido a uma insurreição armada. Mais de 1,8 milhões de pessoas continuam deslocadas devido à crise em Adamawa, Borno e Yobe, os estados mais afectados. O grupo

militante Boko Haram obrigou milhões de pessoas (incluindo agricultores) a fugirem das suas casas e a refugiarem-se em aglomerados populacionais nos arredores das maiores cidades e vilas da região.

Alguns destes desafios são ilustrados na Figura 9.10.

Figura 9.10 Desafios da agricultura na Nigéria.

9.9 CONCLUSÃO

A agricultura é o pilar económico da maioria dos agregados familiares na Nigéria e é um sector significativo na economia do país. A agricultura nigeriana caracteriza-se por uma considerável diversidade regional e de culturas. Abençoado com terras e recursos hídricos abundantes, o sector agrícola da Nigéria tem um elevado potencial de crescimento, mas este potencial não tem sido realizado. A produtividade é basicamente baixa e estagnada. Muitas das políticas agrícolas iniciadas pelo Governo também não têm sido eficazes.

A Nigéria precisa de expandir a cooperação e a colaboração com outras nações para a troca de experiências e para a implementação de desenvolvimentos agrícolas, formação de agricultores, desenvolvimento de infra-estruturas rurais, etc. Embora esteja em curso uma intensificação da produção agrícola, o seu ritmo continua a ser insatisfatório em termos da necessidade de aumentar a produção para fornecer alimentos a uma população em rápido crescimento.

Apesar de o Governo nigeriano ter feito numerosas tentativas para transformar o sector agrícola, o país tem ainda um longo caminho a percorrer. O sector agrícola está maduro para um crescimento orientado para o mercado. O futuro é promissor para os pequenos agricultores nas quatro zonas de intervenção para o arroz, a mandioca, a batata e o milho. Para mais informações sobre a agricultura na Nigéria, consultar os livros em [23-40].

REFERÊNCIAS

[1] "Mapa das províncias da Nigéria,"

https://www.orangesmile.com/travelguide/nigeria/country-maps-provinces.htm

[2] "Produção agrícola na Nigéria", fevereiro de 2016,

https://www.palmoilextractionmachine.com/news/industry_news/agricultural-production-in- Nigéria.html

[3] W. Enang, "Major forms of agriculture in Nigeria", julho de 2023,

https://proguide.ng/forms-of-agriculture/

[4] A. Simwa, "Quais são as principais formas de agricultura na Nigéria? Descubra agora Leia mais", setembro de 2023,

https://www.legit.ng/1141860-major-forms-agriculture-nigeria.html

[5]
https://images.search.yahoo.com/yhs/search;_ylt=AwrNPLlEphpmUAEs6GMPx
Qt.;_ylu=Y29sb
wNiZjEEcG9zAzEEdnRpZAMEc2VjA3Nj?p=images+of+livestock+rearing+in+
Nigeria&type=
fc_A519E8A3231_s69_g_e_d_n200001_c999&param1=7&param2=eJwtS8sOgz
AM%2B5UcQ
Zog5VHUct0X7Io4FBqgolA0QEz7%2BgVpiRTbsT0629Tt6ykQC5Vh82hX1hn
yCBa3ydAzKK
WYue22JaIWFR8qOqu5i9paUjqvhkx3lSRNNJQcHylw%2FtyZnobZEr7Oe5OW
CUJ0udWGa4f
1AIEJ1sAPWdTwkUUMZts8XdTN7kjLvEpyCdE8HYt%2FgHczwUj9HGLop3d
YKBVZnuC9s JvBvN2%2F8gNtkkHr&hsimp=yhs-3211&hspart=fc&ei=UTF-
8&fr=yhs-fc-
3211#id=67&iurl=https%3A%2F%2Fwww.vanguardngr.com%2Fwp-
content%2Fuploads%2F2019%2F 11 %2FHerders-1024x576.jpg%3Fis-pending-
load%3D1 &action=click

[5] "História da agricultura na Nigéria (problemas e perspectivas),"

https://peakng.com/history-of-agriculture-in-nigeria/

[6] M. N. O. Sadiku, O. D. Olaleye, e J. O. Sadiku, "Agriculture in Nigeria,"

International Journal of Trend in Research and Development, vol. 11, n.º 1, janeiro-fevereiro, 2024, pp. 158163.

[7] J. Ashaju, "How agriculture contribute to the Nigeria economy. Top things you should know", junho de 2022, Fonte desconhecida.

[8] "Veja como os agricultores nigerianos utilizam pesticidas e fertilizantes para aumentar o rendimento das culturas e a eficácia agrícola"

https://www.britannica.com/video/21950/farming-Nigeria

[10]
https://images.search.yahoo.com/yhs/search;_ylt=AwrErSUtqBpmjP4rE_4PxQt.;_ylu=Y29sbwN
iZjEEcG9zAzEEdnRpZAMEc2VjA3Nj?p=images+of++mechanized+farming+in+Nigeria&type
=fc_A519E8A3231_s69_g_e_d_n200001_c999&param1=7&param2=eJwtS8sOgzAM%2B5Uc
QZog5VHUct0X7Io4FBqgolA0QEz7%2BgVpiRTbsT0629Tt6ykQC5Vh82hX1hnyCBa3ydAzK
KWYue22JaIWFR8qOqu5i9paUjqvhkx3lSRNNJQcHylw%2FtyZnobZEr7Oe5OWCUJ0udWGa
4f1AIEJ1sAPWdTwkUUMZts8XdTN7kjLvEpyCdE8HYt%2FgHczwUj9HGLop3dYKBVZnuC
9sJvBvN2%2F8gNtkkHr&hsimp=yhs-3211 &hspart=fc&ei=UTF-8&fr=yhs-fc-3211#id=292&iurl=https%3A%2F%2Fmedia.tehrantimes.com%2Fd%2Ft%2F2021%2F 11%2F0
5%2F4%2F3946411.jpg&action=click

[9] N. G. Gavrilova, "Challenges and opportunities in Nigeria's agricultural sector", *Actas da Conferência sobre Economia da Terra e Estudos Rurais Essenciais*, julho de 2021.

[10] "Agricultura na Nigéria", *Wikipédia*, a enciclopédia livre

https://en.wikipedia.org/wiki/Agriculture_in_Nigeria

[11] A. Adeite, "Agriculture in Nigeria: 7 factos e estatísticas interessantes,"

https://babbangona.com/agriculture-in-nigeria-7-interesting-facts-statistics/

[12] S. Adams, "Farm experts take stock to tackle food security in Nigeria," (Especialistas agrícolas fazem um balanço para resolver o problema da segurança alimentar na Nigéria)

https://www.premiumtimesng.com/news/top-news/247424-farm-experts-take-stock-tackle-food- security-nigeria.html

[13] "10 Importância da agricultura na Nigéria,"

https://eucarlagro.com/importance-of-agriculture-in-nigeria/#:~:text=10%20Reasons%20Why%20Agriculture%20Is%20So%20Important%20in,8%

20Ensure%20a%20Sufficient%20Supply%20of%20food%20

[14] " FAO na Nigéria - Programas na Nigéria,"

https://www.fao.org/nigeria/programmes-and-proj ects/en/

[15] A. Isah e R. S. M. Gidado, "Emerging trends in precision agriculture: Reshaping
Nigeria's conventional farming practices", maio de 2019,

https://www.ofabnigeria.com/2020/02/25/emerging-trends-in-precision-agriculture-reshaping- nigerias-conventional-farming-practices/

[16] "Agricultura na Nigéria,"

https://total-facts-about-nigeria.com/agriculture-in-nigeria.html

[17] W. David, "Agriculture in Nigeria: History, development, opportunities & problems", janeiro de 2021,

https://pestclue.com/agriculture-in-nigeria/

[18] E. S. Chukwuemeka, "Problems of agriculture in Nigeria 2023: 8 Major challenges", setembro de 2023,

https://bscholarly.com/problems-of-agriculture-in-nigeria-7-major-setbacks-challenges/

[19] "Nigéria," https://www.feedthefuture.gov/country/nigeria/

[20] "Nigéria acolhe agricultoras rurais africanas,"

https://www.amazonswatchmagazine.com/happenings/nigeria-host-african-rural-women-farmers/

000000000000000

[21] H. Takeshima e A. Lawal, *Visão geral da evolução da mecanização agrícola na Nigéria.* Instituto Internacional de Investigação em Políticas Alimentares, 2018.

[22] T. A. Phillips, *An Agricultural Notebook (With Special Reference to Nigeria).* Longman, 1977.

[23] Nigéria. Ministério Federal da Agricultura, Recursos Hídricos e Desenvolvimento Rural, *Política Agrícola para a Nigéria.* Ministério, 1990.

[24] C. Nwoko et al., *Federal government support for agriculture in Nigeria: Analysis with a public expenditure lens.* Instituto Internacional de Investigação em Políticas Alimentares, 2018.

[25] A. Folayan, *Agriculture and Economic Development in Nigeria: A Prescription for the Nigerian Green Revolution.* Vantage Press, 2008.

[26] S. Kolade, *Agricultural Production In Nigeria. A Review of Recent Developments in Policy and Practice.* GRIN Verlag, 2016.

[27] G. Mavrotas et al., *Agricultural public expenditures, sector performance, and welfare in Nigeria: A state-level analysis.* Instituto Internacional de Investigação em Política Alimentar, 2018.

[28] H. ElDidi, T. Bidoli, e C. Ringler, *Agriculture and youth in Nigeria: Aspirations, challenges, constraints, and resilience.* Instituto Internacional de Investigação em Política Alimentar, 2020.

[29] S. W. Skinner, *Nigeria's Agricultural Economy in Brief.* Serviço de Investigação Económica, Departamento de Agricultura dos EUA, 2010.

[30] E. Onucheyo, *Political Decisions in the Nigerian Agricultural Industry (Decisões Políticas na Indústria Agrícola Nigeriana).* Tamaza Publishing Company, 2010.

[31] A. Oyemakinde, *Agricultural Development in Nigeria: A Bibliography.* Sunlight Syndicate Ventures, 2009.

[32] R. Debnath, *Agricultural Development in Nigeria.* Cornell University Press, 1999.

[33] F. S. Idachaba, *Política de investigação agrícola na Nigéria.* 1980.

[34] V. A. Oyenuga, *Agriculture in Nigeria. An introduction.* Rome: Organização das Nações Unidas para a Alimentação e a Agricultura, Roma, 1967.

[35] V. M. Manyong, *Agriculture in Nigeria: Identifying Opportunities for Increased Commercialization and Investment.* IITA, 2005.

[36] T. A. Oyejide, *The Effects of Trade and Exchange Rate Policies on Agriculture in Nigeria.* Instituto Internacional de Investigação em Política Alimentar, 1986.

[37] S. A. Agboola, *An Agricultural Atlas of Nigeria.* Oxford University Press, 1979.

[38] A. Olomola, *Policy Options for Agricultural Investments and Governance of Markets: In Support of Small-Scale Agriculture in Nigeria [Em apoio à agricultura de pequena escala na Nigéria].* Oxfam International, 2013.

CAPÍTULO 10 : AGRICULTURA NA RÚSSIA

"A agricultura é o emprego mais saudável, mais útil e mais nobre do homem."

- George Washington

10.1 INTRODUÇÃO

A Rússia é a maior nação em área, com mais de 17 milhões de quilómetros quadrados. Está localizada tanto no hemisfério norte como no hemisfério leste. A sua enorme área cobre um sexto da superfície da Terra e o seu clima varia entre a Sibéria árctica, no Norte, e o Cáucaso quase tropical, no Sul. A figura 10.1 mostra o mapa da Rússia [1].

Figura 10.1 O mapa da Rússia [1].

A população da Rússia em 1 de janeiro de 2023 era de aproximadamente 146 400 000 pessoas. Cerca de 160 grupos étnicos povoam o seu vasto território, o que se soma às várias afiliações regionais que Moscovo tem de equilibrar para governar a nação. A Rússia é geralmente considerada como uma nação "europeia", embora uma grande parte do seu território se situe na Ásia. (A Rússia tem mais fusos horários do que qualquer outro país do mundo; costumava ter 11, mas em 2010 foram reduzidos para apenas nove. A dimensão e a complexidade da nação significam que o seu sistema de governo tem sido historicamente muito centralizado. O clima rigoroso, considerado inóspito em muitas regiões, limitou o povoamento e as actividades económicas, conduzindo a uma baixa densidade populacional nas zonas norte e leste do país. A Rússia é rica numa variedade de recursos naturais, incluindo petróleo, gás, minerais e florestas. A Rússia especializou-se em várias indústrias, como a energia, o petróleo, a defesa e a indústria aeroespacial, as minas e os metais, a agricultura, a ciência e a tecnologia e a energia nuclear. O petróleo era o foco económico central.

A agricultura na Rússia é uma componente importante da economia da Federação Russa.
A agricultura na Rússia é ilustrada na Figura 10.2 [2].

Figura 10.2 Agricultura na Rússia [2].

A Rússia tem vastas terras agrícolas e o seu sector agrícola é especializado na produção de trigo, cevada, milho, sementes de girassol e outras culturas. Por exemplo, em 2017, a Rússia foi o maior exportador mundial de trigo, o segundo maior produtor de sementes de girassol, o terceiro maior produtor de batatas e leite e o quinto maior produtor de ovos e carne de frango. O trigo é o produto agrícola mais exportado do país. A Rússia é o maior exportador de trigo do mundo, a seguir à China, aos EUA e à Índia. As exportações russas de trigo ultrapassaram as dos EUA no Egipto e fizeram incursões em mercados franceses importantes, como o Senegal e Marrocos. A figura 10.3 mostra uma cultura típica de trigo na Rússia [3].

Figura 10.3 Uma cultura típica de trigo na Rússia [3].

A dependência mundial dos cereais russos foi evidenciada em 2022, quando a Rússia invadiu a Ucrânia (em 24 de fevereiro de 2022). Na sequência da invasão, os Estados Unidos decretaram uma série de sanções contra o comércio russo. Os preços do trigo estão a subir a nível mundial na sequência do conflito entre a Rússia e a Ucrânia. Para além do trigo, a agricultura russa está também entre as principais exportações de cereais, como o milho, a cevada e a aveia.

Este capítulo apresenta ao leitor a prática da agricultura na Rússia. Começa por falar dos diferentes tipos de agricultura na Rússia. Aborda a ambição da Rússia como superpotência económica. Discute alguns factos sobre a agricultura russa. Apresenta uma breve história da agricultura na Rússia. Aborda as formas tradicionais e modernas de agricultura na Rússia. Destaca os benefícios e os desafios da agricultura na Rússia. A última secção conclui com comentários.

10.2 TIPOS DE EXPLORAÇÕES AGRÍCOLAS

Atualmente, a agricultura russa caracteriza-se por três tipos principais de explorações agrícolas. Dois destes tipos de explorações - as explorações empresariais e as parcelas familiares - existiram durante todo o período soviético. O terceiro tipo - as explorações camponesas - só começou a ressurgir depois de 1990, durante a transição pós-soviética. As "super explorações" consolidadas trarão tecnologia melhorada, como a utilização crescente de drones, robots e equipamento sem condutor. Também conduzirá a um aumento da utilização de fertilizantes. A localização da cultura do trigo na Rússia resultou numa forte divisão do país em dois grupos de regiões - "de consumo" e "produtivas". A Europa de Leste tem geralmente condições climáticas menos favoráveis para a agricultura do que a Europa Ocidental. O Sul tem vantagens comparativas únicas na Rússia, que envolvem o solo e o clima, a geografia, as infra-estruturas e as instituições. Na Sibéria e no Extremo Oriente, as zonas mais produtivas são as regiões mais a sul. As regiões setentrionais concentram-se principalmente na criação de gado e as regiões meridionais e a Sibéria ocidental produzem cereais.

10.3 A AMBIÇÃO DA RÚSSIA COMO SUPERPOTÊNCIA

Depois de Moscovo ter inicialmente acreditado que a Rússia se poderia tornar uma "superpotência económica" e depois ter mudado para a visão de uma "superpotência energética", a última reviravolta é fazer dela uma "superpotência alimentar". Desde que Vladimir Putin assumiu o poder em 2000, como Presidente da Federação Russa, a Rússia ganhou a reputação de ser um petro-Estado. Em dezembro de 2015, Putin afirmou que a Rússia poderia tornar-se "o maior fornecedor mundial de alimentos saudáveis, ecologicamente limpos e de alta qualidade". Anunciou que a Rússia planeia tornar-se autossuficiente em termos de recursos alimentares até 2020. As suas novas ambições implicam que as exportações anuais do país aumentem 12% ao ano durante os próximos quatro anos. A figura 10.4 mostra o Presidente Putin a passear num campo de cevada com um agricultor [4].

Figura 10.4 O Presidente Putin a passear num campo de cevada com um agricultor [4].

A parceria entre o Estado e as empresas agrícolas visa atingir os ambiciosos objectivos fixados pelo Presidente russo Vladimir Putin. A Rússia quer que a agricultura impulsione o seu crescimento. O governo também tornou prioritário o aumento da produção interna de equipamento agrícola. O país deve transformar-se num exportador líquido de produtos agrícolas e alimentares até 2022 e aumentar as exportações de produtos alimentares para 45 mil milhões de dólares até 2024. O trigo ocupa o primeiro lugar na lista dos produtos de base mais produzidos. O comércio de produtos agrícolas e alimentares da Rússia registou mudanças significativas. No entanto, como a produção dos pequenos agricultores continua a ser tradicional e orientada para a subsistência, estes não são capazes de ajudar a Rússia a emergir como uma superpotência alimentar global [5]. O país abastece numerosos mercados com o Egipto, o Irão, a Turquia e outros países do Médio Oriente, todos eles autoritários.

10.4 FACTOS SOBRE A AGRICULTURA RUSSA

Embora a Rússia tenha um clima predominantemente frio, desenvolveu várias técnicas para cultivar alimentos mesmo nessas condições. Estas técnicas incluem [6].

- *Estufas:* Estas permitem aos agricultores controlar a temperatura, a exposição à luz e a humidade, criando condições adequadas para o crescimento das plantas ao longo do ano.
- *Rotação de culturas:* Consiste em alternar os tipos de culturas cultivadas na mesma área durante várias estações.
- *Agricultura permafrost:* Em regiões com permafrost contínuo, os agricultores utilizam técnicas como variedades de culturas resistentes ao gelo e canteiros elevados.
- *Agricultura de sequeiro:* Nas regiões áridas, os agricultores utilizam técnicas como sistemas de irrigação eficientes em termos de água, culturas resistentes à seca e métodos de lavoura de conservação para utilizar os recursos hídricos disponíveis de forma mais eficiente.
- *Hidroponia e aeroponia:* Estas são técnicas de cultivo sem solo que proporcionam um ambiente controlado para o crescimento das plantas.
- *Conservação tradicional:* Além disso, os russos têm uma longa história de conservação de alimentos através de técnicas como a decapagem, a secagem e a fermentação.
- *Importação de géneros alimentícios:* Embora a Rússia se esforce por ser autossuficiente em termos de produção alimentar, também importa certos produtos para satisfazer a procura dos consumidores.
- *Seleção de culturas:* Para fazer face ao clima difícil, os agricultores russos adaptaram-se seleccionando variedades de culturas mais tolerantes às temperaturas frias, aos períodos de crescimento curtos e à disponibilidade limitada de água.
- *Irrigação:* São instalados sistemas de rega para regar as culturas, utilizando técnicas como a rega gota a gota e a rega por aspersão.

São dignos de nota os seguintes actos relativos à agricultura russa [4]:

- O sector agrícola da Rússia está em plena expansão.
- O sector é vulnerável à flutuação dos mercados de matérias-primas.
- As contra-sanções e as condições climatéricas estão a fomentar o aumento da produção de cereais.
- A população nacional e as infra-estruturas de exportação podem não absorver o aumento.
- É provável que a Rússia continue a exportar apenas cereais não transformados.
- As receitas da Rússia provenientes da exportação de produtos alimentares ultrapassaram as da exportação de armas.

- As terras cultivadas aumentaram de 43,3 milhões de hectares em 2006 para 47,1 milhões de hectares em 2016.
- As alterações demográficas parecem corroborar as previsões de aumento da procura de alimentos.
- As exportações russas de produtos alimentares são frequentemente de baixa qualidade e são vendidas principalmente em mercados periféricos como o Egipto, a Turquia, o Irão e a Indonésia.
- Algumas regiões da Rússia têm melhores condições agrícolas do que outras.

10.5 HISTÓRIA DA AGRICULTURA RUSSA

A Rússia, com a sua vasta massa de terra, passou por uma série de flutuações durante os séculos 19th e 20th . Os Velhos Crentes russos instalaram-se em Ynegetai no início do século XVII. Os Velhos Crentes são populações de russos que não aceitaram as reformas efectuadas na Igreja Ortodoxa Russa no século XV. Possuem uma forte herança cultural ligada à agricultura e ao trabalho da terra. Eram menos severos do que os dos antigos czares. Um grande número de Velhos Crentes instalou-se na Sibéria, trazendo do Ocidente as suas sementes e conhecimentos agrícolas. Durante a coletivização soviética, os Velhos Crentes perderam a sua religião, mas não o seu modo de vida tradicional.

A Rússia Imperial (oficialmente fundada em 1721 e abolida em 1917) era um dos maiores exportadores de produtos agrícolas, especialmente de trigo. Os funcionários do governo imperial sublinharam o papel da agricultura no fornecimento de alimentos para a população urbana, de impostos para pagar o apoio do governo ao sector industrial e de exportações para pagar a tecnologia industrial vinda do estrangeiro. Ao longo do século XIX, a cultura do trigo russo transformou-se num importante produto de exportação. Nas vésperas da Revolução de 1917, a economia dos jardins estava a desenvolver-se rapidamente. O Estado autocrático russo tinha sido capaz de explorar a sua população camponesa e a sua economia agrícola para gerar os recursos. O Império Russo não foi capaz de competir económica e militarmente com as nações mais "desenvolvidas" do noroeste da Europa, da América do Norte e do Japão nas últimas décadas da sua existência [7]. Na economia planificada soviética, as explorações agrícolas recebiam dotações específicas de factores de produção ligadas a objectivos de produção obrigatórios. A maior parte da produção agrícola provinha de grandes explorações agrícolas estatais e colectivas. Estas explorações não tinham poder de decisão sobre a utilização dos factores de produção ou sobre a escolha da produção. Os produtores não sofriam pressões competitivas no mercado para serem eficientes, reduzirem o desperdício ou economizarem nos factores de produção. Os planeadores soviéticos seguiam geralmente uma política agrícola de não especialização dos produtos. A campanha de Estaline de coletivização forçada, iniciada em 1929, confiscou as terras, a maquinaria, o gado e as reservas de cereais do campesinato. Em 1937, o governo tinha organizado cerca de 99% do campo soviético em explorações agrícolas colectivas geridas pelo Estado. Até à década de 1980, a maior parte das terras agrícolas na Rússia eram propriedade do Estado e a transição para uma economia orientada para o mercado teve de começar com a privatização das terras e dos activos agrícolas.

Durante o auge da Guerra Fria, o equilíbrio de poder era alcançado através de diplomacia de todos os tipos, incluindo o trigo. Houve anos em que a União das Repúblicas Socialistas Soviéticas (URSS) registou uma escassez na produção de trigo e os Estados Unidos venderam-lhes os tão necessários cereais. Antes da dissolução da URSS, em 1991, foi aprovado em 1990 um impressionante pacote de legislação sobre a reforma agrícola, em grande parte acompanhado por Boris Ieltsin, então Presidente do Soviete Supremo da Rússia e, posteriormente, primeiro Presidente da Rússia. Enquanto as políticas de reforma de Ieltsin (1991-1999) visavam, em grande medida, o desmantelamento da economia planificada e a retirada do Estado da agricultura, as políticas da era Putin-Gordeev (2000-2009) visavam o restabelecimento do papel do Estado na agricultura.

Após o colapso da União Soviética em 1991, as terras de baixo rendimento, que exigiam grandes recursos, foram deixadas em pousio, com os agricultores à procura de um melhor retorno para o seu trabalho. As grandes explorações agrícolas colectivas e estatais, que constituíam a espinha dorsal da agricultura soviética, tiveram de se confrontar com a súbita perda dos canais de comercialização e de abastecimento garantidos pelo Estado. O sector agrícola sofreu um abrandamento significativo e entrou em declínio. A Rússia está a mudar gradualmente para práticas agrícolas mais resistentes ao clima, como a lavoura de conservação, a irrigação por gotejamento, a consociação de culturas, a aplicação de fertilizantes orgânicos e a rotação de culturas.

A transição da Rússia de uma economia centralmente planeada para uma economia de mercado começou no início da década de 1990. Durante esse período, as antigas explorações agrícolas estatais e colectivas herdadas do período soviético foram obrigadas a reorganizar-se. O sector agrícola sobreviveu a um grave declínio de transição no início da década de 1990, enquanto se esforçava por passar de uma economia planificada para um sistema orientado para o mercado. O Governo russo e o sector agrícola consideraram o declínio da produção durante a década de 1990 como uma calamidade e, em 2005, o Governo identificou a agricultura como um domínio prioritário a nível nacional que deveria receber mais financiamento.

A Rússia registou uma recuperação agrícola notável nos últimos 20 anos. A legislação que permite a existência de explorações agrícolas privadas independentes fora do quadro coletivista só foi aprovada em novembro de 1990. O sector agrícola russo teve um mau desempenho durante o período de transição da década de 1990. A partir de 1993, as unidades kolkhoz e sovkhoz privatizadas tornaram-se explorações agrícolas empresariais. Estas explorações foram legalmente reorganizadas como sociedades anónimas, sociedades de responsabilidade limitada. A reforma do código fundiário de 2002, promovida pelo Presidente Vladimir Putin, exigiu a propriedade de bens imobiliários [8]. A agricultura russa tem apresentado um crescimento estável desde 1999, apesar dos períodos de crise económica e financeira que se seguiram. Durante a década de 1990, a transição da agricultura estatal e colectivizada para a agricultura privada trouxe graves perturbações. Em 2016, pela primeira vez desde o fim do Império Russo, a Rússia voltou a ser o maior exportador de trigo do mundo. Em 2018, o governo anunciou um plano de 51 mil milhões de dólares para impulsionar a produção agrícola nacional, estabelecendo o ambicioso objetivo de aumentar as exportações de alimentos em 70% até 2024.

10.6 AGRICULTURA MODERNA

O clima da Rússia varia significativamente no seu vasto território. Apenas as regiões ocidentais registam certas condições climáticas necessárias para o sucesso das culturas. As culturas de cereais como o trigo, a cevada, a aveia e o centeio são as principais culturas cultivadas na Rússia. Outras culturas, como o milho, as sementes de girassol, a soja e a batata, também são cultivadas. A agricultura continua a ser um dos sectores mais importantes da economia russa e as autoridades do país consideram-na como um dos potenciais motores de crescimento económico. Nos últimos anos, a agricultura emergiu como uma verdadeira história de sucesso da economia russa. Esta é a razão do entusiasmo em relação à alimentação como motor do crescimento da Rússia [9].

O Ministério da Agricultura é o órgão executivo federal responsável pelo desenvolvimento e implementação de políticas governamentais e regulamentos legais na agricultura e indústrias relacionadas. Ocupa-se do mercado interno. Prevê que a Rússia seja autossuficiente em produtos agrícolas dentro de poucos anos. Os planos para apoiar o desenvolvimento de mais explorações de carne e de produtos lácteos ajudarão a atingir os objectivos de produção alimentar nacional e de exportação. O ministério planeia igualmente aumentar o montante das subvenções concedidas aos agricultores que se dedicam à criação de gado para produção de carne e de leite.

A agricultura primária na Rússia continua a ser dominada por explorações colectivas ineficientes, de tipo soviético, com tecnologias e capacidades de gestão ultrapassadas. A reforma económica que começou na Rússia no início dos anos 90 reduziu o sector pecuário do país. As agro-holdings, enquanto fenómeno agro-económico, começaram a emergir na Rússia no final da década de 1990 e, nos últimos vinte anos, têm atraído a atenção de muitos investigadores e jornalistas. O termo "agro-holding" significa essencialmente uma "sociedade gestora de participações sociais no sector agrícola". A motivação para o surgimento das agro-holdings deve ser procurada no ambiente institucional e económico do final dos anos 90 na Rússia [10].

A dissolução da União Soviética em 1991 deu origem à necessidade de transformar a agricultura russa. Numa economia de mercado, a produção agrícola pode ser realizada por vários tipos de organizações, como a cooperativa de produção. As cooperativas de produção agrícola na Rússia substituíram algumas das explorações colectivas soviéticas e das explorações agrícolas estatais. As cooperativas têm sido bem sucedidas devido à sua forte posição no mercado e às suas elevadas quotas de mercado em várias regiões da Rússia [11].

Nas últimas duas décadas, a agricultura russa foi objeto de um processo de modernização intensivo. A Rússia transformou o seu sector agrícola de um nível modesto de produção na década de 2000 para um contribuinte significativo para a economia e um ator global em crescimento, competindo com os EUA no mercado mundial do trigo. Os produtos agrícolas mais comuns na Rússia incluem o trigo, a cevada, a aveia, o centeio, as batatas, a beterraba sacarina, os girassóis, os produtos hortícolas, os frutos, as nozes e as bagas. Os produtos lácteos, como o leite, a manteiga e o queijo, são também produtos agrícolas importantes. O gado, incluindo bovinos, ovinos e suínos, também é criado na Rússia. A Figura 10.5 mostra algumas explorações agrícolas mecanizadas na Rússia [12].

Figura 10.5 Agricultura mecanizada na Rússia [12].

Como parte do processo de modernização agrícola, foram adoptadas novas políticas para melhor se adaptarem à era da globalização. Ao tornar-se parte da economia agrícola global, a Rússia começou a importar sementes, gado e maquinaria agrícola ocidental. No entanto, o sector agrícola russo ainda apresentava deficiências que não estavam a ser resolvidas.

10.7 BENEFÍCIOS

A agricultura é um dos sectores mais importantes da economia nacional da Rússia, uma vez que fornece uma base significativa de matérias-primas para a produção e fornece produtos alimentares aos cidadãos. O petróleo é o principal produto de exportação da Rússia. A Rússia é um importante produtor e consumidor agrícola a nível regional e mundial. Reapareceu na cena mundial como exportador de produtos alimentares e encontra-se atualmente entre os principais exportadores de trigo e de óleo vegetal. Os dois principais factores subjacentes ao aumento da produção foram as condições meteorológicas favoráveis e as contra-sanções russas que foram introduzidas em retaliação às sanções ocidentais devido à agressão da Rússia contra a Ucrânia. Outros benefícios da agricultura russa incluem os seguintes [8,13,14]:

- *Reformas agrícolas:* Este tem-se revelado um desafio difícil para a Rússia durante a sua transição para uma economia de mercado. O desafio resulta do legado do período soviético e de preconceitos culturais sistémicos contra o individualismo. Devido ao papel económico vital da agricultura, a reforma agrícola em grande escala é necessária para o sucesso noutros sectores. No entanto, em meados da década de 1990, a iniciativa privada não foi recompensada e as estruturas ineficientes de distribuição e comercialização de factores de produção não conseguiram tirar partido dos activos agrícolas. O programa de reforma agrícola de Gorbachev tinha como objetivo melhorar os incentivos à produção. O regime de Ieltsin tentou resolver algumas das questões fundamentais da reforma da agricultura russa. O principal objetivo da reforma agrícola de Ieltsin foi a reorganização das explorações agrícolas estatais e colectivas em unidades mais eficientes e orientadas para o mercado.

- *Agricultura sustentável:* O conceito de desenvolvimento sustentável reflectiu-se no sistema de metas e objectivos do desenvolvimento agrícola. A agricultura sustentável torna-se responsável pelos aspectos sociais, ambientais e biológicos dos produtos agrícolas. A indústria agrícola identificou orientações e ferramentas para reduzir os efeitos económicos, sociais e ambientais adversos e aumentar a sustentabilidade.

- *Agricultura biológica:* O sector da agricultura biológica na Rússia tem vindo a crescer de forma constante desde o início da década de 2000. A quantidade de terra utilizada para a agricultura biológica quase duplicou, enquanto o mercado biológico cresceu 10 vezes em valor nos últimos 15 anos. O sector biológico da Rússia continua subdesenvolvido em comparação com os países líderes na produção e consumo de produtos biológicos. De acordo com a Federação Internacional dos Movimentos de Agricultura Biológica (IFOAM), são quatro os princípios da agricultura biológica: saúde, ecologia, justiça e cuidado [13]. A figura 10.6 mostra a agricultura biológica na Rússia [16].

Figura 10.6 Agricultura biológica na Rússia [16].

- *Crédito agrícola:* Nos últimos anos, registou-se uma melhoria da situação do crédito agrícola na Rússia. O Estado oferece créditos em géneros, em que as sementes, os fertilizantes e outros factores de produção são fornecidos em troca dos cereais colhidos no final da campanha. Algumas explorações agrícolas receberam grandes subsídios do governo federal. Os incentivos nacionais à agricultura deram um impulso ao crescimento das pequenas explorações agrícolas.

10.8 DESAFIOS

Embora a Rússia pareça ter resolvido com êxito o seu problema histórico de escassez de alimentos, a nação já está a enfrentar um novo conjunto de desafios. O clima da Rússia e a curta estação de crescimento têm um grande impacto na produção alimentar. O clima frio e imprevisível dificulta a sobrevivência das culturas durante longos períodos, o que resulta num rendimento inferior. Os agricultores estão insatisfeitos com as más condições de trabalho e de vida. A figura 10.7 mostra alguns agricultores zangados que protestam na Rússia [17].

Figura 10. 7 F armer protesto na Rússia [17].

A maioria dos agricultores deixou de poder comprar novas máquinas agrícolas, instalações de armazenamento de cereais e outros investimentos de capital. Atualmente, não existe qualquer mecanismo que permita aos bancos avaliar o valor da terra com base na sua produtividade antes de concederem empréstimos. Existe uma necessidade premente de maquinaria agrícola modernizada na Rússia. O sistema de investigação agrícola da Rússia foi descrito como estando desligado da maioria dos agricultores. O crescimento agrícola e o desenvolvimento rural são limitados pela subutilização do potencial agrário da Rússia. Uma vez que a indústria de transformação de alimentos continua muito subdesenvolvida, o país tem de importar a maior parte dos seus alimentos refinados. Outros desafios da agricultura russa são os seguintes [6,12]:

- *Segurança alimentar:* A Revolução Verde, baseada em práticas agrícolas industriais, reduziu a insegurança alimentar nos países em desenvolvimento. O instrumento mais importante da política económica da Federação Russa no sector agrícola é a Doutrina da Segurança Alimentar. Ao avançar para a autossuficiência na produção alimentar, o governo russo esperava que houvesse também ganhos na segurança alimentar, garantindo que os consumidores russos tivessem acesso a alimentos saudáveis. Para além do boom na produção de cereais, a Rússia é agora um exportador líquido de aves de capoeira, autossuficiente em carne de porco e está a fazer grandes progressos na carne de vaca. Há um boom na construção de estufas para a produção de vegetais.

- *Proibição das importações:* A agricultura russa como sector estratégico surgiu com a introdução, em 2014, de contra-sanções russas, proibindo as importações de produtos agrícolas de países que participam nas sanções contra a Rússia devido às suas acções contra a Ucrânia. A Rússia fechou os seus mercados a países que, em 2013, tinham sido responsáveis por mais de metade das suas importações de carne de porco, aves, peixe e marisco, legumes e produtos lácteos.

Qualidade: A questão fundamental é saber se a agricultura russa conseguirá, no jargão económico, "subir a escada da qualidade". Em algumas regiões, 78,3% dos queijos e 25% dos outros produtos lácteos foram adulterados em 2015.

- *Clima:* As condições climáticas determinam a agricultura em relação à composição das culturas, à produtividade e às flutuações dos rendimentos. A Rússia regista temperaturas extremamente baixas em muitas regiões devido à sua vasta dimensão e clima continental. Estas condições frias tornam-na inadequada para o cultivo de culturas. O trigo é muito vulnerável ao clima frio e à acidez do solo. Devido às condições climáticas severas, a produtividade média das culturas na Rússia foi sempre inferior à dos países da Europa Ocidental e dos Estados Unidos. A caraterística mais notável da agricultura russa, determinada pelo clima, foi a grande flutuação dos rendimentos. Por exemplo, na Rússia é demasiado frio para cultivar milho porque o milho exige temperaturas de, pelo menos, 16°C (61°F), enquanto a Rússia tem um clima continental temperado que é favorável ao cultivo do trigo. Os russos adaptaram-se ao seu clima desenvolvendo plantas e animais capazes de sobreviver em climas frios.

- *Escassez de mão de obra:* Até 2030, o mundo poderá enfrentar uma escassez drástica de pessoal altamente qualificado. No caso da Rússia, isto poderá levar a uma escassez de 2,8 milhões de trabalhadores altamente qualificados, o que poderá causar perdas de 300 mil milhões de dólares para as empresas. Por exemplo, a população dos estados do extremo oriente da Rússia tem vindo a diminuir. O medo dos estrangeiros, e especialmente dos chineses, é forte na Rússia. As políticas de imigração restritivas e o envelhecimento da população conduziram a uma escassez de mão de obra no sector agrícola. A falta de trabalhadores qualificados e o fraco desenvolvimento tecnológico continuam a ser factores que impedem o crescimento do sector. É difícil para as empresas encontrar especialistas experientes e qualificados no sector agrícola.

- *Redução de terras:* As mudanças que começaram no final do século XX afectaram grandemente a agricultura. A produção agrícola foi fortemente reduzida e registou-se uma redução significativa das terras aráveis em várias regiões.

- *Crimes em zonas rurais:* A maioria das explorações agrícolas são remotas e são alvos fáceis de roubo. É importante que cada agricultor proteja a sua exploração e o seu investimento. A presença visual de câmaras de segurança, por si só, dissuade muitas vezes os criminosos de visarem a propriedade. Os recursos das forças da ordem já são escassos, o que significa que os tempos de resposta são muito maiores nas zonas rurais, os efectivos são mais reduzidos nas zonas remotas e há mais crimes por resolver nas zonas rurais.

- *Baixa produtividade:* Embora o sector agroalimentar tenha um grande potencial para desempenhar um papel proeminente na economia russa, sofre de uma produtividade relativamente baixa e de uma base tecnológica ultrapassada. O principal impulso para a eficiência tem vindo principalmente das empresas agrícolas de dimensão relativamente grande.

Estes desafios são apresentados na Figura 10.8.

Figura 10.8 Desafios da agricultura na Rússia.

O futuro do sector agrícola russo depende em grande medida da rapidez e do êxito com que estes desafios forem resolvidos. Isto incentivará o Banco Mundial a aprofundar o seu trabalho em parceria com o governo e a apoiar a agricultura russa na realização de todo o seu potencial. Isto fará da agricultura um dos sectores mais atractivos da economia russa.

10.9 CONCLUSÃO

A agricultura russa tem sido um dos segmentos da economia com crescimento mais rápido nos últimos anos. Trata-se de um sector com um potencial imenso, mas com uma contribuição reduzida para o PIB. As suas políticas agrícola e rural estão intimamente ligadas à transição da economia planificada para a economia de mercado.

A produção e a transformação de alimentos representam uma componente essencial da economia russa. Nos últimos 10 anos, a importação de equipamento de transformação e embalagem de alimentos duplicou na Rússia. A proibição das importações de produtos alimentares de muitos países implica que a indústria alimentar russa continuará a desenvolver-se e a beneficiar de um ambiente competitivo favorável [18]. As exportações de produtos alimentares valem atualmente mais para a Rússia do que as suas exportações de armas, rendendo ao país cerca de 25 mil milhões de dólares em 2019.

Nos últimos 20 anos, a Rússia tem procurado atualizar a sua política em relação aos países em desenvolvimento e à era da globalização. Do ponto de vista comercial, existem condições favoráveis para os produtores e exportadores de produtos alimentares russos. A agricultura na Rússia está a crescer e a ganhar rapidamente proeminência. O país está a recuperar o seu estatuto de superpotência agrícola. A importância da Rússia no mercado agrícola mundial está a aumentar. O futuro da produção agrícola e dos cereais afigura-se brilhante. Para mais informações sobre a agricultura na Rússia, consultar os livros em [19-30].

REFERÊNCIAS

[1] E. Howard, "Map of Russia", setembro de 2017,

https://www.guideoftheworld.com/map-of-russia.html

[2] "Os 10 principais países produtores agrícolas do mundo", fevereiro de 2023,

https://www.tractorjunction.com/blog/top-10-agricultural-producing-countries-in-the-world/

[3] "Agricultores russos de trigo rezam pela chuva, devido ao baixo rendimento das colheitas", maio de 2015,

https://www.themoscowtimes.com/2015/05/29/russian-wheat-farmers-pray-for-rain-amid-low- crop-yields-a46971

[4] "A visão de 'superpotência alimentar' da Rússia: Opportunities and pitfalls", agosto de 2018,

https://www.gisreportsonline.com/r/russias-agriculture-sector/

[5] "Panorama do desenvolvimento agrícola da Rússia".

https://www.eurasian-research.org/publication/an-overview-of-agricultural-development-of- russia/

[6] "Introdução ao clima e à agricultura na Rússia,"

https://www.climate-policy-watcher.org/grain-production/introduction-climate-and-agriculture- in-russia.html

[7] "18 - Camponeses e agricultura,"

https://www.cambridge.org/core/books/abs/cambridge-history-of-russia/peasants-and- agriculture/50BE578F9B30F5F0637BD4C3014EFB9F

[8] "Agricultura na Rússia", *Wikipédia,* a enciclopédia livre

https://en.wikipedia.org/wiki/Agriculture_in_Russia

[9] M. N. O. Sadiku, U. C. Chukwu, e J. O. Sadiku, "Agriculture in Russia", *Conferência Internacional sobre Ciências Agrícolas, Ambiente, Desenvolvimento Urbano e Rural (Marrocos),* 2024, pp.12-23.

[10] V. Uzun, N. Shagaida e Z. Lerman, "Russian agroholdings and their role in agriculture", *Post-CommunistEconomies,* vol. 33, n.º 8, março de 2021, pp. 1035-1055.

[11] S. Golovina, J. Nilsson e A. Wolz, "The role of production cooperatives in Russian agriculture", janeiro de 2015,

https://www.researchgate.net/publication/282739500_The_role_of_production_co operatives_in_ Agricultura russa

[12] S. Hedlund, "The implications of Russia's agriculture boom", agosto de 2019,

https://www.gisreportsonline.com/r/russia-agriculture/

[13] N. Y. Nesterenko, A. V. Kolyshkin, e T. V. Iakovleva, "Sustainable agriculture in Russia: The role of eco-friendly and organic technologies," in A. V. Bogoviz (ed.), *The Challenge of Sustainability in Agricultural Systems.* Springer, volume 1, 2021, pp 41-48.

[14] "Agricultura", https://countrystudies.us/russia/60.htm

[15] Y. Mitusova e A. Buyvolova, "Development of organic agriculture in Russia", janeiro de 2018,

https://www.researchgate.net/publication/322640806_Development_of_Organic_ Agriculture_in_ Rússia

[16] A. Ukolova, "Healthier lifestyle drives organic farming in Russia" [Um estilo de vida mais saudável impulsiona a agricultura biológica na Rússia].

https://www.rbth.com/business/2013/04/02/organic_farming_expands_in_russia_ 24553.html

[17] H. Amos, "Angry farmers stage trator march on Moscow", agosto de 2016, https://www.themoscowtimes.com/2016/08/22/angry-farmers-stage-trator-march-

on-moscow- a55067

[18] "Agroindústria", março de 2023,

https://www.trade.gov/country-commercial-guides/russia-agribusiness

[19] G. Safonov e Y. Safonova, *Economic Analysis of The Impact of Climate Change on Agriculture in Russia [Análise económica do impacto das alterações climáticas na agricultura na Rússia].* Oxfam International, 2013.

[20] S. Wegren, *Agriculture and The State in Soviet and Post-Soviet Russia (Agricultura e Estado na Rússia Soviética e Pós-Soviética).* University of Pittsburgh Pre, 1998.

[21] J. Pallot e T. G. Nefedova. *Russia's Unknown Agriculture: Household Production in PostSocialist Rural Russia.* Oxford University Press, EUA, 2007.

[22] L. Volin, *Um século de agricultura russa: From Alexander II to Khrushchev.* Harvard University Press, 1970.

[23] L. Volin, *A Survey of Soviet Russian Agriculture.* Departamento de Agricultura dos EUA, 1951.

[24] G. Pavlovsky, *Agricultural Russia: On the Eve of the Revolution.* Taylor & Francis, 2017.

[25] V. P. Timoshenko, *Agricultural Russia and the Wheat Problem.* University of Michigan Press, 1932.

[26] K. M. Brooks, *Reforma Agrícola na Rússia: A View from the Farm Level · Parts 63-327.* Banco Mundial, 1996.

[27] Z. Lerman, *Russia's Agriculture in Transition: Fator Markets and Constraints on Growth.* Lexington Books, 2008.

[28] L. M. Boukharaeva e M. Marloie, *Family Urban Agriculture in Russia: Lessons and Prospects*. Springer 2015.

[29] F. Nilssen e S. K. Wegren, *Russia's Role in the Contemporary International Agri-Food Trade System.* Springer, 2021.

[30] L. M. Boukharaeva e M. Marloie, *Family Urban Agriculture in Russia: Lessons and Prospects.* Springer, 2015.

CAPÍTULO 11 : AGRICULTURA EM SINGAPURA

"Singapura é o lugar mais feliz da Ásia." - Dan Buettner

11.1 INTRODUÇÃO

Singapura é uma nação situada no continente asiático, no extremo sul da península da Malásia. É um país insular e uma amálgama viva da cultura imigrante inspirada em todas as partes da Ásia. É uma cidade-estado soberana, a maior do seu género no mundo. É uma cidade-estado com uma população urbana densa, uma ilha 100% urbana. Foi separada da Malásia e tornou-se um Estado independente e soberano em 9 de agosto de 1965. Singapura é popularmente conhecida como a cidade jardim, uma vez que 50% do seu espaço terrestre está coberto por parques e ruas arborizadas [1]. A população de Singapura é de 5,6 milhões de habitantes e a sua economia é extremamente aberta, com o comércio e os serviços a proporcionarem emprego e rendimentos à maioria das suas empresas e cidadãos. Singapura é o terceiro país mais densamente povoado do mundo, conhecido pelos seus edifícios altos e apertados. Sendo uma pequena cidade-estado com recursos limitados, Singapura está fortemente dependente das importações. Singapura importa mais de 90% dos seus géneros alimentícios. A figura 11.1 mostra o mapa de Singapura [2].

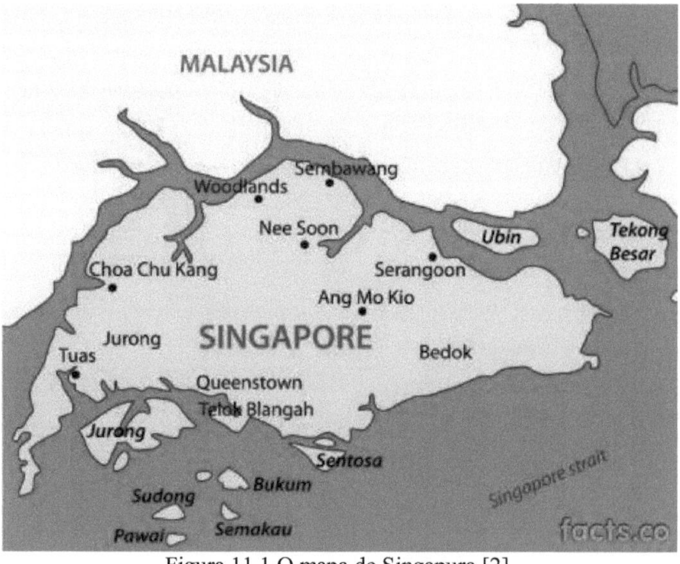

Figura 11.1 O mapa de Singapura [2].

A agricultura é considerada como o cultivo de plantas para fins alimentares. A agricultura não é um sector económico importante em Singapura e menos de 1%

da sua superfície terrestre total é utilizada para a agricultura. Por este motivo, Singapura importa a maior parte (90%) dos alimentos que consome, o que a torna vulnerável a perturbações nas cadeias globais de abastecimento alimentar [3]. "A produção local de alimentos representa atualmente menos de 10% das suas necessidades nutricionais. A agricultura tem lugar sobretudo na região rural de Singapura, onde se situam as explorações agrícolas. A indústria agrícola de Singapura produz duriões, rambutões, mangostões, cogumelos, ovos, legumes, aves de capoeira e carne de porco. Singapura importa mais de 90% das colheitas de países como a Tailândia, a China e a Malásia.

Singapura é uma potência económica. Apesar da sua pequena dimensão, Singapura é um dos países mais ricos per capita do planeta. A agricultura em Singapura é uma pequena indústria, mas é uma indústria tecnologicamente avançada, bem como socialmente avançada. O governo federal de Singapura tem apoiado fortemente a agricultura durante décadas. O governo adoptou uma série de políticas destinadas a duplicar os rendimentos dos agricultores e a torná-los auto-suficientes num curto espaço de tempo. Tem o ambicioso objetivo "30-por-30" de ter as capacidades e a capacidade de produzir 30% das necessidades nutricionais de Singapura até 2030 [4].

Este capítulo explora a prática da agricultura em Singapura. Começa por abordar os diferentes tipos de explorações agrícolas existentes em Singapura. Apresenta uma breve história da agricultura em Singapura. Discute as formas tradicionais e modernas de agricultura em Singapura. Destaca os benefícios e os desafios da agricultura em Singapura. A última secção conclui com comentários.

11.2 TIPOS DE EXPLORAÇÕES AGRÍCOLAS

As poucas explorações agrícolas locais de Singapura produzem principalmente produtos hortícolas e rebentos de feijão, sendo toda a produção consumida internamente. Em Singapura, existem três tipos principais de explorações agrícolas [5]:

- *Baseadas na terra:* Estes tipos de explorações cultivam os produtos hortícolas diretamente na terra, utilizando o solo como suporte e para fornecer alguns nutrientes às plantas. A Figura 11.2 mostra um exemplo de agricultura baseada na terra [6].

Figura 11.2 Uma exploração agrícola terrestre típica em Singapura [6].

- *Em recintos fechados:* Os produtos das explorações de interior são cultivados num ambiente fechado, por exemplo, num edifício. As explorações de interior cultivam frequentemente os seus produtos num sistema vertical/multi-nível, utilizando iluminação artificial e um sistema hidropónico de recirculação. A figura 11.3 mostra um exemplo de agricultura de interior em Singapura [7].

Figura 11.3 Agricultura em recintos fechados em Singapura [7].

- *Telhados:* São fazendas localizadas nos telhados de edifícios, como estacionamentos de vários andares, fazendo uso produtivo de áreas que poderiam estar subutilizadas. As explorações agrícolas em telhados, como forma de agricultura urbana, devem ser consideradas entre os empreendimentos mais importantes do mundo atual. A Figura 11.4 mostra um telhado agrícola típico em Singapura [8].

Figura 11.4 Um telhado agrícola típico em Singapura [8].

A maior parte, se não a totalidade, da agricultura de Singapura é agricultura urbana e aquicultura. As explorações agrícolas licenciadas em Singapura concentram-se principalmente em três tipos principais de produtos: peixe e marisco, produtos hortícolas e ovos de galinha. A piscicultura é um sector pequeno mas em crescimento.

11.3 BREVE HISTÓRIA DA AGRICULTURA SINGAPURENSE

Nos primeiros anos, a agricultura constituía uma importante fonte de rendimento para os singapurenses. Há duzentos anos, era uma densa floresta tropical, rodeada de mangais costeiros, que sustentava uma população piscatória de 1000 pessoas. Antes do desenvolvimento modernizado, a Orchard Road era um troço de pomares agrícolas. Tal como em muitas outras zonas, as explorações agrícolas começaram rapidamente a desaparecer e Singapura tornou-se mais dependente das importações do estrangeiro. A Orchard Road, atualmente uma das artérias mais luxuosas de Singapura, deve o seu nome ao facto de ter sido originalmente ladeada por pomares de fruta e hortas.

Antes de ser um centro de comércio global, Singapura era um centro agrícola na esquina do Império Britânico. Quando Singapura se tornou autónoma em 1959, muitas das 20 000 explorações agrícolas da ilha utilizavam métodos de produção relativamente ineficientes e de mão de obra intensiva. Na altura da independência, em 1965, Singapura produzia 60% da sua própria procura de produtos hortícolas, 80% das aves de capoeira, 100% dos ovos e até exportava carne de porco para as regiões vizinhas. Em 1970, cerca de 175 400 pessoas (9% da população total) dedicavam-se ativamente a actividades agrícolas ou dependiam indiretamente da agricultura e da pesca para viver. Até à década de 1980, o sector agrícola centrava-se predominantemente na produção de alimentos. Esta situação alterou-se com o desenvolvimento dos parques agrotécnicos, onde a maioria das explorações agrícolas eram explorações não alimentares. Em 1984, o governo começou a eliminar progressivamente a criação de porcos devido aos odores e à poluição ambiental. A agricultura em Singapura foi fortemente reduzida já em 1987. O país deu o primeiro passo para a transformação do sector agrícola local quando o governo anunciou um plano para ultrapassar os constrangimentos e desenvolver uma geração de especialistas em agricultura [9].

11.4 AGRICULTURA MODERNA

Os métodos tradicionais de agricultura ou de colheita em Singapura eram ineficientes e laboriosos. Com o aumento da população, a urbanização e a industrialização, a indústria agrícola reestruturou-se, passando de uma agricultura de subsistência para uma agricultura intensiva. Singapura passou de uma nação subdesenvolvida para uma cidade-estado global em três gerações, porque deu prioridade e incentivou o comércio e a modernização das infra-estruturas.

Uma vez que Singapura depende em grande medida das importações para satisfazer as suas necessidades alimentares, a legislação alimentar de Singapura visa garantir um abastecimento estrangeiro consistente de produtos alimentares e agrícolas seguros. A Agência Alimentar de Singapura (SFA), um órgão estatutário sob a alçada do Ministério do Ambiente e dos Recursos Hídricos, é responsável por toda a regulamentação relativa aos géneros alimentícios no país. A SFA está empenhada em garantir e assegurar o fornecimento de alimentos seguros à nação. Adopta também uma abordagem multifacetada que inclui a diversificação das fontes de importação de alimentos, o aumento da produção local e o cultivo de alimentos no estrangeiro. Em 2019, o governo de Singapura estabeleceu o objetivo de produzir localmente 30% das necessidades nutricionais do país até 2030. Este objetivo faz parte da chamada visão "30 by 30" [10]. Este é o plano do governo de Singapura para que 30% da procura de alimentos seja satisfeita pela produção agrícola local na próxima década. Para atingir este objetivo ambicioso, o governo está a procurar novas soluções para aumentar a produtividade da indústria agrícola local. O objetivo exigirá também que a indústria agroalimentar aplique a investigação e o desenvolvimento, para reforçar a resistência às alterações climáticas e ultrapassar as limitações de recursos.

O governo está empenhado em estabelecer parcerias com o sector agrícola local para expandir a produção alimentar de uma forma altamente produtiva, resistente ao clima e eficaz em termos de recursos. A nação está agora a promover uma investigação e desenvolvimento (I&D) intensivos em AgriTech e inovação de alta produtividade para impulsionar a agricultura sustentável. A colaboração para acelerar o progresso das startups AgriTech registou um aumento significativo desde o anúncio da iniciativa 30 by 30 de Singapura. O governo também investiu $105 milhões. Enquanto os agricultores tradicionais de Singapura estão a incorporar tecnologia nos seus sistemas agrícolas, os novos intervenientes introduziram infra-estruturas tecnologicamente avançadas e sistemas inteligentes, tais como sensores e análises da Internet das Coisas (IoT), para otimizar a produção alimentar. A análise de dados IoT permite às explorações agrícolas controlar as condições ambientais, como a temperatura e a humidade [11].

Para garantir a máxima produtividade num espaço limitado, Singapura recorre a soluções agro-técnicas e de agricultura urbana inovadoras, como as pisciculturas verticais rotativas, as explorações hidropónicas interiores em camadas e as hortas nos telhados. Em Singapura, existe mesmo uma exploração agrícola dentro de um aeroporto, como mostra a Figura 11.5 [12].

Figura 11.5 Agricultura no interior de um aeroporto em Singapura [12].

Mesmo com tecnologias agrícolas inovadoras, é difícil para Singapura atingir o seu objetivo de produzir 30% do seu consumo alimentar. A produção sustentável de alimentos tem vindo gradualmente a ser objeto de atenção por parte dos empresários. A colaboração entre engenheiros, biólogos de plantas e cientistas de dados será importante para garantir a implementação sustentável de tecnologias na agricultura do futuro. O excelente sistema educativo, o capital humano de qualidade e as boas infra-estruturas são outros factores de atração que atraem os inovadores e a I&D para Singapura.

11.5 BENEFÍCIOS

Singapura tem vindo a desenvolver a capacidade da indústria agroalimentar para produzir mais com menos, de forma sustentável. Com menos de 1% da terra em uso agrícola, a cidade-estado de Singapura está a testar abordagens integradoras para onde e como os alimentos podem ser cultivados na cidade. Singapura é um exemplo oportuno de um governo que está a testar novas formas de colaboração entre agências para adaptar e desenvolver políticas que integrem a agricultura no contexto urbano. Outros benefícios da agricultura de Singapura são os seguintes:

- *Agricultura urbana:* A agricultura urbana tem sido uma estratégia para alimentar os habitantes das cidades. É a produção, processamento e distribuição de alimentos que ocorre em áreas urbanas. Os planeadores são actores chave para facilitar e promover a agricultura urbana. A agricultura urbana comercial é tipicamente restrita ao uso de terrenos agrícolas, espaços verdes ou abertos, ou terrenos subutilizados ou não desenvolvidos. Dada a crescente atenção global à política alimentar urbana, Singapura é um exemplo oportuno onde as políticas apoiam a produção urbana integrada de alimentos através da intensificação de alta tecnologia [13]. A Figura 11.6 mostra as actuais explorações agrícolas urbanas em Singapura [14], enquanto a Figura 11.7 mostra uma exploração agrícola urbana típica [15].

Figura 11.6 Explorações agrícolas urbanas actuais em Singapura [14].

Figura 11.7 Uma agricultura urbana típica [15].

Cultivar mais alimentos nas cidades pode significar a diferença entre o sucesso e o fracasso. A agricultura urbana levou certamente a cidade a novos patamares. Aumentou a coesão social e a comunidade, uma vez que os proprietários das casas e os residentes dos apartamentos passam tempo juntos nas quintas urbanas, criando laços com os vizinhos.

- *Agricultura vertical:* Trata-se de utilizar sistemas de alta tecnologia para maximizar o espaço físico disponível e criar condições adequadas para cultivar mais alimentos com menos recursos. A agricultura vertical pode ser a próxima fronteira da agricultura urbana. Para a ilha de Singapura, onde o imobiliário é um bem precioso, a agricultura vertical poderá ser a opção mais viável. As explorações agrícolas verticais podem ser 10 vezes mais produtivas por metro quadrado do que a agricultura convencional. Em Singapura, estão a surgir explorações hortícolas verticais de interior e exterior. A Figura 11.8 mostra uma quinta vertical típica [16].

Figura 11.8 Uma quinta vertical típica [16].

- *Agricultura cívica:* Singapura está a fazer a transição para uma agricultura cívica de menor escala. A agricultura cívica é essencialmente uma prática em que a ligação entre o agricultor e o consumidor é encurtada e reforçada. Este domínio da produção alimentar é uma alternativa sustentável à agricultura convencional de grande escala. No entanto, o país ainda tem muito a progredir.

- *Agricultura de alta tecnologia:* Refere-se geralmente à agricultura intensiva em edifícios ou ambientes controlados. Atualmente, os sistemas agrícolas de alta tecnologia permitem que a produção se realize no interior de edifícios (ou seja, dentro de casa). Isto permite cultivar mais alimentos e produtos, com uma qualidade consistentemente elevada. Enquanto a agricultura tradicional depende fortemente de factores ambientais que não podem ser controlados, os sistemas agrícolas de alta tecnologia são tipicamente fechados para minimizar os contaminantes, construídos numa estrutura de prateleiras verticais para aumentar a produtividade [17]. A figura 11.9 mostra a agricultura mecanizada em Singapura [18].

Figura 11.9 Agricultura mecanizada em Singapura [18].

- *Tecnologias emergentes:* As tecnologias emergentes, como a IA e a Internet das coisas, estão a permitir que os agricultores de todo o mundo digitalizem a cadeia de abastecimento agrícola. As tecnologias ajudam os agricultores a minimizar os recursos e a maximizar os rendimentos para obterem os melhores resultados. Os agricultores podem também utilizar drones e robots agrícolas para automatizar as suas operações e recolher dados em tempo real sobre as suas explorações para uma melhor tomada de decisões. À medida que os agricultores de Singapura continuam a adotar a tecnologia para aumentar a nossa segurança alimentar, mais destas tecnologias emergentes poderão vir a encontrar o seu caminho no futuro [19].

- *Governo:* O governo investiu fortemente na agricultura através do Research Innovation Enterprise 2020 Plan, para aumentar a I&D na indústria agroalimentar. As empresas multinacionais estão a tirar partido da forte posição de Singapura como centro regional de I&D agro-tecnológica. Singapura é já o segundo maior centro de comércio de produtos alimentares do mundo [20]. A Agência Alimentar de Singapura (SFA) continua a ajudar os agricultores a aumentar a sua capacidade de produção alimentar. Presta apoio financeiro e concede bolsas de investigação em domínios como a produção urbana sustentável de alimentos.

- *Sustentabilidade alimentar:* Há muito que este é um tema polémico para Singapura. Tem havido um impulso para que Singapura avance para a auto-sustentabilidade. Singapura está a aproveitar a inovação para ultrapassar as limitações dos seus sistemas alimentares e alimentar gerações. Apesar dos esforços do governo para avançar no sentido da auto-sustentação, a falta de procura popular de produtos locais constitui um problema premente.

11.5 DESAFIOS

Os acontecimentos globais, como as alterações climáticas, a inflação e a geopolítica, provocaram uma onda de mudança em muitos sectores de Singapura, incluindo o sector agrícola. Singapura enfrenta a vulnerabilidade iminente da sua segurança alimentar e a falta de autossuficiência no seu abastecimento alimentar. Em 1984, uma questão importante foi a preocupação com a saúde das explorações de suínos em Singapura, no que respeita à poluição do ambiente. As tecnologias têm de ser económicas e acessíveis aos agricultores para que haja mudanças e impacto reais. A escassez de mão de obra, a concorrência de economias de baixo custo, a agitação política e a escassez de espaços são desafios importantes que o Estado tem de enfrentar. Outros desafios enfrentados pela agricultura de Singapura são os seguintes [21-24]:

- *Segurança alimentar: Trata-se de uma questão* de sobrevivência e é fundamental para a segurança nacional. A segurança alimentar tem um grande alcance; tem impacto no desenvolvimento económico, na saúde pública, na equidade social, na utilização dos solos e na segurança interna. A produção agrícola em Singapura não é suficiente para satisfazer as necessidades da população do país. O facto de Singapura depender de importações para cerca de 90% dos seus alimentos torna a segurança alimentar uma questão importante. Singapura ficou em primeiro lugar no Índice Global de Segurança Alimentar em 2019. Dada a forte dependência de Singapura das importações, uma estratégia fundamental para melhorar a sua segurança alimentar é a diversificação das fontes de importação. Singapura aumentou as suas fontes de abastecimento alimentar.

- *Segurança alimentar:* Não existe segurança alimentar sem segurança alimentar. Singapura goza de uma reputação internacional em matéria de segurança alimentar e de normas elevadas. O governo tem em vigor um regime regulamentar que adopta uma abordagem de gestão de riscos baseada na ciência e considera a responsabilidade conjunta na garantia da segurança alimentar. A missão da SFA é garantir e assegurar o fornecimento de alimentos seguros a Singapura. A SFA também tem em vigor um sistema integrado de segurança alimentar da exploração agrícola até à mesa para garantir que os alimentos à venda em Singapura são seguros para consumo. A SFA, juntamente com as partes interessadas da indústria e os consumidores, continuará a trabalhar em conjunto para construir um ecossistema alimentar sustentável e seguro para todos os singapurenses.

- *Alterações climáticas:* As alterações climáticas podem perturbar as explorações agrícolas tradicionais e as cadeias de abastecimento alimentar. À medida que as alterações climáticas e as situações geopolíticas evoluem, a inovação e a transformação continuarão a ser aspectos necessários para sustentar a segurança alimentar de Singapura. É improvável que a produção convencional de alimentos ao ar livre satisfaça esta procura, especialmente quando as culturas ao ar livre já estão a sentir o impacto das alterações climáticas.

- *Urbanização:* Isto reduz a quantidade de terras agrícolas disponíveis e coloca mais pessoas mais próximas umas das outras. As cidades em urbanização enfrentam a dupla ameaça da insegurança alimentar urbana e da escassez de terras. As explorações agrícolas urbanas de alto rendimento são a melhor forma de alimentar os habitantes das cidades. As explorações urbanas podem utilizar menos terra do que as explorações ao ar livre, mas essa terra é muito mais cara.

- *Interesse limitado:* Em Singapura, o interesse pelo sector agrícola é limitado, o que resulta em pouca investigação dedicada à agricultura. Esta situação é diferente da de outros países que criaram universidades e escolas superiores agrícolas que são centros de inovação agrícola.

- *Falta de conhecimentos:* Alguns agricultores de Singapura têm falta de conhecimentos e de saber-fazer no domínio da agricultura moderna. Os agricultores tradicionais têm-se atrasado na inovação digital e têm sido deixados para trás. Sem oportunidades de colaboração favoráveis, alguns agricultores enfrentam uma desvantagem natural a partir do zero.

- *Diminuição das terras:* Apenas 1% das terras de Singapura estão a ser utilizadas para a agricultura convencional. A população mundial está a aumentar rapidamente, com mais pessoas a viverem em áreas urbanas do que nunca, e a terra arável está a diminuir. A urbanização e a industrialização extensivas de Singapura resultaram numa diminuição significativa das terras agrícolas disponíveis. O país precisa de uma nova forma de produzir mais alimentos em menos terra.

- *Escassez de mão de obra:* Um dos principais problemas que Singapura enfrenta no sector agrícola é a falta de mão de obra. Este sector requer uma paixão pela agricultura, que muitas vezes exige muito trabalho árduo, o que por vezes desmotiva os potenciais candidatos.

Estes desafios são apresentados na Figura 11.10.

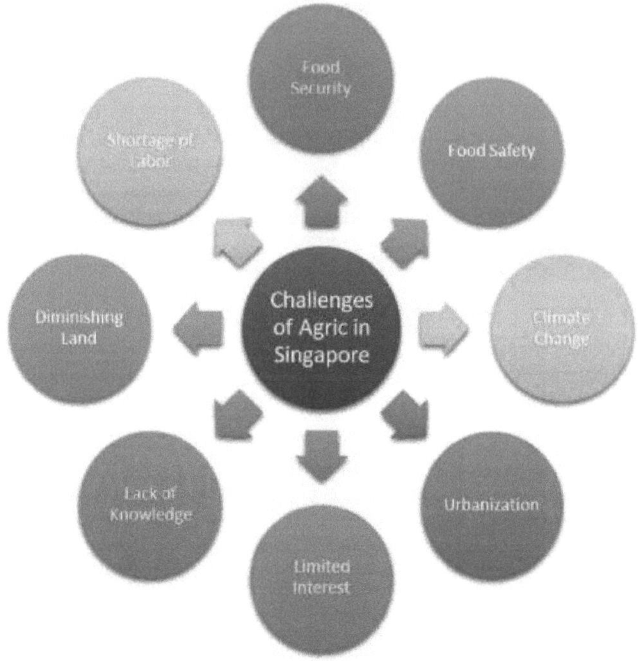

Figura 11.10 Desafios da agricultura em Singapura.

11.6 CONCLUSÃO

A agricultura de Singapura é um sector pequeno mas em crescimento. O país de dimensão citadina tem como objetivo "30 por 30" produzir 30% dos seus próprios alimentos até 2030. Está a incentivar os cidadãos a ajudar a cultivar o que podem. Está a levar a agricultura local para o próximo nível, com a abertura da sua primeira quinta vertical comercial, que tem uma série de vantagens em relação a outras formas de horticultura urbana. É provável que o interesse pela tecnologia agroalimentar em Singapura cresça devido ao maior apoio do governo e dos institutos de investigação. A agricultura poderá ser uma história de sucesso para Singapura, reduzindo a sua necessidade de importação de alimentos em poucas gerações, se forem implementadas as políticas correctas. Com segurança no emprego e uma remuneração generosa, há muito a ganhar com uma carreira na agricultura de Singapura. Para mais informações sobre a agricultura em Singapura, consultar os livros [25-32].

REFERÊNCIAS

[1] "20 Citações e provérbios famosos de Singapura sobre a Cidade Jardim,"

https://greetingideas.com/best-singapore-quotes/

[2] "Mapa de Singapura,"

https://www.fotolip.com/map-of-singapore-6244.html

[3] "Agricultura em Singapura - Estatísticas e factos," https://www.statista.Com/topics/5850/agriculture-in-singapore/#topicOverview

[4] M. N. O. Sadiku, P. Adebo e J. Sadiku, "Agriculture in Singapore", a publicar.

[5] "Tecnologias agrícolas," https://www.sfa.gov.sg/food-farming/farming-technologies/agriculture\

[6] "Grande inovação nas perspectivas do mercado agrícola de Cingapura: Ken research," janeiro de 2021, https://www.researchnewstoday.com/singapore-agriculture-market-77554.html

[7] M. Tatun, "Inside Singapore's huge bet on vertical farming", outubro de 2020, https://www.technologyreview.com/2020/10/13/1009497/singapore-vertical-farming-food-
segurança/

[8] " Sete sítios de agricultura urbana em telhados HDB premiados," https://www.askdaniel.org/2021/09/27/seven-urban-farming-sites-at-hdb-rooftops-awarded/

[9] "Especial SG50: As explorações alimentares de Singapura - Uma história do passado e do presente","
https://www.sfa.gov.sg/food-for-thought/article/detail/sg50-special-singapore's-food-farms-uma-história-do-então-e-agora

[10] "Agricultura," https://www.trade.gov/country-commercial-guides/singapore-agriculture

[11] M. A. Kok, "Singapore's emerging AgriTech ecosystem", janeiro de 2020, https://www.undp.org/policy-centre/singapore/blog/singapores-emerging-agritech-ecosystem

[12]
https://images.search.yahoo.com/yhs/search;_ylt=AwrEbym.1xpmmCYxBS8PxQt.;_ylu=Y29sb
wNiZjEEcG9zAzEEdnRpZAMEc2VjA3Nj?p=images+of+agricluture+in+Singapore&type=fc_

AC5AE6A96A2_s69_g_e_d_n0002_c999&param1=7&param2=eJwti8sKgzAQR X9llgoSJyZGg
lu%2FoFtxkWqqIdGIDyz9%2Bo6lzOKeey4zuqGtu0fDEUWlZZt1C3VELAjvia Kn0FoTufWHT
ArGlWC6IjfaSPLcCU9DNMePC8HkJUNILrcM8dphOYAjwxpIKFnDW8kUzLo Ge9mnd0deio
oJBYmfjlkEJy3MNrexxT6aYuzzXkhGN4Hu3mZzfl fvtqTObg%3D&hsimp=yhs
-
3971&hspart=fc&ei=UTF-8&fr=yhs-fc-
3971#id=55&iurl=https%3A%2F%2Fi.ytimg.com%2Fvi%2F ivRtFr35fss%2Fmaxresdefault.jpg &action=click

[12] J. A. Diehl et al., "Feeding cities: Singapore's approach to land use planning for urban agriculture," *Global Food Security,* vol.26, September 2020.

[13] "3 maneiras pelas quais as fazendas urbanas de Cingapura estão melhorando a segurança alimentar", abril de 2021,

https://www.weforum.org/agenda/2021/04/singapore-urban-farms-food-security-2030/

[14] "Rebentos verdes: A agricultura em telhados arranca em Singapura,"

https://timesofmalta.com/articles/view/green-shoots-rooftop-farming-takes-off-in-singapore.821248

[15] M. Doucleff, "Sky-high vegetables: Vertical farming sprouts In Singapore", novembro de 2012,

https://www.npr.org/sections/thesalt/2012/11/06/164428031/sky-high-vegetables-vertical- agricultura-em-singapura

[16] "Iniciar uma exploração agrícola: Um guia do sector,"

https://www.sfa.gov.sg/docs/default-source/food-farming/sfa-farming-guide_fa-spread-high- res.pdf

[18]
https://images.search.yahoo.com/yhs/search;_ylt=AwrNOGkD2xpmhU8x8nsPxQ t.;_ylu=Y29sb
wNiZjEEcG9zAzEEdnRpZAMEc2VjA3Nj?p=images+of+mechanized+farming+ in+Singapore
&type=fc_AC5AE6A96A2_s69_g_e_d_n0002_c999&param1=7&param2=eJwti 8sKgzAQRX9l
lgoSJyZGglu%2FoFtxkWqqIdGIDyz9%2Bo6lzOKeey4zuqGtu0fDEUWlZZt1C3 VELAjviaKn0
FoTufWHTArGlWC6IjfaSPLcCU9DNMePC8HkJUNILrcM8dphOYAjwxpIKFn DW8kUzLoGe
9mnd0deiooJBYmfjjlkEJy3MNrexxT6aYuzzXkhGN4Hu3mZzfl fvtqTObg%3D &hsimp=yhs-
3971&hspart=fc&ei=UTF-8&fr=yhs-fc-

3971#id=135&iurl=https%3A%2F%2Fassignmentpoint.com%2Fwp-content%2Fuploads%2F2020%2F10%2Fmechanized-agriculture-1.jpg&action=click

[17] "Os agricultores de Singapura: Going high-tech to boost our food security", junho de 2020,

https://safef.org.sg/blog/singapores-farmers-going-high-tech-to-boost-our-food-security/

[18] "Singapore's emerging agritech ecosystem", janeiro de 2020,

https://www.undp.org/policy-centre/singapore/blog/singapores-emerging-agritech-ecossistema#:~:text=Mas%20nos%20recentemente%20anos%2C%20o%20país%20tem%20procurado,la ck%20de%20auto-suficiência%20no%20seu%20abastecimento%20alimentar.

[19] "Agricultura em Singapura,"

https://www.wikiwand.com/en/Agriculture_in_Singapore

[20] "Estatísticas alimentares de Singapura 2021,"

https://www.sfa.gov.sg/docs/default-source/publication/sg-food-statistics/singapore-food- statistics-2021.pdf

[21] C. W. Boey, "Os desafios da indústria agroalimentar de Singapura", janeiro de 2021, https://insights.grcglobalgroup.com/singapore-agrifood/

[22] C. RuiZhi, "Of change & challenges: Reminders from Singapore's past agricultural transformations", outubro de 2022,

https://www.sfa.gov.sg/food-for-thought/article/detail/of-change-challenges-reminders-from- singapore-s-past-agricultural-transformations

[23] J. M. L. Montesclaros, S. C. Babu e P. S. Teng, *IoT-EnabledFarms and Climate- Adaptive Agriculture Technologies: Lições de investimento de Singapura.* Instl Food Policy Res Inst, 2019.

[24] D. Daniels e B. Nestel, *Resource Allocation to Agricultural Research: Proceedings of A Workshop Held in Singapore, 8-10 June 1981.* IDRC, Ottawa, ON, CA, 1981.

[25] T. Kozai, *Porquê iluminação LED para a agricultura urbana?* Springer Singapura, 2016.

[26] E. Ludher e T. K. Paramasilvam, *Food and the City: Overcoming Challenges for Food Security.* Singapura: Centre for Liveable Cities, 2018

[27] Biblioteca do Património da Biodiversidade, Jardim Botânico (Singapura), *The Gardens' Bulletin, Singapura: 1918-21 · Volume 2.* Escritório de impressão do governo dos EUA, 1911.

[28] K. R. Rutter, *Agricultural Development and Potential Markets in*

Singapore, Malysia [sic], and Indonesia: A Report of a Study Tour July 1978. Western Australian Department of Agriculture, 1978.

[29] E. C. Paul, *Political Food Economy of Small and Newly Independent States: Singapore and Brunei.* Escola de Ciências da Terra, Universidade de Macquarie, 1992.

[30] T. T. Ngiam e L. Cheong, *Singapura.* Centro Regional do Sudeste Asiático para Estudos de Pós-Graduação e Investigação em Agricultura.

CAPÍTULO 12 : AGRICULTURA NA ÁFRICA DO SUL

"O que conta na vida não é o simples facto de termos vivido. É a diferença que fizemos na vida dos outros que determinará o significado da vida que levamos. " - Nelson Mandela

12.1 INTRODUÇÃO

A República da África do Sul está localizada na África Austral, sendo o país mais meridional do continente. A sua economia é a segunda maior de África, depois da Nigéria. A sua população é de cerca de 56 milhões de habitantes. Tem uma área de 1.219.090 quilómetros quadrados. Está dividido em 9 províncias como a mais alta divisão administrativa, com 11 línguas oficiais, incluindo o zulu, o xhosa, o africâner, o inglês, o tsonga, o swazi e o venda. A sua capital é Pretória, enquanto a maior cidade é Joanesburgo [1]. O mapa da África do Sul com rios e cidades é apresentado na Figura 12.1 [2].

Figura 12.1 Mapa da África do Sul [2].

A África do Sul é o berço dos Safaris de vida selvagem, onde circulam livremente grandes leões, elefantes, leopardos, búfalos, rinocerontes, etc., normalmente designados por "património africano". A figura 12.2 mostra um típico Safari de vida selvagem [3]. A África do Sul é o maior produtor de carne em África.

Figura 12.2 Um Safari de vida selvagem típico [3].

A agricultura é a arte e a ciência de cultivar o solo, produzir colheitas e criar gado. Desempenha um papel crucial no desenvolvimento rural, proporcionando emprego e estabilidade económica às comunidades de todo o país. A África do Sul tem a maior área agrícola do continente africano. O sector agrícola sul-africano é um dos mais diversificados do mundo, consistindo em sistemas de agricultura intensiva e extensiva, empresariais e privados. O clima sul-africano varia entre o subtropical e o mediterrânico, permitindo uma multiplicidade de oportunidades agrícolas. O clima quente e a luz solar abundante em muitas regiões da África do Sul tornam-na ideal para o cultivo de culturas. A maior área de terreno agrícola é plantada com milho, seguida do trigo e, em menor escala, da cana-de-açúcar e dos girassóis [4]. O milho é uma das culturas mais cultivadas na África do Sul. É uma cultura de base no país que é utilizada para vários fins, incluindo o consumo humano, a alimentação do gado e aplicações industriais. O país estava entre as 10 principais nações produtoras de milho do mundo em 2021/2022. A África do Sul é uma terra de frutas fantásticas, com a fruticultura consistindo de laranjas e maçãs a uvas de mesa e fruta do dragão [5]. Outras culturas mais rentáveis na África do Sul são o trigo, os frutos mistos, a soja, o arroz e a cana-de-açúcar. A indústria dos lacticínios é constituída por cerca de 4 300 produtores de leite, que dão emprego a 60 000 trabalhadores agrícolas e contribuem para a subsistência de cerca de 40 000 outros. As regiões agrícolas da África do Sul são apresentadas na Figura 12.3 [6].

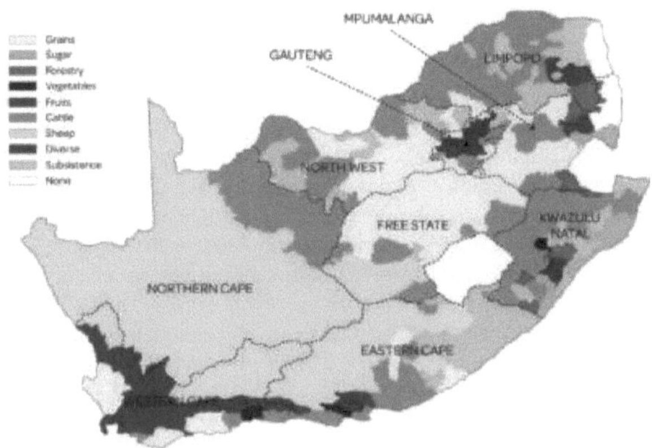

Figura 12.3 As regiões agrícolas da África do Sul [6].

Este capítulo apresenta a prática da agricultura na África do Sul. Começa por discutir os diferentes tipos de agricultura na África do Sul. Apresenta uma breve história da agricultura na África do Sul. Aborda as formas tradicionais e modernas de agricultura na África do Sul. Destaca os benefícios e os desafios da agricultura na África do Sul. A última secção conclui com comentários.

12.2 TIPOS DE AGRICULTURA NA ÁFRICA DO SUL

O solo rico, o clima favorável e a topografia variada da África do Sul fazem dela um local ideal para a agricultura. Consideramos aqui os seguintes tipos de culturas agrícolas na África do Sul [7]:

- *Cultura de citrinos:* O clima do país cria excelentes condições para o cultivo de citrinos. A África do Sul é um dos principais produtores mundiais de citrinos, como laranjas, limões e toranjas. A exportação destes frutos contribui para a economia do país.
- *Fruticultura:* Para além dos citrinos, a África do Sul cultiva uma variedade de outras frutas, incluindo maçãs, pêras, pêssegos e abacates.
- *Cultivo de uvas para vinho:* O clima da província de Western Cape cria o ambiente ideal para a produção de vinhos de alta qualidade. É bem conhecida como um importante centro de cultivo de uvas para vinho.
- *Cultivo de cana-de-açúcar:* A cana-de-açúcar é uma das principais culturas de rendimento na África do Sul,
- *Cultivo de legumes:* Em toda a África do Sul são cultivados diversos vegetais, como batatas, tomates, cenouras e cebolas. Os diversos climas do país permitem a produção de vários legumes durante todo o ano.

12.3 BREVE HISTÓRIA DA AGRICULTURA SUL-AFRICANA

África é o berço da nossa espécie e a nossa primeira casa. A história da agricultura na África do Sul remonta a cerca de dois séculos atrás. Toda a África abaixo do Sara praticou a caça e a recolha até cerca de 3000 a.C.. Os caçadores-recolectores eram nómadas e nunca permaneciam muito tempo num mesmo local. Os antepassados humanos deixaram de depender da caça e da recolha para se alimentarem e começaram a praticar a agricultura. A África Subsariana simplesmente não tinha muitas (ou nenhumas) dessas tentadoras "armadilhas" para forçar os seres humanos a iniciar a agricultura. Durante muito tempo, usufruiu das vantagens da recolha de alimentos [8]. Os agricultores africanos que se deslocaram do Norte de África para a África Austral por volta de 250 d.C. eram falantes de línguas bantu. São os antepassados de muitos povos sul-africanos. Os primeiros agricultores começaram a comerciar uns com os outros. A charrua de bois foi trazida para a África Austral pelos colonos europeus e substituiu a enxada como ferramenta para limpar o solo [9]. O registo escrito mais antigo da vida agrícola na África do Sul pelos europeus começa um pouco depois de 1500 d.C.

Até à década de 1920, os agricultores produziam alimentos de forma natural, utilizando práticas agrícolas tradicionais que conservavam e regeneravam a terra. A África do Sul é um país com uma história de mudança. Historicamente, a África do Sul provou ser capaz de se adaptar às mudanças sociais e políticas. A África do Sul é um país que se adapta bem às mudanças sociais e políticas. Os sul-africanos já mostraram mudanças interessantes no consumo de alimentos desde a década de 1970. As importações agrícolas abrandaram durante as décadas de 1970 e 1980, mas aumentaram significativamente durante as décadas de 1990 e 2000. No final da década de 1970, assistiu-se a uma mudança na política económica que deu início a um processo de desregulamentação no sector agrícola. Quatro acontecimentos ocorridos entre 1973 e 1976 catalisaram uma série de mudanças políticas, sociais e económicas significativas na África do Sul, que anunciaram uma nova abordagem da política agrícola. Foram eles: a agitação laboral e as greves dos sindicatos negros na região de Durban, em 1973; a crise petrolífera da OPEP, em 1973; o golpe de Estado em Lisboa, em abril de 1974, que resultou na invasão abortada de Angola pela África do Sul, em 1975; e a revolta dos estudantes do Soweto, em junho de 1976. A indústria agrícola era um sector altamente regulamentado, com subsídios e concessões financeiras disponíveis para os agricultores. No entanto, a agricultura foi desregulamentada desde os anos 80 e espera-se agora que o sector agrícola responda às condições do mercado livre. Com o advento da democracia, em 1994, e a nomeação do primeiro Ministro da Agricultura do Congresso Nacional Africano (ANC), em 1996, a mudança começou a registar-se muito mais rapidamente [10]. O saldo positivo da balança comercial agrícola da África do Sul tem vindo a diminuir desde 2005.

12.4 AGRICULTURA MODERNA

A agricultura desempenha um papel importante no processo de desenvolvimento económico da África do Sul e contribui significativamente para a segurança alimentar das famílias. A África do Sul é o terceiro país com maior biodiversidade do mundo. O seu vinho é conhecido em todo o mundo. O sector agrícola da África do Sul é um dos mais diversificados do mundo, consistindo em sistemas de cultivo intensivo e extensivo, privados e empresariais, incluindo a produção de vegetais, frutas, nozes e cereais. Em comparação com o resto de África, a África do Sul tem, de longe, a economia agrícola mais moderna, produtiva e diversificada. A agricultura comercial bem desenvolvida na África do Sul é a espinha dorsal da economia agrícola do país e a pedra angular da economia e do património da nação [11].

A África do Sul é um país rico e diversificado. A agricultura na África do Sul mudou radicalmente nos últimos anos. Contribui para o abastecimento alimentar, para as receitas em divisas, para a criação de emprego e para o fornecimento de matérias-primas a outros sectores. A África do Sul tem um sector agrícola altamente diversificado, que inclui a produção de todos os principais cereais (exceto o arroz), sementes oleaginosas, frutos subtropicais, açúcar, citrinos, vinho e a maioria dos produtos hortícolas. A indústria de cereais (cevada, milho, aveia, sorgo e trigo) é uma das maiores indústrias agrícolas da África do Sul, contribuindo com mais de 30% para o valor bruto total da produção agrícola. O milho é a maior cultura de campo produzida localmente e a mais importante fonte de hidratos de carbono. A Figura 12.4 mostra a cultura do milho na África do Sul [10].

Figura 12.4 Cultivo de milho na África do Sul [10].

O trigo é o segundo cereal mais importante consumido depois do milho. A produção pecuária inclui bovinos, lacticínios, suínos, ovinos e uma indústria avícola e de ovos bem desenvolvida. A indústria avícola da África do Sul é de enorme importância, tanto para a economia das empresas comerciais como para fornecer aos agricultores de subsistência e às comunidades rurais uma fonte de proteínas de qualidade. Existem várias raças de galinhas na África do Sul, cada uma com os seus próprios pontos fortes e fracos. A Figura 12.5 mostra várias raças de galinhas na África do Sul [12], enquanto que a Figura 12.6 mostra a criação de gado no país [13].

Figura 12.5 Várias raças de galinhas na África do Sul [12].

Figura 12.6 Criação típica de gado na África do Sul [13].

A África do Sul também exporta lã, nozes, açúcar, mohair, pêras, etc. A indústria vinícola e de bebidas espirituosas da África do Sul é uma das mais desenvolvidas do mundo. A África do Sul é o maior produtor de nozes de macadâmia do mundo. É o maior produtor de carne em África [14].

Os programas governamentais, incluindo empréstimos generosos e serviços de extensão, têm sido cruciais para a autossuficiência do país na produção agrícola. O Departamento de Agricultura, Reforma Agrária e Desenvolvimento Rural (DALRRD) foi mandatado para desenvolver cadeias de valor agrícola, fornecer insumos agrícolas e monitorizar a produção e o consumo de produtos agrícolas. Esperava-se que continuasse a concentrar-se na melhoria da produção agrícola e na revitalização das infra-estruturas. O departamento planeou aumentar a capacidade de investigação e desenvolvimento para melhorar a logística, a segurança e a qualidade dos produtos agrícolas e o acesso ao mercado. O departamento executa o seu mandato através da implementação, gestão e controlo das principais legislações.

O Conselho de Investigação Agrícola (ARC) é a principal instituição de investigação agrícola da África do Sul. Foi criado em 1990 e está mandatado para realizar investigação e desenvolvimento e efetuar a transferência de tecnologia para promover a agricultura e a indústria; contribuir para uma melhor qualidade de vida; e facilitar e assegurar a conservação dos recursos naturais. O Serviço Agrícola Estrangeiro (FAS) em Pretória prepara mais de trinta relatórios de informação de mercado para diferentes produtos agrícolas na África Austral.

A África do Sul está a fornecer conteúdos bem estudados nas 11 línguas oficiais da África do Sul para que todos os cidadãos possam plantar, colher e desfrutar da agricultura. O avanço da inteligência artificial (IA) é talvez o desenvolvimento mais rápido e mais promissor dos últimos anos. À medida que os tractores autónomos se tornam uma realidade, as tarefas domésticas como a monda e a colheita podem ser realizadas sem intervenção humana. A figura 12.7 mostra um robô que desempenha uma série de funções sem necessidade de ser conduzido [15].

Figura 12.7 Um robô que desempenha uma série de funções sem necessidade de um condutor [15].

12.5 BENEFÍCIOS

A agricultura é um sector importante da economia sul-africana. A contribuição mais importante da agricultura é obviamente a criação de emprego. Com uma grande diversidade de climas e paisagens, o país suporta um vasto leque de actividades agrícolas que contribuem para a segurança alimentar, a criação de emprego e o desenvolvimento rural. Os esforços do governo para melhorar o acesso dos produtos sul-africanos aos mercados internacionais estão a dar frutos. As mulheres estão a desempenhar um papel cada vez mais importante na agricultura sul-africana. Estão a quebrar as barreiras de género e a contribuir para o crescimento do sector. Outros benefícios da agricultura sul-africana são os seguintes [13]:

- *Redução da pobreza:* Há 780 milhões de pessoas em todo o mundo, com 11% da população total a viver em pobreza extrema. A agricultura na África do Sul tem um papel central a desempenhar na construção de uma economia forte e, no processo, na redução das desigualdades através do aumento dos rendimentos e das oportunidades de emprego para os pobres. A agricultura na África do Sul continua a ser uma componente significativa da economia, com um potencial substancial de redução da pobreza. O sector tem um grande potencial para reduzir a pobreza e criar empregos. O crescimento na agricultura é mais redutor da pobreza do que um crescimento equivalente fora da agricultura. Este facto exige a necessidade de investir e expandir a produção agrícola, especialmente em benefício das comunidades rurais pobres.

- *Financiamento:* O financiamento do sector agrícola é um aspeto crucial que tem um impacto significativo na sua capacidade de crescimento, modernização e realização do seu potencial. As estratégias de financiamento e de investimento para o sector agrícola serão da maior importância para a realização de todo o seu potencial. A necessidade de financiamento agrícola, em especial o financiamento do desenvolvimento para os novos agricultores, não tem sido objeto de atenção suficiente.

- *Agricultura digital:* As abordagens tradicionais à produção alimentar já não são capazes de acompanhar o rápido crescimento das necessidades dos sistemas alimentares africanos e o impacto das alterações climáticas na agricultura. A integração das tecnologias digitais na agricultura representa uma grande oportunidade para a África do Sul. A digitalização, bem como a utilização eficaz de fertilizantes e sementes, tornar-se-á cada vez mais importante para desbloquear as perspectivas da agricultura em África.

  O Banco Africano de Desenvolvimento, a Organização das Nações Unidas para a Alimentação e a Agricultura e a Plataforma de Big Data na Agricultura criaram perfis nacionais de agricultura digital destinados a ajudar a reforçar a transformação agrícola e a acelerar o crescimento económico. O governo da África do Sul está a procurar oportunidades de soluções agrícolas digitais para aumentar substancialmente a eficiência da utilização dos recursos, a rentabilidade, a transparência, a participação no mercado e a sustentabilidade ambiental. A transformação digital da agricultura é um comboio empolgante e em rápida evolução, e temos de garantir que os pequenos agricultores, as mulheres e os jovens rurais possam beneficiar destas tecnologias [16,17].

- *Inovações:* A África do Sul está a assistir a uma era de transformação impulsionada pela inovação tecnológica. Desde a agricultura de precisão até à irrigação inteligente, a tecnologia está a remodelar as práticas agrícolas tradicionais, trazendo eficiência, sustentabilidade e maiores rendimentos. A conetividade à Internet permite que os agricultores acedam à informação de que necessitam para aumentar a produtividade. A capacidade dos drones e dos satélites para recolher informações a partir do céu significa que os SIG (Sistemas de Informação Geográfica) são também uma poderosa ferramenta agrícola. A inteligência artificial e a aprendizagem automática podem ser utilizadas para extrair dados recolhidos através de imagens de satélite e de drones [18]. A utilização da robótica e da automação está a simplificar as tarefas de mão de obra intensiva nas explorações agrícolas. A Figura 12.8 mostra algumas das soluções tecnológicas [16].

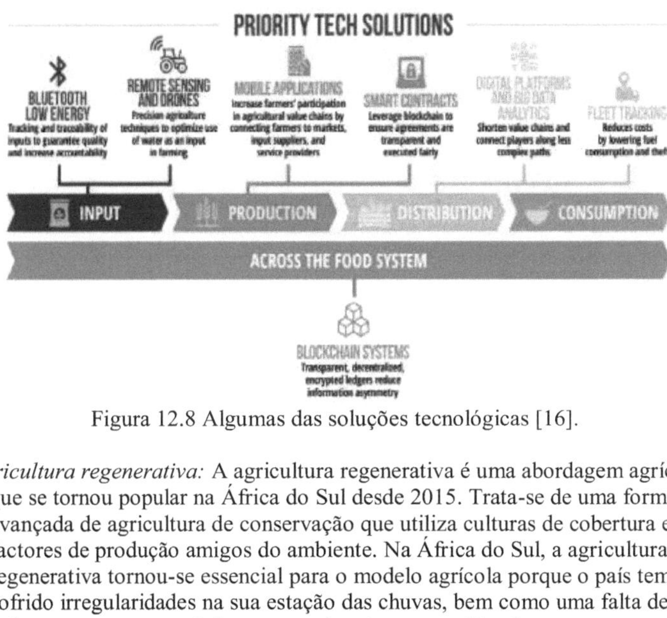

Figura 12.8 Algumas das soluções tecnológicas [16].

- *Agricultura regenerativa:* A agricultura regenerativa é uma abordagem agrícola que se tornou popular na África do Sul desde 2015. Trata-se de uma forma avançada de agricultura de conservação que utiliza culturas de cobertura e factores de produção amigos do ambiente. Na África do Sul, a agricultura regenerativa tornou-se essencial para o modelo agrícola porque o país tem sofrido irregularidades na sua estação das chuvas, bem como uma falta de culturas que possam efetivamente sobreviver na região. Concentra-se fortemente na plantação do maior número possível de culturas nativas e evita culturas não nativas que requerem grandes quantidades de água. Os agricultores sul-africanos aprenderam que a rotação de culturas autóctones que não tinham necessariamente os mesmos benefícios era mais fácil porque exigiam menos água. Os segredos da agricultura regenerativa são o aumento da biodiversidade, a utilização de culturas autóctones e a utilização de estrume de explorações animais locais. A Figura 12.9 ilustra a agricultura regenerativa na África do Sul [19].

Figura 12.9 Agricultura regenerativa na África do Sul [19].

- *Agricultura sustentável:* Trata-se de satisfazer as necessidades dos sul-africanos hoje e no futuro. No mundo contemporâneo, os recursos naturais da agricultura estão a tornar-se limitados devido às consequências inevitáveis das alterações climáticas e ao contínuo crescimento da população mundial. A agricultura sustentável tem como objetivo preservar o ambiente e o futuro da agricultura. Durante décadas, a agricultura sul-africana criou um sistema que é económica e ecologicamente insustentável. Desde 2002, a indústria agrícola implementou um programa para a conversão gradual de todas as suas actividades agrícolas de uma abordagem predominantemente química convencional para uma abordagem de agricultura natural mais equilibrada do ponto de vista ecológico. O seu objetivo é melhorar e estabilizar o solo a longo prazo e obter rendimentos sustentáveis óptimos.

- *Agricultura biológica:* Desde a antiguidade, os fertilizantes orgânicos (estrume, ureia, matéria vegetal, ossos, conchas, cal) têm sido utilizados para melhorar o solo. A indústria biológica (sem químicos) é o segmento industrial que mais cresce em todo o mundo. Ser um agricultor tradicional na África do Sul é um dos trabalhos mais difíceis que existem. A figura 12.10 mostra uma agricultura biológica típica na África do Sul [20].

Figura 12.10 Uma agricultura biológica típica na África do Sul [20].

12.6 DESAFIOS

Os desafios comuns da agricultura sul-africana incluem padrões climáticos erráticos, escassez de água e flutuações económicas. Estes desafios põem à prova a capacidade de resistência dos agricultores e estimularam a inovação [12]. Existe um fosso digital notável entre os agricultores ricos de grande escala e os pequenos agricultores. A vigilância de pragas e doenças é fundamental não só para a produção agrícola do nosso país, mas também para manter a confiança dos parceiros comerciais. Os persistentes cortes de eletricidade na África do Sul constituem um desafio significativo para toda a economia. Outros desafios enfrentados pela agricultura sul-africana são os seguintes [21-23]:

- *Insegurança alimentar:* Esta é uma crise global que está a afetar a África do Sul. Em 2017, 6,8 milhões de sul-africanos passaram fome. O sector agrícola não tem sido capaz de satisfazer a procura dos principais produtos alimentares consumidos internamente desde 2000. A África do Sul tem sido autossuficiente na maioria dos produtos agrícolas, com exceção do trigo, das aves de capoeira e da carne vermelha. O fator que mais contribui para a fome é o facto de a maior parte dos retalhistas cobrarem preços exorbitantes pelos alimentos e de a maior parte dos sul-africanos não ter hortas no quintal que possam servir de complemento. O aumento da urbanização implica que a segurança alimentar deve ser garantida para uma população em expansão.

- *Disponibilidade de água:* Este é o fator mais importante que limita a produção agrícola na África do Sul. É provável que a situação se torne mais grave devido ao rápido aumento da procura por parte de outros sectores da economia e às alterações climáticas. O declínio da rentabilidade agrícola e a escassez de água (seca, diminuição da precipitação ou procura excessiva de água) deixaram a África do Sul com menos de dois terços do número de explorações agrícolas que tinha no início da década de 1990. Apenas um terço da África do Sul recebe chuva suficiente para a produção agrícola.

- *Escassez de energia:* Na sequência dos cortes de energia mais graves a que o país alguma vez assistiu, o sector irá debater-se com as repercussões da escassez de energia e com o seu impacto financeiro nas empresas e nos consumidores. A falta de fornecimento constante de eletricidade é uma preocupação premente. A persistência dos cortes de energia constitui um desafio importante, que afecta a agricultura e a economia em geral. O acesso acessível a energia eléctrica barata, fiável e sustentável através de parques eólicos e solares tem o potencial de aumentar a eficiência agrícola.

- *Financiamento:* O financiamento agrícola continua a ser o elemento fundamental para garantir que a agricultura continue a ser o sector produtivo da economia, o que contribui para a segurança alimentar, a redução da pobreza e a criação de emprego. Os serviços não financeiros prestados aos produtores são igualmente importantes para reduzir a taxa de incumprimento dos agricultores.

- *Infra-estruturas:* A ameaça de deterioração da prestação de serviços municipais, a corrupção nos serviços públicos e as falhas nas indústrias de rede, como as estradas, os caminhos-de-ferro, a água, a eletricidade e os portos, têm constituído um desafio. Estas ineficiências aumentaram o custo das transacções comerciais na África do Sul.

- *Desperdício de alimentos:* Muitos alimentos são perdidos ou desperdiçados entre o campo do agricultor e a mesa de jantar - no armazenamento de alimentos, no transporte, no processamento de alimentos, no retalho e nas cozinhas. Os consumidores deitam fora mais de um terço dos alimentos que pagaram e levaram para casa.

- *Reforma agrária:* A reforma agrária continua a ser uma questão central no sector agrícola da África do Sul. Trata-se de resolver injustiças históricas, promover uma distribuição equitativa da terra e facilitar o acesso à terra por parte de comunidades anteriormente desfavorecidas. Enquanto a África do Sul se debate com os desafios e oportunidades associados à reforma agrária, esta continua a ser uma componente central e evolutiva do desenvolvimento do sector agrícola. O governo sul-africano estabeleceu o objetivo de transferir 30% das terras agrícolas produtivas para a população negra "anteriormente desfavorecida" até 2014. A reforma agrária é uma necessidade política. Se for bem sucedida, poderá desempenhar um papel significativo na redução da vulnerabilidade e da insegurança alimentar da população rural, bem como de alguns residentes urbanos.

- *Ensino agrícola:* Este aspeto é fundamental para o desenvolvimento e a sustentabilidade do sector agrícola. A criação e o apoio a institutos ou colégios de formação agrícola são essenciais para proporcionar ensino e formação formais no domínio da agricultura. O ensino agrícola engloba uma vasta gama de conhecimentos e competências que são essenciais para os indivíduos e as comunidades que se dedicam à agricultura. Com os avanços tecnológicos, os cursos em linha e os programas de ensino à distância tornaram-se cada vez mais populares. As agências governamentais podem desempenhar um papel importante no financiamento e na regulamentação dos programas de ensino agrícola. Podem também fornecer bolsas de estudo e apoio financeiro aos estudantes que frequentam cursos de agricultura.

  - *Barreiras comerciais:* Existem alguns obstáculos à introdução de novos equipamentos no mercado sul-africano. Equipamentos como plantadores, pulverizadores e equipamento de lavoura entram com isenção de direitos, desde que o mesmo produto não seja fabricado neste mercado. A maior parte do equipamento de agricultura de precisão, como plantadores, pulverizadores autopropulsores e ceifeiras-debulhadoras, é importada da América do Sul, da Europa e dos Estados Unidos.

Alguns destes desafios são ilustrados na Figura 12.11.

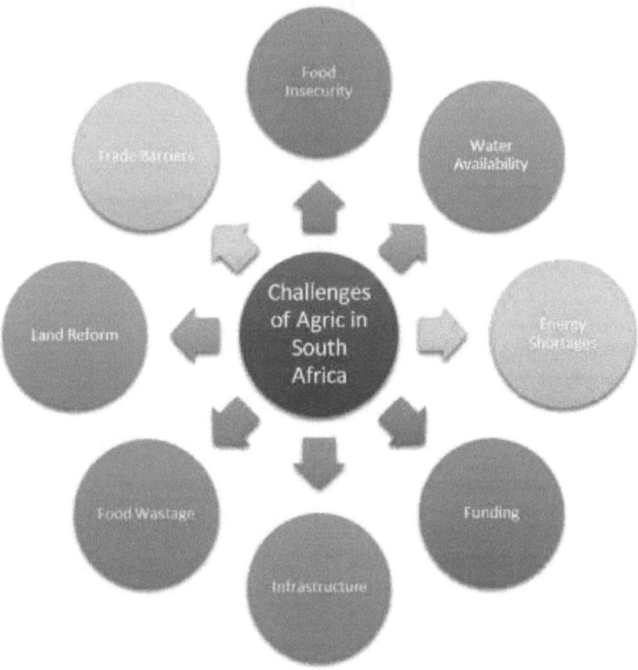

Figura 12.11 Desafios da agricultura na África do Sul.

A menos que estes desafios sejam abordados, o sector agrícola do país não alcançará as perspectivas de crescimento e de criação de emprego de que é capaz. Para implementar soluções para estes desafios de forma eficaz, é essencial que o governo, o sector privado e a sociedade civil colaborem e dêem prioridade ao desenvolvimento do sector agrícola.

12.7 CONCLUSÃO

A agricultura fez mais para remodelar o mundo natural do que qualquer outra coisa que nós, humanos, fazemos.

É a base de muitas economias em desenvolvimento. Como uma dessas economias, a África do Sul precisa de assegurar uma indústria agrícola saudável que contribua para o produto interno bruto (PIB) do país, a segurança alimentar, o bem-estar social, a criação de emprego e o ecoturismo. O país também precisa de melhores práticas ambientais para garantir a continuidade dos sistemas agrícolas produtivos e a segurança alimentar na África do Sul. Por conseguinte, as práticas agrícolas devem não só proteger a produtividade da terra a longo prazo, mas também garantir rendimentos rentáveis e o bem-estar dos agricultores e dos trabalhadores agrícolas [24].

A paisagem agrícola da África do Sul é tão diversa como a sua cultura e geografia. O desafio e a oportunidade para os agricultores sul-africanos de hoje é trabalhar em conjunto com o governo, a indústria e a tecnologia para garantir a saúde sustentável do sector agrícola, de modo a assegurar o abastecimento alimentar da nação no futuro. À medida que a África do Sul se estabelece no mundo moderno, os agricultores sul-africanos têm de se adaptar a um conjunto de novos desafios. Mais informações sobre a agricultura na África do Sul podem ser encontradas nos livros em [25-34].

REFERÊNCIAS

[1] "81 factos interessantes sobre a África do Sul", https://thefactfile.org/south-africa-facts/

[2] "Províncias da África do Sul," https://www.mappr.co/counties/south-africa/

[3] "Passeios de safari na África do Sul, passeios pela vida selvagem e passeios pelos "5 grandes" "Património de África" https://34southtours.com/south-african-safaris-and-wildlife/

[4] "África do Sul - Agricultura", https://www.nationsencyclopedia.com/economies/Africa/South-Africa-AGRICULTURE.html

[5] "Crop farming in South Africa," Fonte desconhecida.

[6] https://www.africaresearchinstitute.org/newsite/wp-content/uploads/2013/06/Agricultural- Regions-of-South-Africa-scaled.jpg

[7] F. Dlamini, "Culturas agrícolas na África do Sul: Types & how to start (2024)," janeiro de 2024, https://southafricagro.com/crop-farming-in-south-africa/

[8] "A origem da agricultura em África".
https://www.khanacademy. org/humanities/big-history-project/agriculture-civilization/first-cities- appear/a/the-origin-of-agriculture-in-africa
[9] "Quando, porquê e onde se estabeleceram os primeiros agricultores africanos na África Austral https://www.sahistory.org.za/article/when-why-and-where-first-african-farmers-settled-southern- africa
[10] "Projeto TELA Milho,"
https://www.cimmyt.org/projects/tela-maize-project/
[11] M. N. O. Sadiku, P. Adebo, e J. O. Sadiku, "Agriculture in South Africa", a aparecer.
[12] C. Daly, "Poultry farming in South Africa," (Avicultura na África do Sul)

https://southafrica.co.za/poultry-farming-south-africa.html
[13] W. Sihlobo, "Farming in South Africa: 6 things that need urgent attention in 2023", janeiro de 2023,
https://theconversation.com/farming-in-south-africa-6-things-that-need-urgent-attention-in-2023- 197772
[14] "Sector agrícola,"
https://www.trade.gov/country-commercial-guides/south-africa-agricultural-sector
[15] L. Botha, "Agricultural trends that will impact your farm in 2024," janeiro de 2024, https://www.farmersweekly.co.za/agri-news/south-africa/agricultural-trends-that-will-impact- your-farm-in-2024/
[16] "Perfil da agricultura digital - África do Sul," abril de 2021,
https://www.afdb.org/en/documents/digital-agriculture-profile-south-africa
[17] "Novas oportunidades de agricultura digital apresentadas em relatórios do Banco Africano de Desenvolvimento, da Organização para a Alimentação e a Agricultura e do CGIAR,"
https://www.fao.org/e-agriculture/news/new-digital-agriculture-opportunities-showcased-reports- african-development-bank-food-and
[18] B. Hakutizwi, "Farming innovations changing the South African agricultural landscape", agosto de 2018,
https://www.bizcommunity.com/Article/196/358/180373.html
[19] M. Buffaloe, "Regenerative farming in South Africa," (Agricultura regenerativa na África do Sul)
https://borgenproject.org/regenerative-farming-in-south-africa/
[20]
https://images.search.yahoo.com/yhs/search;_ylt=AwrhcdIeHBxmMZ8KVRAPx Qt.;_ylu=Y29s
bwNiZjEEcG9zAzEEdnRpZAMEc2VjA3Nj?p=Images+of+organic+farming+in+ South+Africa
&type=fc_A519E8A3231_s69_g_e_d_n200001_c999&param1=7&param2=eJwt S8sOgjAQ%2F
JU9YkJg%2BwBtufoFXg2H2lZsWigBDMavd0ncTXZmdmaG4O5df7syRKk43s t%2BIs2RhpE
4TAJLoJQiFubDbhE1O9Px8uE0dVHbRjotxaXRFyWZ5k8uKD74TPn3SvRtiI35 G1IydVMhFH

uYXN5XmDZgWGEH9GhlB59WnsDMc%2FK7f8Sw1Y04V6KFIr62MZWQv QweBvzCexry aOvGRcVHgureZol%2FCs%2FzC1AwQ%3D%3D&hsimp=yhs-3211&hspart=fc&ei=UTF- 8&fr=yhs-fc-3211#id=30&iurl=https%3A%2F%2F1.bp.blogspot.com%2F_PYqRfbTlkps%2F TT_P0613P9I %2FAAAAAAAAABI%2FMg9tgUCX6xc%2Fs1600%2Fntlenzi%2B%2Bcase%2Bstudies%2B and%2Bbefore%2B077.JPG&action=click

[20] "Agricultura, reforma agrária e desenvolvimento rural", https://www.gov.za/about-sa/agriculture

[21] "7 Urgent challenges facing South Africa's farming sector in 2023," setembro de 2023, https://farmingsouthafrica.co.za/7-urgent-challenges-facing-south-africas-farming-sector-in-2023/#:~:text=7%20Urgent%20Challenges%20Facing%20South%20Africa%E2%80%99s%20F arming%20Sector,8%20Business%20and%20Financial%20Management%20...%20More%20ite ms

[22] "Agricultura na África do Sul," https://farmingsouthafrica.co.za/farming-in-south-africa-agriculture-crop-and-livestock-farming/

[23] "Agricultura: Factos e tendências da África do Sul", Fonte desconhecida.

[24] R. Sikora et al., *Transforming Agriculture in Southern Africa: Constraints, Technologies, Policies and Processes.* Taylor & Francis, 2020.

[25] P. McAllister, *Building the Homestead: Agriculture, Labour and Beer in South Africa's Transkei.* Routledge, 2020.

[26] B. Bayley, *A Revolution in The Market: The Deregulation of South African Agriculture.* Oxford Policy Management, 2000.

[27] J. A. Groenewald e L. Nieuwoudt (eds.), *The Challenge of Change: Agriculture, Land and the South African Economy.* University of Natal Press, 2003.

[28] W. Sihlobo, *Ground Finding Common: Land, Equity and Agriculture.* África do Sul: Pan Macmillan, 2020.

[29] T. Hart e I. Vorster, *Indigenous Knowledge on the South African Landscape: Potentials for Agricultural Development.* HSRC Press, 2006.

[30] J. V. Zyl et al. (eds), *Agricultural Land Reform in South Africa: Policies, Markets and Mechanisms.* Oxford University Press, 1996.

[31] S. Adey, *A Journey Without Maps: Towards Sustainable Subsistence Agriculture in South Africa.* Universidade e Investigação de Wageningen, 2007.

[32] T. Marcus, *Modernising Super-exploitation. Reestruturação da agricultura sul-africana.* 1990.

[33] J. V. Zyl et al., *The Relationship Between Farm Size and Efficiency in South African Agriculture.* Publicações do Banco Mundial, 1995.

CAPÍTULO 13 : AGRICULTURA NOS EMIRADOS ÁRABES UNIDOS

"Costumavam dizer que a agricultura não tinha futuro [nos EAU], mas com a bênção de Deus e a nossa determinação, conseguimos transformar este deserto numa terra verde". - Xeque Zayed

13.1 INTRODUÇÃO

Os EAU estão situados numa zona árida, onde o deserto representa mais de três quartos da sua área total. O mapa dos EAU encontra-se na Figura 13.1 [1].

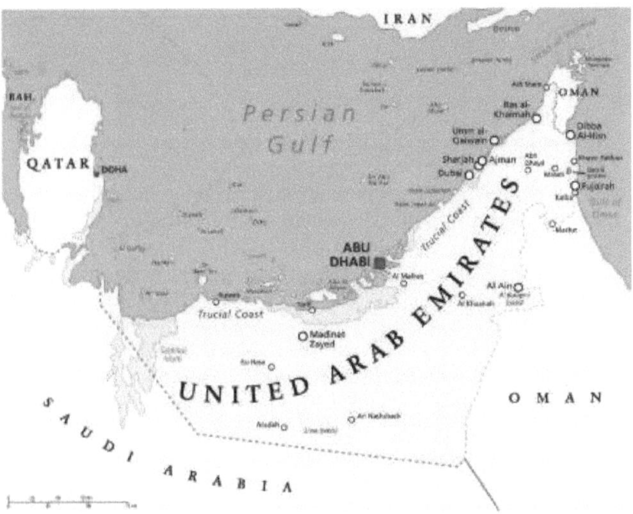

Figura 13.1 O mapa dos EAU [1].

Como se pode ver no mapa, os EAU estão situados no Médio Oriente, na fronteira com o Golfo de Omã e o Golfo Pérsico, entre Omã e a Arábia Saudita. A sua superfície terrestre é de 83 600 km2 e a sua população em 2023 é de 9 973 449 habitantes, que são predominantemente (76%) muçulmanos. Os EAU são uma federação constitucional de sete emirados: Abu Dhabi, Dubai, Sharjah, Ras al-Khaimah, Ajman, Umm al- Quwain e Fujairah. As línguas faladas nos EAU incluem o árabe (oficial), o inglês, o hindi, o malaiala, o urdu, o pachto, o tagalo e o persa. Apenas cerca de um nono dos residentes dos emirados são cidadãos. Os restantes são trabalhadores estrangeiros e seus dependentes. Em 1971, seis dos estados da Troica - Abu Dhabi, 'Ajman, Al Fujayrah, Sharjah, Dubayy e Umm al Qaywayn - fundiram-se para formar os Emirados Árabes Unidos (EAU) e são referidos como emirados, sendo a cidade de Abu Dhabi a capital [2]. A paisagem urbana expansiva do Dubai é ilustrada na Figura 13.2 [3].

Figura 13.2 A paisagem urbana expansiva do Dubai [3].

O emirado mais rico é Abu Dhabi, com uma das maiores concentrações de reservas de petróleo comprovadas do mundo e que contribui significativamente para o orçamento nacional. Com um elevado consumo alimentar per capita, os Emirados Árabes Unidos são o mercado agrícola mais prometedor da região do Conselho de Cooperação do Golfo (CCG).

O ambiente dos EAU caracteriza-se pela baixa pluviosidade, temperaturas elevadas, falta de cursos de água naturais e solos pobres. Quase todo o país é deserto. A agricultura é uma atividade antiga nos Emirados Árabes Unidos. A agricultura contribui apenas com uma pequena fração do PIB e emprega menos de um décimo da força de trabalho. Atualmente, existem mais de 30.000 explorações agrícolas nos EAU. Cerca de 24% das terras cultivadas são utilizadas para o cultivo de produtos hortícolas, 30% para fruta, 10% para culturas forrageiras e 36% para outras utilizações [4]. A combinação de terras aráveis limitadas, baixa fertilidade do solo, recursos hídricos escassos e temperaturas extremas torna o cultivo em campo aberto um grande desafio em toda a Península Arábica. A região mais produtiva dos Emirados Árabes Unidos é Ra's al-Khaimah, que recebe água do subsolo e goza da precipitação mais abundante [5]. Uma das principais culturas dos Emirados Árabes Unidos é a tamareira, ilustrada na Figura 13.3 [6]. Outras culturas são o tomate, a couve, a beringela, a couve-flor, a abóbora, a buganvília, o hibisco tropical, a beringela, a manga, os citrinos, etc.

Figura 13.3 Tamareira nos Emirados Árabes Unidos [6].

As tradições culturais dos Emirados Árabes Unidos estão enraizadas no Islão e ressoam no mundo árabe em geral. De várias formas, a mudança é visível na vida cultural da federação. As mudanças nas atitudes em relação ao casamento e ao emprego das mulheres lideram a região. A Figura 13.4 mostra uma grande mesquita em Abu Dhabi [7], um local de culto muçulmano. Nenhuma viagem aos Emirados Árabes Unidos está completa sem uma visita à Grande Mesquita Sheikh Zayed em Abu Dhabi.

Figura 13.4 Uma grande mesquita em Abu Dhabi [7].

Este capítulo centra-se na prática da agricultura nos Emirados Árabes Unidos (EAU). Começa com uma breve história da agricultura nos EAU. Aborda as formas tradicionais e modernas de agricultura nos EAU. Destaca os benefícios e os desafios da agricultura nos EAU. A última secção conclui com comentários.

13.2 BREVE HISTÓRIA DA AGRICULTURA DOS EUA

Desde o início, a agricultura tem sido uma das actividades mais populares do povo dos Emirados. Historicamente, a região que compreende atualmente os emirados tem sido influenciada pela cultura persa, devido à sua proximidade com o Irão e às suas fronteiras marítimas porosas.

No século XVIII, Portugal e os Países Baixos alargaram as suas possessões na região, mas recuaram com o crescimento do poder naval britânico na região. Seguiu-se uma série de tréguas com a Grã-Bretanha no século XIX; os emirados uniram-se para formar os Estados Truciais. Em 1971, seis dos Estados Truciais - Abu Dhabi, 'Ajman, Al Fujayrah, Sharjah, Dubayy e Umm al Qaywayn - fundiram-se para formar os Emirados Árabes Unidos (EAU). Os Estados ganharam autonomia após a Segunda Guerra Mundial (1939-45). O sector agrícola desenvolveu-se rapidamente a partir de 1971, apesar dos problemas decorrentes da escassez de recursos hídricos e de terras aráveis, da salinidade dos solos, das condições ambientais difíceis, dos elevados custos de produção, das pragas agrícolas e das perdas pós-colheita. Entre 1979 e 1985, a produção agrícola sextuplicou. No início da década de 1990, a agricultura nos Emirados Árabes Unidos, incluindo a pesca, constituía uma parte menor da economia dos Emirados Árabes Unidos.

Em 1958, foi descoberto petróleo em Abu Dhabi e o governo deste emirado detém o controlo de todas as empresas produtoras de petróleo da federação. O regime de Ruhollah Khomeini no Irão e a subsequente guerra Irão-Iraque (1980-88) criaram problemas aos Emirados Árabes Unidos. O rápido desenvolvimento da agricultura nos Emirados Árabes Unidos registou-se durante a década de 1980, quando o país começou a utilizar até 30% das suas necessidades alimentares. A economia em expansão dos Emirados Árabes Unidos foi abrandada pelo início da crise financeira mundial de 2007-08. Em 2008-2009, a confluência da queda dos preços do petróleo, do colapso dos preços do imobiliário e da crise bancária internacional afectou os Emirados Árabes Unidos de forma particularmente dura. O país teve de diversificar a sua economia para evitar a dependência total do petróleo [8].

13.3 AGRICULTURA MODERNA

Os Emirados Árabes Unidos estão situados no Médio Oriente, no continente asiático ocidental, e fazem fronteira com a Arábia Saudita e Omã. O país cresceu rapidamente e tornou-se numa economia forte e próspera. A economia da federação é dominada pelo petróleo produzido principalmente no emirado de Abu Dhabi. O rápido crescimento da população dos EAU alertou o governo para a necessidade de procurar alternativas para aumentar o abastecimento alimentar sem recorrer a importações. Este aumento deve-se à política de mercado aberto que permitiu a várias empresas de todo o mundo abrir novas sucursais nos EAU. O governo federal foi visto como proporcionando um ambiente de negócios saudável que resultou da transparência do governo e da legislação empresarial [9]. Em dezembro de 2013, foi lançado o Fundo de Investimento Agrícola para apoiar e financiar a utilização de técnicas agrícolas modernas, incluindo a hidroponia em estufas. O objetivo do Fundo, que gastará cerca de Dh20 milhões por ano até 2017, é alcançar a sustentabilidade e a segurança alimentar. Tem igualmente por objetivo incentivar os agricultores a introduzir técnicas agrícolas modernas [10].

Embora obstáculos como a escassez de recursos hídricos, as condições ambientais severas e a salinidade dos solos tenham afetado o desenvolvimento agrícola, os EAU encontraram formas inovadoras de contornar estes desafios. As suas modernas infra-estruturas de serviços, em especial os portos marítimos e os aeroportos, permitiram que os EAU construíssem uma reputação internacional de cidades dinâmicas e viradas para o futuro, nomeadamente o Dubai. O governo tem feito esforços concertados para utilizar novas técnicas para aumentar a produtividade das suas culturas agrícolas no país. As diferenças sazonais entre o hemisfério norte e o hemisfério sul permitem aos EAU importar alimentos, especialmente legumes, frutas e cereais, durante todo o ano. A Índia e o Paquistão são os principais países asiáticos que abastecem os mercados dos EAU com produtos hortícolas [11].

A agricultura nos Emirados Árabes Unidos é dependente da tecnologia e cultiva principalmente legumes e frutas. Tornou-se uma atividade económica que depende da utilização das tecnologias mais recentes. A agricultura está a utilizar as tecnologias mais recentes para produzir culturas locais como parte da estratégia de segurança alimentar. Os produtos incluem citrinos, mangas, tomates, batatas, aipo, alface, pimentos, pepinos, melões e culturas forrageiras. As principais culturas hortícolas que satisfazem quase todas as necessidades dos EAU durante a estação são a beringela, o tomate, a couve, a couve-flor e a abóbora. Existem milhões de tamareiras nos EAU e o país é responsável por 6% da produção mundial de tâmaras. Para além das tâmaras, as principais culturas de frutos são as mangas e os citrinos [10]. A figura 13.5 mostra a agricultura mecanizada nos EAU [13].

Figura 13.5 Agricultura mecanizada nos Emirados Árabes Unidos [13].

Ao longo dos anos, tanto o governo federal como os governos dos emirados concedem incentivos aos agricultores, num esforço para aumentar a produção. O governo dos EAU está a dar prioridade à produção de frutas e legumes. Está a investir no sector agrícola para aumentar a autossuficiência. Por exemplo, o governo oferece um subsídio de 50% para fertilizantes, sementes e pesticidas, e também concede empréstimos para maquinaria e assistência técnica. O governo também ofereceu apoio às empresas em fase de arranque para lançarem as suas actividades.

O Ministério das Alterações Climáticas e do Ambiente (MoCCaE) tem um motor de busca que indica os países aprovados para a importação de animais vivos. O ministério deu prioridade ao aumento da utilização da tecnologia hidropónica entre os agricultores, que se baseia em água rica em nutrientes para cultivar plantas com pouca ou nenhuma utilização de solo. A Abu Dhabi Agriculture & Food Safety Authority é a autoridade local responsável pela agricultura, segurança alimentar, segurança alimentar e biossegurança no Emirado de Abu Dhabi [14].

Os Emirados Árabes Unidos (EAU) aderiram à Organização das Nações Unidas para a Alimentação e a Agricultura (FAO) em 1973. A FAO e o Governo dos EAU empenharam-se nas seguintes iniciativas [15]:

- Desenvolvimento de um programa de saúde animal e segurança alimentar para os países do Conselho de Cooperação do Golfo (CCG)
- Criação de sistemas de gestão da seca e de alerta precoce nos países do CCG
- Compilação de um índice para mostrar a conformidade das autoridades locais com a regulamentação federal em matéria de ambiente

- Criação do primeiro Centro de Referência das Doenças dos Camelos em Abu Dhabi
- Definição das medidas nacionais de aplicação do Tratado Internacional sobre os Recursos Fitogenéticos para a Alimentação e a Agricultura
- Formulação de um projeto FAO/IRENA sobre energias renováveis para meios de subsistência sustentáveis
- Desenvolvimento da estratégia de diversificação alimentar dos EAU e plano de implementação
- Monitorização e avaliação da utilização de águas residuais tratadas em Abu Dhabi

13.4 BENEFÍCIOS

O país pretende praticar uma agricultura sustentável para melhorar a eficiência das suas explorações agrícolas, em conformidade com os Objectivos de Desenvolvimento Sustentável da ONU. Os alimentos certificados como biológicos ostentarão um logótipo que permitirá aos consumidores distingui-los facilmente. A recuperação do sector turístico do Dubai pode aumentar a procura de produtos alimentares, apoiando tanto a produção nacional como as importações de cereais. Outros benefícios da agricultura dos EAU são os seguintes [14,16]:

- *Agricultura inteligente face ao clima:* Os EAU promovem uma agricultura e uma produção alimentar inteligentes do ponto de vista climático, em conformidade com as tendências mundiais. O objetivo da agricultura inteligente do ponto de vista climático é aumentar a produtividade e o rendimento económico da agricultura, adaptando-se simultaneamente às alterações climáticas e reduzindo as emissões de gases com efeito de estufa.

- *Agricultura sustentável:* Os EAU estão a desenvolver sistemas de segurança alimentar sustentáveis e integrados que empregam as tecnologias mais recentes para inovar as soluções para os desafios da segurança das fontes alimentares. Algumas das práticas no âmbito da agricultura sustentável incluem a agricultura vertical, a hidroponia, a agricultura biológica e a agricultura em ambiente controlado. O governo está a trabalhar num plano ambicioso para alcançar a sustentabilidade agrícola.

- *Agricultura biológica:* Numa época de aumento da população e de alterações climáticas, a agricultura biológica tem sido saudada como uma resposta para produzir produtos mais saudáveis. As práticas de agricultura biológica foram adoptadas como parte da agricultura sustentável nos EAU. Os agricultores de Abu Dhabi já foram encorajados a mudar para a agricultura biológica e 75 explorações já fizeram a transição. Atualmente, existem mais de 50 explorações de vegetação biológica nos EAU.

Fundada em 2016, a Emirates BioFarm (EBF) é a maior quinta biológica dos EAU. A EBF comunica a sua mensagem de sustentabilidade e educa o público sobre o impacto das práticas agrícolas e das escolhas alimentares no ambiente. Uma quinta biológica nos EAU é apresentada na Figura 13.6 [17].

Figura 13.6 Uma exploração agrícola biológica nos Emirados Árabes Unidos [17].

- *Agricultura vertical:* Este método de cultivo é uma abordagem revolucionária à agricultura que permite que as culturas sejam cultivadas em camadas empilhadas verticalmente. Os EAU estão a investir em explorações agrícolas verticais para melhorar a independência alimentar. Na agricultura vertical, os produtos são isentos de pesticidas e herbicidas, com uma produção consistente durante todo o ano e com metodologias ambientalmente sustentáveis. A Autoridade de Agricultura e Segurança Alimentar de Abu Dhabi (ADAFSA) está a investigar a viabilidade de várias técnicas de agricultura inteligente, incluindo explorações verticais que podem produzir cinco a dez vezes mais do que a agricultura tradicional e técnicas de irrigação por gotejamento para melhorar a eficiência da água. A Figura 13.7 mostra uma exploração agrícola vertical típica nos Emirados Árabes Unidos [18].

Figura 13.7 Uma exploração agrícola vertical típica nos Emirados Árabes Unidos [18].

- *Circuito agrícola:* O turismo foi objeto de uma dotação orçamental substancial. Numa visita guiada à agricultura dos Emirados, conheceremos as técnicas mais recentes e o amor pelo leite de camelo e pela tâmara. O mercado de frutas e legumes biológicos é muito vasto.

- *Hidroponia:* A tecnologia da hidroponia, que se baseia em água rica em nutrientes e em menor quantidade para cultivar plantas com a utilização de pouco ou nenhum solo, está a emergir no país. A hidroponia em estufas é considerada uma alternativa económica às culturas tradicionais em campos abertos para o cultivo de culturas de valor económico e de boas qualidades, uma vez que produz a maior quantidade e com uma melhor qualidade em menos espaço e com um carácter economicamente mais viável para a maioria das culturas.

- *Pesca:* Esta atividade tem proporcionado um meio de subsistência durante séculos ao longo da costa. O governo tem apoiado a pesca tradicional nas ricas águas dos EAU. Oferece um subsídio de 50% para barcos e equipamento de pesca e abriu oficinas marítimas que oferecem reparação e manutenção gratuitas. O número de pescadores aumentou substancialmente.

- *Mulheres agricultoras:* Ao contrário dos profissionais de género neutro dos dias de hoje, como médicos, engenheiros ou jornalistas, os agricultores ainda são considerados predominantemente masculinos. Os EAU foram dos primeiros países árabes a reconhecer o papel das mulheres em vários sectores, nomeadamente no sector agrícola. Desafiando os estereótipos de género e com a ajuda da tecnologia e da inovação, um grupo crescente de mulheres está a cultivar conscientemente a sustentabilidade na paisagem agrícola. O reforço das capacidades das mulheres é um fator essencial para fazer face às alterações climáticas, garantir a segurança alimentar e, de um modo geral, melhorar a economia dos países [19]. A figura 13.8 mostra algumas mulheres agricultoras nos Emirados Árabes Unidos [20].

Figura 13.8 Algumas mulheres agricultoras nos Emirados Árabes Unidos [20].

Estes benefícios são apresentados na Figura 13.9.

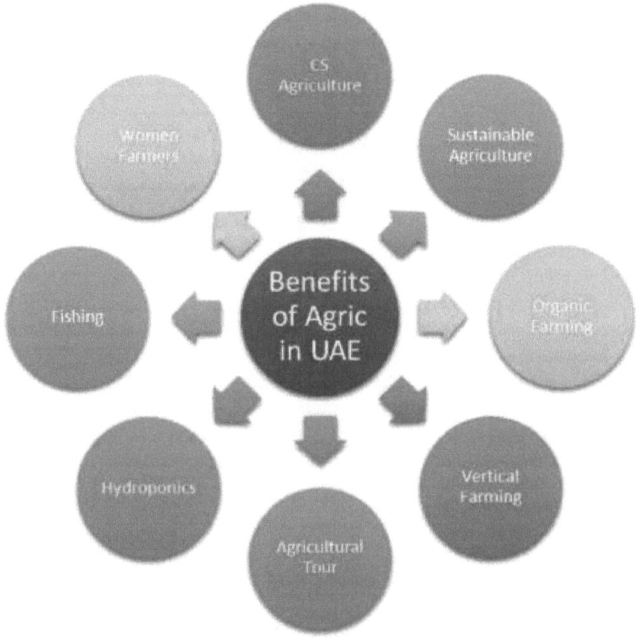

Figura 13.9 Benefícios da agricultura nos Emirados Árabes Unidos.

13.5 DESAFIOS

O clima é quente e húmido ao longo da costa. Devido ao clima desértico, a vegetação é escassa e limita-se em grande parte aos arbustos baixos que oferecem forragem aos rebanhos nómadas. Outros desafios da agricultura dos EAU são os seguintes [21,22]:

- *Segurança alimentar:* Esta questão tornou-se um problema para os EAU. Com a população dos EAU a aproximar-se dos 10 milhões de habitantes, o aumento da produção alimentar local está a revelar-se um grande desafio para a narrativa de desenvolvimento do país, especialmente quando a agricultura representa apenas 3% do PIB. O país considera que a segurança alimentar é essencial para a segurança e o bem-estar dos seus cidadãos e residentes. Em 2018, os Emirados Árabes Unidos lançaram a sua Política Nacional de Segurança Alimentar para aumentar a produção em 30-40% em 10 anos. Em junho de 2022, a Autoridade de Agricultura e Segurança Alimentar de Abu Dhabi (ADAFSA) lançou um programa para criar um banco de genes que ajudará a fornecer soluções inovadoras para futuros desafios de segurança alimentar e a melhorar o sistema de segurança alimentar dos EAU.

- *Utilização da água:* Embora dois terços da Terra estejam cobertos por água, a geração humana está agora a pensar na escassez de água potável no futuro. O antigo Secretário-Geral da ONU, Kofi Annan, afirmou: "O acesso à água potável é uma necessidade humana básica e, por conseguinte, um direito humano fundamental." Os EAU não dispõem de cursos de água perenes nem de massas de água de superfície que ocorram regularmente. Foram envidados grandes esforços para preservar os recursos hídricos, com destaque para a promoção da adoção e instalação de sistemas de irrigação modernos para substituir o método de irrigação por inundação, que desperdiça grandes quantidades de água. A hidroponia está a emergir no país, uma vez que o processo requer uma menor quantidade de água e não requer terra ou solo. Ao integrar o modo de funcionamento das explorações agrícolas em Abu Dhabi, a Autoridade de Agricultura e Segurança Alimentar de Abu Dhabi (ADAFSA) espera melhorar a utilização da água no emirado e reduzir a dependência do seu abastecimento finito de água subterrânea. Recentemente, a agricultura nos Emirados Árabes Unidos passou a utilizar sistemas de irrigação modernos, em substituição da tradicional irrigação por inundação, para reduzir o consumo de água.

- *Alterações climáticas:* As alterações climáticas e o aquecimento global tornaram-se uma preocupação real para a segurança alimentar mundial. As alterações climáticas continuam a afetar as práticas agrícolas de longa data em todos os países e é necessário um forte compromisso global para enfrentar os desafios das alterações climáticas. Prevê-se que, nos próximos 70 anos, o aquecimento global provoque menos precipitação, secas mais intensas, níveis do mar mais elevados e mais tempestades nos Emirados Árabes Unidos. Não é de surpreender que o Médio Oriente se tenha tornado um dos primeiros epicentros da concentração de riscos relacionados com o clima. As alterações climáticas representam uma ameaça complexa para os EAU a longo prazo e terão provavelmente um impacto na produção alimentar. Apesar dos desafios climáticos, a tecnologia permite-nos cultivar qualquer coisa em qualquer lugar.

- *Condições ambientais: Os* Emirados Árabes Unidos estão situados numa região árida do mundo, com condições ambientais difíceis, custos de produção elevados, pragas agrícolas e perdas pós-colheita. Os Emirados Árabes Unidos estão incluídos na lista dos 55 países que produzem pelo menos 55% dos gases com efeito de estufa do mundo e, por conseguinte, estão entre os 30 países do mundo com maior défice de emissões. O país também tem problemas de escassez de recursos hídricos e de terras aráveis. A explosão demográfica mundial é um fator crítico que resulta em enormes emissões de gases com efeito de estufa (GEE).

13.6 CONCLUSÃO

A agricultura local é atualmente parte integrante da visão de futuro dos EAU. Consequentemente, há um enorme crescimento de explorações agrícolas que adaptam todos os tipos de métodos agrícolas: verticais, horizontais, estufas, juntamente com aquacultura e hidroponia. Os EAU estão a esforçar-se por atingir e manter os mais elevados níveis de segurança alimentar nacional. Isto está a provocar uma transformação em todo o sector agrícola do país. Nos últimos anos, os Emirados Árabes Unidos tomaram medidas para se tornarem mais auto-suficientes no seu abastecimento alimentar, limitando a sua dependência das importações. Desde 2015, o trabalho de desenvolvimento de capacidades envolveu a formação avançada de 2 037 estudantes do sexo masculino e 70 do sexo feminino através de formação em grupo de curta duração. Os EAU terão de melhorar a sua produtividade agrícola nas próximas décadas para satisfazer a procura de alimentos por parte da população em crescimento. Para mais informações sobre a agricultura nos EAU, consultar os livros em [23-27].

REFERÊNCIAS

[1] "Mapa dos Emirados Árabes Unidos,"

https://www.guideoftheworld.com/united-arab-emirates-map.html

[2] "Emirados Árabes Unidos", fevereiro de 2024,

https://www.cia.gov/the-world-factbook/countries/united-arab-emirates/

[3] "Emirados Árabes Unidos", fevereiro de 2022

https://fas.usda.gov/topics/trade-missions/uae-february-2022

[4] "Agricultura e riqueza animal,"

https://u.ae/en/information-and-services/environment-and-energy/agriculture-and-animal-wealth

[5] "Emirados Árabes Unidos (EAU),"

https://www.icarda.org/research/country/united-arab-emirates-uae

[6] "Tudo sobre o sector agrícola nos EAU".

Https://www.bayut.com/mybayut/all-about-agriculture-uae/

[7] S. Gamboni, "Sheikh Zayed grand mosque: The complete guide", maio de 2019, https://www.tripsavvy.com/sheikh-zayed-grand-mosque-the-complete-guide-4172551

[8] S. Muttaki, "History of agriculture in the UAE", outubro de 2021,

https://www.linkedin.com/pulse/history-agriculture-uae-shamsuddin-muttaki

[9] M. N. O. Sadiku, U. C. Chukwu, e J. O. Sadiku, "Agriculture in United Arab Emirates," *2024: Conferência Internacional sobre Ciências Agrícolas, Ambiente, Desenvolvimento Urbano e Rural (Marrocos),* pp. 24-32.

[10] "Emirados Árabes Unidos criam fundo para a agricultura", dezembro de 2013,

https://www.emirates247.com/business/economy-finance/uae-sets-up-agriculture-fund-2013-12- 15-1.531408

[11] S. A. Qaydi, "The status and prospects for agriculture in the United Arab Emirates (UAE) and their potential to contribute to food security," *Journal of Basic & Applied Sciences,* vol. 12, 2016,pp.155-163.

[12] "Agricultura nos EAU: Garantir a segurança alimentar," https://www.aaaksc.com/agriculture-in-uae/

[13]
https://images.search.yahoo.com/yhs/search;_ylt=AwriiTPGaRxmMDESshEPxQt.;_ylu=Y29s
bwNiZjEEcG9zAzEEdnRpZAMEc2VjA3Nj?p=images+of+mechanized+farming+in+UAE&t
ype=fc_A519E8A3231_s69_g_e_d_n200001_c999&param1=7&param2=eJwtS8sKhDAM%2 FJUcFURTWyut1%2F2CvYqHqlWL
1YoPXPbrN8ImkJnJzIyur6vm%2FWKIQuVYJ81KOkc
aRuIxCToCpRQxtz22RNSspGNF22vqouZM5boTXOpyEKiH0hQUH22g%2FHUQvQyxJXy
d9yYrUoTodmsf7gPWEximWAE9pKjgI0UMZtu8vW07uzMreJlyCdE8nYtPwLvZwmi7OcT
QTXtYbMZynuKzcJjB7O5f%2BQHgTEDt&hsimp=yhs-3211&hspart=fc&ei=UTF- 8&fr=yhs-fc-
3211#id=141&iurl=http%3A%2F%2Fdatastore02.rediff.com%2Fh1500-w1500%2Fthumb%2F6757645C5A6D295E667264%2Fenap4wxdrbi72cmk.D.0.DSCN1174.J PG&action=click

[13] "Análise da dimensão e da quota de mercado da agricultura nos EAU - Tendências de crescimento e previsões (2024 - 2029),

https://www.mordorintelligence.com/industry-reports/agriculture-in-the-united-arab-emirates-industry#:~:text=The%20UAE%20Agriculture%20Market%20size%20is%20estimated%20at,C
AGR%20of%204.30%25%20during%20the%20forecast%20period%20%282024-2029%29.

[14] "Parceria entre os Emirados Árabes Unidos e a FAO para o desenvolvimento agrícola sustentável e a segurança alimentar"

https://www.fao.org/3/az580e/AZ580E.pdf#:~:text=Strengthen%20the%20sustainability%20of% 20agricultura%20e%20pesca%20produção,
desenvolvimento%20de%20países%20por%20melhoria%20da%20agricultura%2

0e%20pesca%20de%20vida%3B

[15] "Como os EAU estão a cultivar os seus próprios alimentos de forma sustentável", fevereiro de 2024,

https://www.khaleejtimes.com/uae/how-uae-is-growing-its-own-food-in-a-sustainable- way#google_vignette

[16] "Organic farming in the UAE a growing trend", fevereiro de 2024,

https://www.thenationalnews.com/business/organic-farming-in-the-uae-a-growing-trend- 1.120980

[17] "Agricultura vertical nos Emirados Árabes Unidos e na Arábia Saudita: Como começar, um guia passo-a-passo,"

https://www.asiafarming.com/vertical-farming-in-the-uae-and-saudi-arabia-how-to-start-a-step- guia passo a passo

[18] S. Bose, "Grown in the UAE: Filhas do solo".

https://www.khaleejtimes.com/long-reads/grown-in-the-uae-daughters-of-the-soil

[19] O. Lazard, "The power of soil: How our precarious climate shaped the Arab spring,"
https://www.bing.com/search7q=The%20power%20of%20soil%3A%20How%20our%20precari
ous%20climate%20shaped%20the%20Arab%20Spring&pc=0P615&ptag=C999N0033ACBC71 2B44E&form=PCF604&conlogo=CT3210127

[20] "A de agricultura: The homegrown revolution", dezembro de 2016,

https://gulfnews.com/uae/a-for-agriculture-the-homegrown-revolution-1.1937020

[21] "Mudanças no sector agrícola,"

https://u.ae/en/information-and-services/environment-and-energy/agriculture-and-animal- wealth/changes-in-the-agriculture-sector-

[22] R. El Mallakh, *The Economic Development of the United Arab Emirates (RLE Economy of Middle East).* Routledge, 2014.

[23] J. A. Shoup, *The History of the United Arab Emirates (A História dos Emirados Árabes Unidos).* Bloomsbury Publishing USA, 2021.

[24] S. A. Shahid, F. K. Taha, e M. A. Abdelfattah (eds.), *Developments in Soil Classification, Land Use Planning and Policy Implications.* Springer, 2013.

[25] *Emirados Árabes Unidos: Agricultura e pesca no Dubai e nos Emirados do Norte.*
Serviços de Comércio Externo, 1997.

[26] *Emirados Árabes Unidos: Consultores agrícolas do Ministério da Agricultura e Pescas.* EUA: Books on Demand, n.d.

CAPÍTULO 14 : AGRICULTURA NO REINO UNIDO

"*As alterações climáticas são o maior desafio ambiental do mundo. É agora evidente que a emissão de gases com efeito de estufa, associada à industrialização e ao crescimento económico... está a causar o aquecimento global a um ritmo insustentável.* " - Tony Blair

14.1 INTRODUÇÃO

O Reino Unido (RU) é uma nação insular situada ao largo da costa noroeste da Europa continental. O nome Grã-Bretanha é por vezes utilizado para designar o Reino Unido. O Reino Unido é constituído por quatro nações: Inglaterra, Escócia, País de Gales e Irlanda do Norte. É uma economia social de mercado altamente desenvolvida e a sexta maior economia nacional do mundo em termos de produto interno bruto (PIB) nominal. O Reino Unido faz fronteira a sul com o Canal da Mancha, a oeste com o Mar da Irlanda e o Oceano Atlântico Norte e a leste com o Mar do Norte, que o separa da Escandinávia e do resto da Europa continental. O Reino Unido é um país desenvolvido com infra-estruturas de bem-estar social. É uma economia avançada de elevado rendimento. A agricultura tem uma pequena quota-parte na economia e no emprego. Por exemplo, a agricultura contribuiu com cerca de 0,5% para a economia do Reino Unido e era constituída por 216 000 explorações agrícolas em 2021. A sua população estimada em 2024 é de 68 278 000 habitantes [1]. O país abrange uma área total de aproximadamente 242.495 km2 (93.628 sq mi). O mapa do Reino Unido é apresentado na Figura 14.1 [2].

Figura 14.1 O mapa do Reino Unido [2].

O Reino Unido é sede de uma série de grandes empresas do sector da energia, incluindo a BP e a Royal Dutch Shell. O Reino Unido também é rico numa série de recursos naturais, incluindo carvão, estanho, calcário, minério de ferro, sal, argila, giz, gesso, chumbo e sílica. A força da economia do Reino Unido varia de país para país e de região para região. Londres é a capital e o coração da economia do Reino Unido e o segundo maior centro financeiro do mundo, a seguir à cidade de Nova Iorque. É um importante centro de negócios e comércio internacional. É também um importante centro de retalho; em 2010, teve as vendas a retalho não alimentares mais elevadas de todas as cidades do mundo. Há mais de 500 bancos com escritórios em Londres, e é o principal centro internacional de bancos, seguros, comércio de divisas e futuros de energia. Outras grandes cidades do Reino Unido incluem Birmingham, Oxford e Manchester em Inglaterra, Belfast e Glasgow na Escócia, e Swansea e Cardiff no País de Gales. O Reino Unido é o maior investidor na América e o segundo maior na China [3].

A agricultura é o maior emprego do mundo. O mundo tem cerca de 570 milhões de explorações agrícolas e mais de 500 milhões dessas explorações são familiares. O Reino Unido reservou 69% da sua superfície terrestre para a agricultura e tem cerca de 212 000 explorações agrícolas, produzindo cerca de 60% do seu consumo interno de alimentos. A agricultura britânica emprega 1% da sua força de trabalho e contribui com 0,5% do seu valor acrescentado bruto. A indústria agrícola britânica é uma potência económica, altamente mecanizada e parcialmente responsável pelo sucesso comercial do Reino Unido num mercado global competitivo. Por cada £1 investido na agricultura, são geradas £7,40 para a economia do Reino Unido.

Este capítulo é uma introdução à agricultura no Reino Unido. Começa com a classificação das terras agrícolas no Reino Unido. Apresenta os diferentes tipos de agricultura no Reino Unido. Apresenta uma breve história da agricultura no Reino Unido. Discute as formas tradicionais e modernas de agricultura no Reino Unido. Destaca os benefícios e os desafios da agricultura no Reino Unido. A última secção conclui com comentários.

14.2 CLASSIFICAÇÃO DAS TERRAS AGRÍCOLAS

Ao longo da história, a sociedade tem uma opinião sobre a forma como a terra deve ser utilizada, que alimentos devem ser produzidos e quanto espaço deve ser disponibilizado nas explorações agrícolas. O Reino Unido é geralmente uma terra verde e agradável, sem desastres climáticos horríveis. No Reino Unido, a atividade agrícola ocorre na maioria dos locais rurais. A maior parte dos solos britânicos são 2% a 5% orgânicos e 95% a 98% minerais. Em Inglaterra e no País de Gales, os solos são classificados de acordo com os cinco graus seguintes [4]:

- grau 1: terras agrícolas de excelente qualidade
- grau 2: terras agrícolas de boa qualidade
- grau 3a: terras agrícolas de qualidade boa a moderada
- grau 3b: terras agrícolas de qualidade moderada
- grau 4: terras agrícolas de má qualidade
- grau 5: terras agrícolas de muito má qualidade

Por exemplo, em 2014, a terra cultivada é a classe dominante com uma cobertura de 59% da paisagem, como mostra a Figura 14.2 [5].

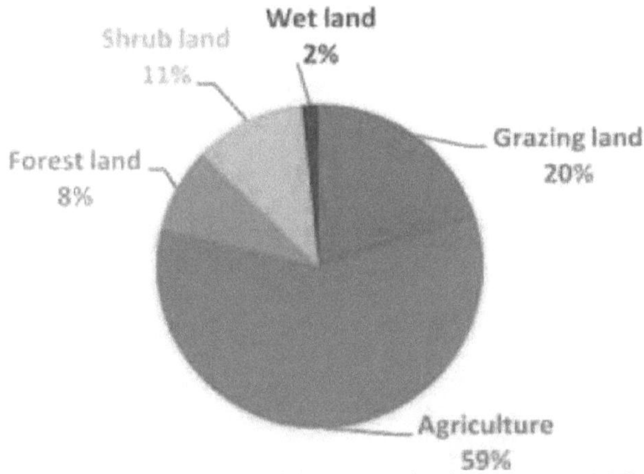

Figura 14.2 A terra cultivada é a classe dominante em 2014 [5].

14.3 PRINCIPAIS TIPOS DE AGRICULTURA

A maior parte dos animais de criação britânicos são criados para um objetivo específico. Os tipos de criação no Reino Unido podem ser divididos, em termos gerais, em cinco domínios principais [6]:

- *Arable Farming:* Este tipo de agricultura envolve a produção de culturas e é praticado nas zonas do sudeste do Reino Unido. O crescimento das culturas é afetado pela luz, solo, nutrientes, água, ar e clima. As áreas também têm boas redes de transporte e as fazendas estão localizadas perto de mercados em grandes cidades e vilas, como Londres. As culturas arvenses produzem cereais, trigo, aveia, tubérculos, batatas, beterraba sacarina, feijão, ervilhas, couves, ervilhaca, colza e couve. Também produz peras e maçãs para consumo humano e feno para alimentação animal.
- *Agricultura pastoril:* Trata-se da criação de gado para carne, lã, ovos e leite e, historicamente, para trabalho. A principal produção agrícola do Reino Unido são os produtos pecuários. Os porcos, o gado bovino, as aves de capoeira e as ovelhas são normalmente criados como animais de carne, enquanto as aves de capoeira são criadas para os ovos e o gado para o leite. A grande maioria do leite provém do gado bovino e os ovos das galinhas.
- *Criação de gado:* Trata-se da criação de animais como vacas, ovelhas e porcos para a produção de carne, lacticínios ou lã. A maioria das explorações leiteiras situa-se no oeste do país. A região ocidental dispõe de boas redes rodoviárias que facilitam o transporte dos produtos agrícolas para os mercados mais próximos. Os porcos são criados principalmente em East Anglia e Yorkshire. As Terras Altas da Escócia e o País de Gales

são conhecidos pela criação extensiva de gado, em especial de ovinos. O Reino Unido tem cerca de 4 600 explorações que criam porcos. O Reino Unido é o maior produtor de borrego da Europa. A criação de gado bovino (vacas) requer áreas significativas de pastagens. A Figura 14.3 mostra um exemplo de criação de gado [6].

Figura 14.3 Um exemplo de criação de gado [6].

- *Agricultura mista:* Trata-se de uma combinação de culturas arvenses e de criação de gado. É praticada no centro de Inglaterra e na Escócia. As áreas que suportam a agricultura mista têm relevo e clima ideais para manter os animais e cultivar as colheitas. As regiões dispõem de boas redes de transportes para facilitar o acesso aos mercados. Tanto a produção animal como a produção vegetal estão centradas nas zonas rurais.

- *Jardinagem de mercado:* A horticultura de mercado envolve o cultivo de culturas de alto valor, como legumes, frutas e flores, perto de mercados prontos. É comummente praticada em East Anglia e em áreas próximas de Birmingham e Londres com boas redes de transportes.

Estes tipos de agricultura estão distribuídos em várias regiões do Reino Unido com base em vários factores, como o clima, os tipos de solo, a topografia, a procura do mercado e as práticas históricas. A distribuição dos tipos de agricultura tem sofrido alterações ao longo do tempo devido a vários factores, incluindo mudanças nas políticas agrícolas, avanços tecnológicos e exigências do mercado. A qualidade das terras agrícolas específicas e a geografia de uma determinada zona têm impacto na agricultura dessas zonas.

14.4 HISTÓRIA DA AGRICULTURA BRITÂNICA

A civilização começou com a agricultura. Quando os nossos antepassados nómadas começaram a estabelecer-se e a cultivar os seus próprios alimentos, a sociedade humana mudou para sempre. O sector agrícola está há muito associado ao Reino Unido, há milhares de anos. A agricultura foi introduzida nas Ilhas Britânicas entre cerca de 5000 a.C. e 4500 a.C. pela Síria, na sequência de um afluxo de pessoas ao país. Quando os romanos chegaram, em 55 a.C., grande parte do sudeste de Inglaterra já tinha quintas e aldeias. A agricultura registou um forte crescimento, uma vez que os preços dos cereais sextuplicaram até 1650. O período 17501850 incluiu uma depressão de vinte anos na agricultura. A depressão foi tão grave que tanto os proprietários como os arrendatários sofreram a ruína financeira e grandes áreas de terrenos agrícolas foram completamente abandonadas. Entre 1750 e 1850, a população inglesa quase triplicou e todas essas pessoas tiveram de ser alimentadas com os alimentos domésticos. Isto foi conseguido através da intensificação da agricultura.

No século XVIII, a Grã-Bretanha foi a primeira nação a industrializar-se. Nesta altura, o aumento da produção agrícola pode ser atribuído ao aperfeiçoamento da prensa de sementes puxada por cavalos, tornando a agricultura menos trabalhosa e mais produtiva. Em 1850, a Grã-Bretanha tinha a menor proporção da sua população envolvida na agricultura de qualquer país do mundo, com 22%. O trigo e a cevada eram cultivados em pequenas parcelas perto da casa da família. As ovelhas, as cabras e o gado vinham do continente europeu. Entre o século XVI e meados do século XIX, a Grã-Bretanha assistiu a um aumento maciço da produtividade agrícola e da produção líquida, conhecido como a Revolução Agrícola Britânica, que foi pioneira na agricultura moderna e introduziu novas práticas agrícolas, como o cercamento, a mecanização, a rotação de culturas em quatro campos e a reprodução selectiva. A Revolução foi o aumento da produção agrícola devido ao aumento da produtividade do trabalho e da terra, como mostra a Figura 14.4 [7].

Figura 14.4 Agricultores durante a Revolução Agrícola [7].

Em 1891, a tecnologia de refrigeração fiável trouxe para o mercado britânico carne congelada barata da Austrália, Nova Zelândia e América do Sul. O período de 1850-1914 foi descrito como "a conclusão da transição para uma sociedade fundamentalmente urbana e industrial". O Conselho da Agricultura, que mais tarde se ~~tornou~~ o Ministério da Agricultura, Pescas e Alimentação (MAFF), foi criado por uma lei do Parlamento em 1889. Reuniu todas as responsabilidades governamentais em matéria de agricultura num único departamento. O Ministério da Alimentação foi criado em 1916 para regular o fornecimento e o consumo de alimentos e para incentivar a produção alimentar [6]. Durante o século XIX, através do seu vasto império colonial e da sua superioridade tecnológica, a Grã-Bretanha desempenhou um papel preponderante na economia mundial. Os custos da luta na Primeira e na Segunda Guerras Mundiais enfraqueceram ainda mais a posição económica do Reino Unido. Em 1926, a legislação agrícola tornou-se abertamente redistributiva a favor dos ex-militares.

Durante a Segunda Guerra Mundial (declarada em 3 de setembro de 1939), a agricultura sofreu uma enorme mudança que obrigou o governo a controlar o que era cultivado e distribuído, a fim de garantir a máxima produtividade da terra. A União Nacional de Agricultores (NFU) trabalhou em estreita colaboração com o Ministério da Agricultura para garantir a segurança alimentar. O maior desafio enfrentado pela agricultura foi a indisponibilidade de mão de obra devido ao grande número de homens que se alistaram nas forças armadas nos primeiros anos da guerra. Devido ao facto de muitos homens terem sido recrutados para o exército, as mulheres foram recrutadas para trabalhar a terra; eram chamadas o Exército de Mulheres da Terra. Durante os anos de guerra, a ajuda do Exército de Mulheres da Terra assegurou que nem as tropas nem os civis passassem fome. Depois da guerra, o país viveu um longo período sem grandes recessões. Nas décadas de 1950 e 1960, registou-se um rápido crescimento da prosperidade e o desemprego manteve-se baixo. O racionamento de alimentos foi introduzido no início de 1940. Só terminou completamente em julho de 1954. Por instruções do governo, o Comité Northfield começou a rever o sistema agrícola do país em 1977. Em 1984, chegou-se a um acordo que previa que a sucessão se estendesse até à reforma do rendeiro, mas que, a partir de 1984, os novos contratos de arrendamento não incluíssem direitos de sucessão. De 1992 a 2006, foram concedidos subsídios às explorações agrícolas biológicas que não praticassem qualquer tipo de cultura. Em 2012, os principais produtos agrícolas do Reino Unido foram o leite, o trigo, a carne de frango, a carne de bovino, a carne de suíno, a carne de ovino, a carne, as batatas, a colza, os ovos de galinha e a beterraba sacarina [4,9]. Em 1994, entrou em vigor um regime de ajuda à agricultura biológica, que concede subvenções para financiar os agricultores que pretendam converter-se à agricultura biológica. Em 1994, os agricultores começaram a utilizar a tecnologia de satélite para acompanhar e planear as suas práticas agrícolas.

14.5 AGRICULTURA MODERNA

O sector agrícola é vital para a economia do Reino Unido. É um gerador de produção económica e de emprego. Dá emprego a mais de quatro milhões de pessoas, especialmente em áreas onde é mais difícil encontrar oportunidades de carreiras estáveis. A sua contribuição para a economia do Reino Unido é maior do que a do comércio automóvel, da educação, das finanças e dos seguros. A venda de milhares de milhões de libras de colheitas e produtos animais é fundamental para a prosperidade da indústria britânica. A agricultura britânica é uma grande parte da identidade, cultura, história e património nacionais. O tamanho da força de trabalho agrícola do Reino Unido permaneceu praticamente estável na última década. No Reino Unido, em 2021, a agricultura empregava quase meio milhão de pessoas. A figura 14.5 mostra a força de trabalho agrícola do Reino Unido [10].

Figura 14.5 Força de trabalho agrícola no Reino Unido [10].

O carácter global e interdependente da sociedade humana torna-nos fundamentalmente dependentes da agricultura. A produção vegetal no Reino Unido é efectuada através da agricultura arvense. O clima, o ar, a água, os nutrientes, o solo e a luz afectam o crescimento das culturas. Para além de alimentar a nação, as oportunidades de exportação oferecidas pela agricultura contribuem para o sucesso das prósperas comunidades rurais, proporcionando um emprego e um rendimento estáveis a centenas de milhares de pessoas em todo o Reino Unido. As actividades agrícolas ocorrem na maioria das zonas rurais do Reino Unido. Entre as culturas mais populares produzidas no Reino Unido contam-se a cevada, a aveia, o trigo, os cereais, a beterraba sacarina, a batata, a ervilha, o feijão, a couve, a ervilhaca, o repolho, a pera e a maçã [11].

Historicamente, animais como os burros eram criados para o trabalho. A ceifa é o processo de colheita de uma cultura. Tradicionalmente, a ceifa era efectuada com a foice e o gancho de ceifa, mas na Grã-Bretanha estes foram totalmente substituídos por máquinas. Atualmente, a agricultura britânica é intensiva, altamente mecanizada e eficiente, segundo os padrões europeus. Produz cerca de 60% das necessidades alimentares com apenas 2% da força de trabalho. A abordagem mecanizada pode ser menos produtiva para uma agricultura diversificada e de menor escala. A rotação rigorosa de culturas já não é tecnicamente necessária ou mesmo financeiramente desejável. A figura 14.6 mostra um exemplo de agricultura mecanizada [12].

Figura 14.6 Um exemplo de agricultura mecanizada [12].

No Reino Unido, a agricultura é subsidiada. A grande maioria das importações e exportações são efectuadas com outros países da Europa Ocidental. Os cinco destinos mais importantes das exportações britânicas são a República da Irlanda, a França, os EUA, os Países Baixos e a Alemanha.

Atualmente, a agricultura consiste em aplicar conceitos inovadores e introduzir novas tecnologias para produzir rendimentos elevados e melhores. A digitalização inovadora mudou este sector, especialmente com a tecnologia orientada para a IA. A deteção remota é uma técnica avançada de recolha de dados através da reflexão das radiações electromagnéticas que envolve satélites, aeronaves e sistemas terrestres e a sua aplicação na agricultura está a aumentar significativamente. Os drones agrícolas podem ajudar os agricultores a cuidar das suas culturas e até a reduzir o uso de pesticidas. O seu principal objetivo é

para analisar as culturas. Os drones de pulverização agrícola estão equipados com um tanque e um sistema de pulverização. Em vez de ter de percorrer os campos para identificar doenças, pragas, fungos e ervas daninhas, um agricultor pode identificá-las utilizando as imagens do seu drone e, em seguida, direcionar as áreas que considera que devem ser pulverizadas.

Existem diferentes tipos de empresas agrícolas no Reino Unido [13]:

- Consultoria agrícola
- Biomassa e biocombustíveis
- Lacticínios e pecuária
- Piscicultura
- Criação de abelhas

- Agricultura biológica e viveiros de plantas
- Floricultura
- Alojamentos de Acomodação e Pequeno-almoço (B&Bs) e restaurantes
- Parques de campismo e de caravanismo
- Lojas de quinta e instalações equestres
- Locais para casamentos, clubes e pubs
- Agricultura especializada, como explorações de bonsai, vinhas, explorações de chocolate
- Actividades agrícolas de entretenimento, como jardins zoológicos, passeios de feno, estábulos para cavalos, etc.

14.6 BENEFÍCIOS

Para além do enorme sucesso da agricultura britânica, os clientes têm a tranquilidade de consumir produtos agrícolas de elevada qualidade, seguros e a preços acessíveis. Para além de produzirem artigos de consumo diário, as explorações agrícolas também servem como local de lazer ou como uma escapadela de fim de semana perfeita. Embora a agricultura contribua com menos de 1% para a economia do Reino Unido, fornece cerca de três quartos dos alimentos autóctones que a população consome. Outros benefícios da agricultura britânica são os seguintes [3,14-16] :

- *Financiamento da agricultura:* É importante para os agricultores. Dá-lhes o financiamento necessário para comprar novos factores de produção, cobrir os custos da terra e comercializar produtos. O financiamento agrícola também dá aos agricultores "espaço para respirar" em caso de crise.

- *Pagamentos de apoio:* Os pagamentos de apoio interno à agricultura variam à medida que os regimes mais antigos encerram e são introduzidos novos regimes. O apoio será administrado através de novos regimes introduzidos no país e será geralmente orientado para a melhoria do desempenho agroambiental. Em 2021, os pagamentos de apoio à agricultura começaram a mudar na sequência da saída do Reino Unido da Política Agrícola Comum (PAC) da UE, que foi designada por "Brexit". Os pagamentos efectuados aos agricultores do Reino Unido ao abrigo do regime de pagamento de base (RPB) antes de 2021 eram fixados em euros e convertidos em libras esterlinas utilizando a taxa de câmbio fixada pelo Banco Central Europeu.

- *Diversificação:* A diversificação é o nome do jogo quando se trata de tirar partido do interesse crescente dos consumidores. Cerca de metade dos agricultores do Reino Unido complementam o seu rendimento diversificando as suas actividades para além da agricultura pura e existem muitas formas de diversificação. Por exemplo, as terras agrícolas podem ser convertidas em instalações equestres, parques de lazer, clubes de campo, hotéis, campos de golfe, parques de campismo e de caravanismo.

Os tipos mais comuns de diversificação são, provavelmente, o aluguer de celeiros como armazéns e depósitos e o aluguer de antigas casas de lavradores. Existem subsídios disponíveis para programas de diversificação destinados a melhorar a competitividade do sector agrícola.

- *Agricultura biológica:* Trata-se de uma agricultura sem fertilizantes químicos. É um método de agricultura que requer a utilização de métodos naturais de produção e de controlo de pragas. A agricultura tem-se orientado para a agricultura biológica numa tentativa de manter os lucros. O Ministério do Ambiente, da Alimentação e dos Assuntos Rurais (DEFRA) é responsável pela proteção do ambiente, pela produção alimentar e pelas normas. Apoia a agricultura biológica, oferecendo conselhos em folhetos sobre os regimes compatíveis e as subvenções que geram rendimentos.

- *Agricultura vertical:* Trata-se de um conceito de agricultura modular desenvolvido para caber no espaço disponível de uma divisão. A ascensão das Cidades Inteligentes, das Cidades Resilientes e das Cidades de Economia Circular apontam para um futuro urbano mais sustentável. A agricultura vertical e a tecnologia agrícola urbana oferecem uma solução parcial para os problemas do sistema alimentar do Reino Unido. A Figura 14.7 mostra um exemplo típico de agricultura vertical [18].

Figura 14.7 Uma exploração agrícola vertical típica [18].

- *Bem-estar dos animais:* A Inglaterra tem uma longa tradição em matéria de bem-estar dos animais, tendo sido o primeiro país do mundo a adotar legislação sobre bem-estar dos animais. A agricultura britânica tem algumas das normas mais exigentes do mundo em matéria de bem-estar dos animais e é de elevada qualidade em comparação com os seus concorrentes. O Reino Unido tem uma boa reputação em matéria de bem-estar dos animais e existem vários códigos de boas práticas.

- *Produtividade".* A Produtividade Total dos Factores (PTF) é uma medida da forma como os factores de produção são convertidos em resultados, dando uma indicação da eficiência e competitividade do sector agrícola. Estima-se que tenha aumentado 2,9 % entre 2020 e 2021. Este aumento deveu-se a uma diminuição do volume de todos os factores de produção e a um aumento do volume de todas as produções.

- *Ambiente:* As emissões estimadas de gases com efeito de estufa e de poluição atmosférica provenientes da agricultura diminuíram entre 2000 e 2020. A produção agrícola e a utilização e gestão dos solos que lhe estão associados são factores determinantes dos impactos ambientais do sector. Nos últimos anos, os principais factores de mudança em termos de pressões ambientais da agricultura são o declínio do número de cabeças de gado e a redução das aplicações de fertilizantes.

- *Crescimento sustentável:* Na agricultura, a sustentabilidade ambiental é considerada como uma boa gestão do capital natural de que as explorações agrícolas dependem. Os agricultores desempenham um papel importante na gestão dos recursos naturais em todo o mundo. Uma agricultura inclusiva pode criar empregos, reduzindo assim a insegurança alimentar e as desigualdades. As práticas agrícolas sustentáveis podem ajudar a reduzir o desperdício de água, a dependência dos combustíveis fósseis, a degradação dos solos, a perda de biodiversidade e ajudar os agricultores e a sociedade a responder mais eficazmente às alterações climáticas

Estes benefícios são ilustrados na Figura 14.8.

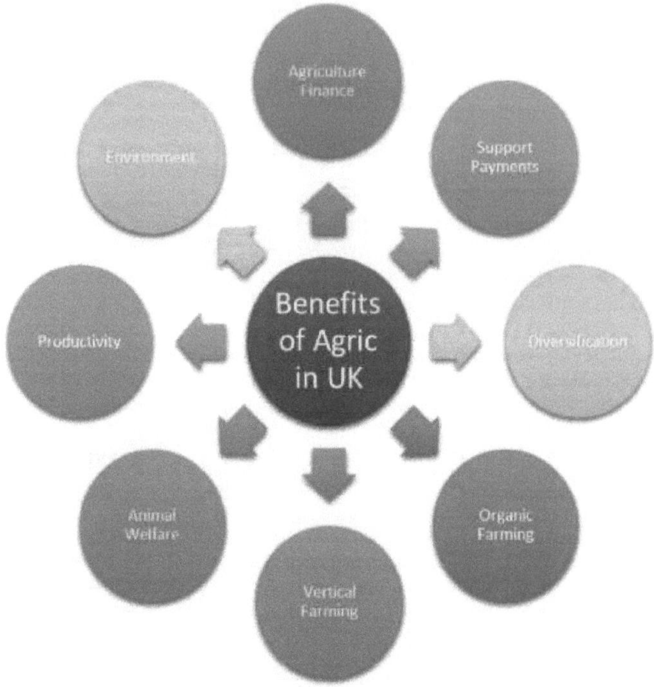

Figura 14.8 Benefícios da agricultura no Reino Unido.

14.7 DESAFIOS

Tal como acontece com muitos sectores no Reino Unido, a agricultura está a enfrentar os seus próprios problemas. Com as alterações climáticas, as condições de trabalho, a segurança energética e os desafios ambientais a tornarem-se cada vez mais preocupantes, as atenções centram-se nos agricultores. A erosão do solo, a salinização, a desertificação e outras degradações do solo, aliadas à agricultura intensiva e à desflorestação, diminuem a qualidade dos recursos da terra e a produtividade agrícola futura. Os agricultores manifestaram a preocupação de que, embora os padrões da indústria sejam elevados no Reino Unido, esses padrões podem ser inferiores para as importações, resultando em produtos de baixa qualidade que entram no Reino Unido. Para os agricultores do Reino Unido, o acesso e a manutenção da maquinaria e dos veículos adequados são muito dispendiosos, consumindo o capital que poderia ser gasto em gado, alimentos para animais e outras despesas. Outros desafios são os seguintes [15,17]:

- *Alterações climáticas:* Estas alterações podem causar a destruição de culturas e ter efeitos duradouros no abastecimento alimentar dos países. As alterações climáticas terão um impacto positivo na produção agrícola na Irlanda. Estão a trazer consigo o início mais precoce das chuvas de inverno. Os solos húmidos durante a primavera também conduzirão a problemas indesejáveis de pragas e doenças durante a época de plantio.

- *Fertilizantes e pesticidas:* Os pesticidas, o escoamento de fertilizantes, a degradação da camada superior do solo e a erosão estão a tornar-se grandes preocupações em todo o mundo. A utilização de fertilizantes, pesticidas e resíduos animais contribui fortemente para as más condições da água nos rios e ribeiros de todo o reino. A cultura que mais necessita de pesticidas é o trigo. É necessária uma abordagem mais limpa e ecológica da agricultura em grande escala. A utilização de pesticidas diminuiu e os agricultores britânicos utilizam atualmente cerca de um terço menos pesticidas do que em 1983. Utilizar menos pesticidas, insecticidas e herbicidas é bom para a carteira dos agricultores, mas também é melhor para o solo, os polinizadores e outros insectos.

- *Envelhecimento da mão de obra:* A agricultura do Reino Unido tem, normalmente, uma mão de obra envelhecida. Em 2016, cerca de 36% de todos os agricultores tinham mais de 65 anos, a idade típica de reforma, enquanto a proporção de jovens com menos de 35 anos era de 3%. Os agricultores representam uma população envelhecida, em parte devido aos baixos rendimentos e aos obstáculos à entrada no sector, e é cada vez mais difícil recrutar jovens para a agricultura. Muitos jovens não conseguem entrar no sector devido aos elevados preços das terras, aos baixos rendimentos e à falta de terras agrícolas suficientes para arrendar. A idade média dos britânicos que possuem uma exploração agrícola é de cerca de 60 anos.

- *Pragas:* Uma praga é um animal que come ou estraga alimentos destinados aos seres humanos. Estes animais incluem coelhos, lebres, veados, raposas e toupeiras. As pragas danificam as culturas removendo a área das folhas, cortando as raízes ou simplesmente causando danos grosseiros. No Reino Unido, os danos causados pelos parasitas das culturas são consideráveis.

- *Saúde animal:* No Reino Unido, registaram-se 326 surtos de gripe aviária de alta patogenicidade (GAAP), a maioria em aves selvagens (253), com 52 surtos em aves de criação e 21 surtos em bandos de quintal.

- *Injustiça fundiária:* A terra é a base dos sistemas alimentares. As exigências de acesso equitativo à terra estão intimamente ligadas a questões agrárias antigas e novas. As relações agrícolas são permeadas por desigualdades sociais e espaciais que abrangem diversos territórios e escalas temporais. Numerosas barreiras estruturais e institucionais impedem a entrada de candidatos a agricultores no sector agrícola. Eliminar a política da terra no Reino Unido é crucial para reconfigurar a governação dos sistemas alimentares de forma mais justa, equitativa e socioecologicamente sustentável.

Estes desafios influenciam a adoção de práticas agrícolas sustentáveis. A capacidade dos agricultores para responder a estes desafios é vital para o crescimento sustentável.

14.8 CONCLUSÃO

O Reino Unido é um importante produtor agrícola regional com uma proeminência histórica no comércio agroalimentar mundial. Os principais produtos agrícolas produzidos incluem produtos de origem animal (carne de vaca, porco, borrego, aves de capoeira e lacticínios) e cereais (trigo, cevada e aveia). O sector agrícola representa o maior sector industrial do Reino Unido. A Agricultural Law Association (ALA) é uma organização apolítica de juristas e outros especialistas em direito agrícola que presta aconselhamento em resposta a consultas governamentais. O caminho a seguir pela agricultura britânica é encontrar o equilíbrio certo para o sucesso dos agricultores, da cadeia alimentar e das gerações futuras.

O Reino Unido é um dos melhores países para estudar agricultura. A agricultura é considerada uma das disciplinas com maior crescimento nas universidades britânicas. Você pode obter seu mestrado em agricultura online em um programa multidisciplinar. Algumas instituições académicas no Reino Unido oferecem programas sobre as competências analíticas dos economistas agrícolas. Através dos programas, o aluno irá desenvolver competências de economia aplicada e de marketing que serão aplicadas a uma gama diversificada de explorações agrícolas contemporâneas
[19] . Após a licenciatura, terá o prazer de trabalhar com a terra e com tecnologias modernas, como mostra a Figura 14.9 [20]. Mais informações sobre a agricultura no Reino Unido podem ser encontradas nos livros em [21-32].

Figura 14.9 Programa de mestrado no Reino Unido [20].

REFERÊNCIAS

[1] "Reino Unido,"
https://www.britannica.com/place/United-Kingdom

[2] "Mapas do Reino Unido,"
https://www.worldatlas.com/maps/united-kingdom

[3] "Economia do Reino Unido", *Wikipedia,* a enciclopédia livre,
https://en.wikipedia.org/wiki/Economy_of_the_United_Kingdom

[4] "Agriculture in the United Kingdom," *Wikipedia,* the free encyclopedia
https://en.wikipedia.org/wiki/Agriculture_in_the_United_Kingdom

[5] T. Turi, H. Hayicho, and H. Kedir, "Evaluating land use/land cover change and its socioeconomic implications in Agarfa District of Bale Zone, southeastern Ethiopia," *Journal of Environmental Protection,* vol. 10, no. 3, janeiro de 2019, pp. 369-388.

[6] "Distribuição dos tipos de agricultura no Reino Unido,"
https://geography-revision.co.uk/gcse/agriculture/distribution-of-farming-types/#:~:text=Arable%20farming%2C%20pastoral%20farming%2C%20mixed%20farming%2
C%20and%20market,Yorkshire%2C%20England%2C%20Southwest%20areas%2C%20highlan ds%20or%20uplands%2C%20etc.

[7] J. Harper, "Revolução Agrícola".
https://www.sutori.com/en/story/agricultural-revolution--whrTutmVJTxNZtwWMnycYUaS

[8] "Ministério da Agricultura, Pescas e Alimentação (Reino Unido)," *Wikipédia,* a enciclopédia livre,
https://en.wikipedia.org/wiki/Ministry_of_Agriculture,_Fisheries_and_Food_(Reino_Unido)

[9] "Agricultura no Reino Unido,"

https://www.evangatefs.com/agriculture-in-the-uk/
[10] "Agriculture in the UK evidence pack," setembro de 2022, https://assets.publishing.service.gov.uk/government/uploads/system/uploads/attachment_data/file /1106562/AUK_Evidence_Pack_2021_Sept22.pdf#:~:text=Agriculture%20provides%20half%2 0of%20the%20food%20we%20eat%2C, the%20highest%20standards%20of%20animal%20and %20plant%20health.
[11] M. N. O. Sadiku, C. M. M. Kotteti, e J. O. Sadiku, "Agriculture in United Kingdom," *International Journal of Trend in Research and Development,* vol. 11, no. 1, janeiro-fevereiro, 2024,pp.133-137.
[12] F. Thompson, "How drones are changing the face of farming", julho de 2019, https://www.dw.com/en/next-generation-farming-how-drones-are-changing-the-face-of-british- agriculture/a-49243454
[13] "Iniciar uma empresa agrícola no Reino Unido," https://www.3ecpa.co.uk/resources/industry-guide/starting-an-agricultural-business-in-the- united-kingdom/#:~:text=Begmner%E2%80%99s%20Guide%20on%20Startmg%20an%20Agricultural %20Business%20in,Kingdom%20...%204%20Licences%20and%20Permits%20 Needed%20
[14] "Agricultura em Inglaterra," *Wikipedia,* a enciclopédia livre, https://en.wikipedia.org/wiki/Agriculture_in_England
[15] "Agricultura no Reino Unido 2021," https://assets.publishing.service.gov.uk/media/62e149d8e90e0766b19960fD/Agriculture-in-the- UK-27jul22.pdf
[16] R. Berry, M. Vigani e J. Urquhart, "Economic resilience of agriculture in England and Wales: a spatial analysis", *Journal of Maps,* vol. 18, n.º 1, maio de 2022.
[17] H. Coulson e P. Milbourne, "Agriculture, food and land: Struggles for UK post-Brexit agri-food justice", *Geoforum,* vol. 131, maio de 2022, pp. 126-135.
[18] "Urban agriculture in the uncertain future of the United Kingdom," https://www.agritecture.com/blog/2018/11/20/urban-agriculture-in-the-uks-uncertain-future
[19] "Mestrados em economia agrícola, Reino Unido," https://www.findamasters.com/masters-degrees/united-kingdom/agricultural-economics/
[20] "GB top 5 programas para estudar Agricultura no Reino Unido (mestrado)," Fonte desconhecida.
[21] Grã-Bretanha. Gabinete Central de Informação. Divisão de Referências, *Agricultura na Grã-Bretanha.* Serviços de Informação Britânicos, Divisão de Referências, 2018.
[22] Serviços de Informação Britânicos. Divisão de Referência, *Agriculture in Britain: A General Survey of Policy, Production and Organization.* The Division, 1951.
[23] P. Dewey, *British Agriculture in the First World War (RLE the First World War).* Taylor & Francis, 2014.

[24] Grã-Bretanha: Department for Environment, Food and Rural Affairs, *Agriculture in the United Kingdom 2003.* Stationery Office, 2004.
[25] Fish and Food Agriculture Staff, *Agriculture in the United Kingdom.* Stationery Office, 2002.
[26] L. G. Ross et al., *Site Selection and Carrying Capacities for Inland and Coastal Aquaculture: FAO/Institute of Aquaculture, University of Stirling, Expert Workshop, 6-8 de dezembro de 2010, Stirling, Reino Unido da Grã-Bretanha e Irlanda do Norte.* Organização das Nações Unidas para a Alimentação e a Agricultura, 2013.
[27] W. F. Spackman, *Statistical Tables of the Agriculture, Shipping, Colonies, Manufactures, Commerce and Population of the United Kingdom of Great Britain and its Dependencies; brought down to the year 1843.* Longman and Company, 1843.
[28] C. R. Fay, *Co-operation at Home and Abroad: A Description and Analysis, with Supplements on The Progress of Co-operation in the United Kingdom (1908-1918) and Agricultural Co-operation in the Canadian West.* London: PS King & Son Limited, 1925.
[29] A. Harrison et al. *Factors influencing ownership, tenancy, mobility and use of farmland in the United Kingdom (Factores que influenciam a propriedade, o arrendamento, a mobilidade e a utilização das terras agrícolas no Reino Unido). Informação sobre agricultura 74, 1980.* 1980.
[30] F. G. Andersen et al. *Taxation of Agriculture in selected countries. Estudo dos Estados Unidos, Canadá, Austrália, Alemanha, Reino Unido, Irlanda, França, Suíça e Itália com relevância para a OMC.* Norsk institutt for landbruksokonomisk forskning, 2002.
[31] A. M. Burrell, *Statistical Handbook of United Kingdom Agriculture.* Springer, 1984.
[32] M. P. Burton, *Agricultural Policy Modelfor the United Kingdom.* Universidade de Manchester (Reino Unido), 1991.

CAPÍTULO 15: AGRICULTURA NOS ESTADOS UNIDOS

"A agricultura é atualmente, como sempre foi, a base da civilização. Os 6 milhões de explorações agrícolas dos Estados Unidos... constituem a base de todas as outras realizações do povo americano e são mais frutuosas do que todos os seus outros recursos."- Theodore Roosevelt

15.1 INTRODUÇÃO

Os Estados Unidos da América são uma nação democrática composta por 50 estados independentes na parte norte da América, dezasseis territórios e um distrito de Columbia (Washington D.C.). É o terceiro país mais populoso do mundo, depois da China e da Índia. É o quarto maior país do mundo em área terrestre, depois da Rússia, do Canadá e da China. Os EUA são a maior economia do mundo em termos de PIB nominal [1]. O mapa dos EUA é apresentado na Figura 15.1 [2].

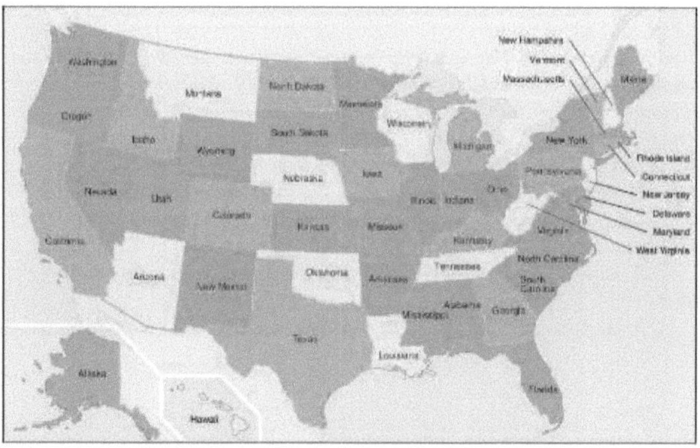

Figura 15.1 O mapa dos Estados Unidos [2].

A América é bem conhecida em todo o mundo pelas suas exportações de Hollywood, pela sua influência política e pela sua cultura de fast food. A agricultura desempenha um papel importante na cultura americana. Sendo uma nação fundada por imigrantes de todo o mundo, os Estados Unidos são também o lar de imigrantes de diferentes nações. Como resultado, os EUA estão entre os melhores devido à famosa comida de diferentes países de onde as pessoas imigraram. Aperfeiçoaram a arte de confecionar pizzas, hambúrgueres, batatas fritas, pedaços de chocolate, biscoitos, etc. A gama e a variedade de alimentos americanos são tão grandes quanto a sua diversidade étnica [3,4].

A agricultura é a prática de cultivar recursos naturais para sustentar a vida humana e proporcionar ganhos económicos. Pode também ser considerada como uma atividade que fornece à economia global produtos básicos como cereais, gado, lacticínios e fibras. Sempre foi uma profissão nobre em todo o mundo. A agricultura utiliza cerca de um terço das terras do planeta e ocupa a vida de cerca de dois mil milhões e meio de pessoas. Desempenha um papel essencial na criação de emprego em todo o mundo. Oferece uma oportunidade de melhorar a vida de milhões de pessoas em situação de insegurança alimentar e de ajudar os países a desenvolver economias que criem emprego e aumentem os rendimentos. De acordo com o Departamento de Agricultura dos EUA (USDA), as empresas de fabrico de alimentos e bebidas empregam cerca de 1.7 milhões de pessoas nos EUA.

É frequente pensar-se que a agricultura consiste principalmente em culturas agrícolas: preparação do solo e da terra e sementeira, fertilização, irrigação e colheita de diferentes tipos de plantas e vegetação. Inclui também indústrias como a restauração e o fabrico de produtos alimentares. Por ser um fenómeno cultural, a agricultura desenvolveu-se de forma independente em muitas regiões do mundo e variou consideravelmente no tempo e no espaço.

Este capítulo apresenta uma introdução à agricultura americana. Começa por discutir a importância da agricultura nos Estados Unidos (EUA). Apresenta uma breve história da agricultura nos EUA. Discute as formas tradicionais e modernas de agricultura nos EUA. Destaca os benefícios e os desafios da agricultura nos EUA. A última secção conclui com comentários.

15.2 IMPORTÂNCIA DA AGRICULTURA

A agricultura é um sector importante nos Estados Unidos. Historicamente, tem desempenhado um papel significativo na economia dos Estados Unidos. Desempenha um papel central na satisfação da procura dos mercados de consumo e empresarial. Os EUA são o líder mundialmente reconhecido na ciência da agricultura e desempenham um papel fundamental na resposta aos desafios alimentares globais. Os EUA são o principal exportador de produtos alimentares do mundo. Produz a maior parte das culturas em diferentes regiões do país. Os agricultores e produtores de alimentos dos EUA estão bem posicionados para conquistar uma parte cada vez maior do crescente mercado mundial de produtos agrícolas. Os americanos gastam menos em alimentos, em proporção do seu rendimento, do que qualquer outra nação do planeta.

A agricultura é importante para as empresas e para a sociedade. As matérias-primas produzidas pela agricultura (da madeira para materiais de construção e do algodão para vestuário) são um elemento fundamental da economia global. Sem as matérias-primas, os fabricantes não podem fabricar produtos. A agricultura tem impacto no comércio mundial porque está ligada a outros sectores da economia. Pode ter um efeito significativo na economia dos EUA. Proporciona oportunidades de equidade económica e ajuda as pessoas a prosperar em todo o mundo. Tem também um impacto direto ou indireto no desenvolvimento económico, contribuindo para o produto interno bruto (PIB) global dos EUA através da produção agrícola, da silvicultura, das actividades piscatórias, das fábricas e produtos têxteis, das vendas de vestuário e de alimentos e bebidas, bem como dos serviços e da indústria transformadora. A produção agrícola ajuda a satisfazer a procura de produtos agrícolas em todo o país e no estrangeiro. A importância da agricultura é ilustrada na Figura 15.2 [5].

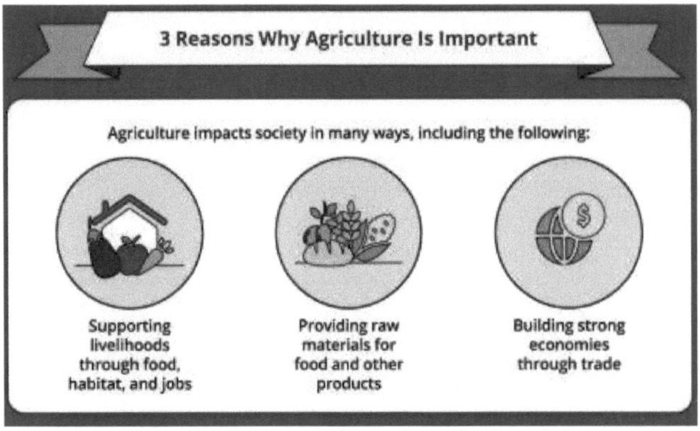

Figura 15.2 A importância da agricultura [5].

15.3 BREVE HISTÓRIA DA AGRICULTURA AMERICANA

Embora a agricultura não tenha uma origem única e simples, é uma parte integrante da história americana. A agricultura nos Estados Unidos tem uma longa história de liderança mundial na utilização de abordagens e tecnologias inovadoras.

Há milhares de anos, as pessoas baseavam-se na caça e na recolha para se abastecerem de alimentos. As enxadas ou os paus de escavação eram utilizados para abrir o solo quando necessário. Consequentemente, o cultivo tornou-se extremamente intensivo em termos de mão de obra, com uma família a viver numa terra tão pequena como 1,25 acres. Mais tarde, os seres humanos começaram a domesticar plantas e animais para se alimentarem. O cão parece ter sido o primeiro animal domesticado. O desenvolvimento da agricultura permitiu que a população humana crescesse muitas vezes mais do que a que podia ser sustentada pela caça e pela coleta. Uma revolução na utilização da terra começou no século XVI, com a adoção de culturas alimentares das Américas, como o milho, a batata-doce, a batata e o amendoim (groundnuts). No século XVII, deu-se uma revolução agrícola que aumentou a eficiência da produção e permitiu que mais pessoas se deslocassem para as zonas urbanas. Foi também utilizada uma grande variedade de utensílios de campo melhorados e complicados. No século XX, a agricultura tornou-se altamente tecnológica nos países desenvolvidos, com tecnologias geográficas como o SIG, o GPS e a teledeteção, enquanto as nações menos desenvolvidas continuam com práticas de caça e recolha [6].

Nas últimas décadas, a agricultura americana mudou drasticamente. A I&D agrícola pública e privada desempenhou um papel importante na concretização dessas mudanças. A organização do trabalho era complexa e incluía pessoas livres, escravos e servos contratados. A disponibilidade de escravos tornou possível o rápido crescimento da produção de algodão. O número de explorações agrícolas tem vindo a diminuir lentamente desde a década de 1930, embora a dimensão média das explorações se tenha mantido praticamente inalterada. Apesar da proeminência do milho na produção alimentar americana, as origens desta cultura ainda não são claramente compreendidas. Quaisquer que sejam as suas origens, o milho tornou-se uma cultura de base das Américas. O milho e a soja são atualmente o rei e a rainha do sistema agrícola dos EUA.

A mecanização da agricultura e a agricultura intensiva têm sido temas importantes na história dos Estados Unidos A mecanização reduziu substancialmente a mão de obra necessária para a produção de culturas. Fortemente mecanizada, a agricultura dos EUA tem um rendimento elevado em relação a outros países. Desde o seu aparecimento nas explorações agrícolas americanas, entre 1913 e 1920, os camiões alteraram os padrões de produção e comercialização dos produtos agrícolas. A Figura 15.3 mostra uma exploração agrícola mecanizada típica [7]. As invenções e as novas máquinas, como as grandes ceifeiras, as ceifeiras-debulhadoras e as colhedoras de algodão, reduziram o trabalho dos agricultores e, em contrapartida, aumentaram a produtividade das culturas.

Figura 15.3 Uma exploração agrícola mecanizada típica [7].

O êxito do programa do trigo levou as fundações Rockefeller e Ford a criarem, em 1962, o Instituto Internacional de Investigação do Arroz em Los Baños, nas Filipinas. O impacto da energia eléctrica na agricultura moderna tem sido significativo, com o motor elétrico a ganhar o interesse da comunidade agrícola e a reduzir ao mínimo as necessidades de mão de obra. A facilidade de funcionamento e a baixa manutenção da eletricidade permitiram poupar tempo e mão de obra. Os agricultores progressistas estavam determinados a explorar as possibilidades da eletricidade nas suas explorações. O desenvolvimento de uma vasta gama de equipamento eletromecânico provocou a transição da agricultura de uma indústria de mão de obra intensiva para a atual indústria de capital intensivo. Os agricultores aumentaram a produtividade através da adoção de tecnologias avançadas. Isto permitiu que cada trabalhador pudesse cultivar áreas maiores, reduzindo assim o número de agricultores. Desde o final do século XX, a tendência mundial tem sido cada vez mais no sentido de se criarem maiores explorações agrícolas [8].

15.4 AGRICULTURA NOS ESTADOS UNIDOS

Os Estados Unidos são uma superpotência em todos os sectores, incluindo a indústria agrícola. É bem conhecido pela sua ciência agrícola e fornece alguma tecnologia agrícola avançada no mundo. É o melhor país no domínio da tecnologia agrícola. Serve de modelo para muitas nações no sector da agricultura. A agricultura nos EUA aumentou 5% todos os anos após 1990. Em média, um agricultor americano produz alimentos suficientes para 96 pessoas. As extensões de terra arável dos EUA, as infra-estruturas bem desenvolvidas, a tecnologia avançada e o apoio governamental constituem uma vantagem competitiva. A figura 15.4 resume a agricultura nos EUA [9].

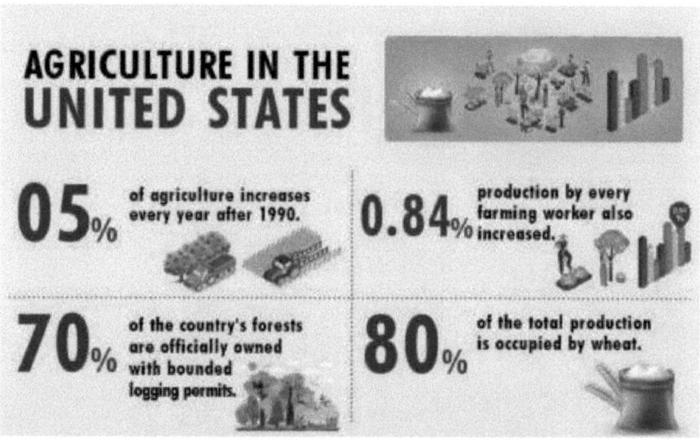

Figura 15.4 Agricultura nos EUA [9].

Os Estados Unidos são um país grande e diversificado, com climas, condições de solo e características geográficas variadas. Nos Estados Unidos, existem aproximadamente 2,2 milhões de explorações agrícolas, cobrindo uma área de 922 milhões de acres (3.730.000 km2), com uma média de 418 acres (169 hectares) por exploração. Quase 91% das explorações agrícolas dos EUA são consideradas pequenas (menos de 1.000 acres). Embora a atividade agrícola ocorra em todos os estados dos EUA, está particularmente concentrada no Vale Central da Califórnia e nas Grandes Planícies [10]. A Califórnia é o estado que produz mais alimentos nos EUA em termos de valor, enquanto o Texas tem o maior número de explorações agrícolas. O sul dos Estados Unidos é conhecido como um grande produtor de arroz, algodão e tabaco.

Existem dois tipos de agricultura: a de subsistência e a comercial. Os agricultores de subsistência são aqueles que produzem apenas colheitas suficientes para alimentar as suas famílias. A agricultura comercial é aquela em que o objetivo principal é vender o seu produto no mercado. Uma vez que a agricultura é um negócio, é importante vender os produtos da produção agrícola. A agricultura nos Estados Unidos é altamente mecanizada.

A introdução e a adoção generalizada da agricultura científica desde meados do século XIX contribuíram para o crescimento económico dos Estados Unidos. Os agricultores do início dos Estados Unidos estavam abertos à plantação de novas culturas, à criação de novos animais e à adoção de novas inovações, uma vez que o aumento da produtividade agrícola, por sua vez, aumentou a procura de serviços de transporte, contentores, crédito, armazenamento e afins [11].

A agricultura sempre foi influenciada pelas acções dos governos de todo o mundo. Tal como a maioria dos países, o governo dos EUA subsidia fortemente a agricultura. No entanto, desde o início dos anos 90, o Congresso tem vindo a reduzir gradualmente esses subsídios. Os agricultores constituem um grupo politicamente poderoso e beneficiam de um apoio legislativo considerável. Os Estados Unidos são o principal exportador de produtos agrícolas, com 118,3 mil milhões de dólares de exportações em 2019. O milho é a cultura mais utilizada nas Américas e é cultivado em quase todos os locais onde existe produção agrícola. O milho é amplamente cultivado em todo o país e tem uma gama diversificada de utilizações, tais como alimentos humanos, ração animal, produção de etanol e aplicações industriais. A figura 15.5 mostra uma variedade de milho na América [12].

Figura 15.5 Uma variedade de milho na América [12].

O milho é seguido pela soja e pelo trigo. Outras culturas importantes são a cana-de-açúcar, a batata, o café, a beterraba sacarina e a banana. A figura 15.6 mostra a cultura alimentar mais lucrativa em cada estado dos EUA [13].

Figura 15.6 A cultura alimentar mais lucrativa em cada estado dos EUA [13].

A tecnologia agrícola nos Estados Unidos registou melhorias significativas. Estas incluem uma maior utilização de computadores, análises científicas do solo e das culturas e maquinaria mais sofisticada. Para garantir que os Estados Unidos continuem a ser o líder mundial na produção de culturas, é dada ênfase à investigação e desenvolvimento agrícola. Uma grande parte dos lucros é dedicada à I&D. Os EUA aumentaram a investigação no domínio do melhoramento das sementes, como a engenharia genética e a hibridação. Os Estados que registaram os maiores aumentos de produção foram o Arkansas, Washington, Delaware, Florida e Geórgia [14].

O USDA trabalha todos os dias para reforçar a economia agrícola americana. De acordo com o USDA, quase 90% das produções agrícolas nos EUA baseiam-se em pequenas explorações que estão interessadas em produzir culturas valiosas investindo salários mínimos. A alfazema é considerada a cultura mais versátil entre todas as melhores culturas de rendimento nos EUA.

A agricultura americana é frequentemente retratada como sendo constituída por agricultores que trabalham arduamente. Há também uma série de outros empregos na agricultura dos Estados Unidos, incluindo [15]:

- Cientista agrícola
- Produtores de vinho
- Gestão do pessoal agrícola
- Investigador agrícola
- Gestão de incêndios florestais
- Operador de equipamento de engenharia
- Cientista alimentar
- Gestão de viveiros/floristas

15.5 BENEFÍCIOS

A agricultura não é apenas um motor de crescimento económico para os Estados Unidos, mas cria um mercado mais vasto com indústrias relacionadas. É particularmente importante para as economias das pequenas cidades e das zonas rurais dos EUA, onde a agricultura apoia uma série de sectores. Contribui para criar uma sociedade mais equitativa. As empresas têm beneficiado nos últimos anos em resultado da forte economia agrícola. A agricultura americana recebe subsídios do Estado para vender os seus produtos a outros países. Existe um sistema protecionista nos EUA, pelo que a entrada de produtos agrícolas de outros países é muito limitada. Muitas empresas agro-industriais e exportadores de produtos agrícolas dos EUA vêem os países em desenvolvimento como a sua melhor oportunidade de expansão do mercado. A investigação e o desenvolvimento, juntamente com as agências científicas do USDA, sempre constituíram a "vantagem" que mantém a agricultura dos EUA como líder mundial [16]. O USDA proíbe a discriminação dos seus clientes, funcionários e candidatos a emprego com base na raça, cor, nacionalidade, idade, deficiência, sexo, identidade de género e religião. O USDA está a reduzir o risco económico de produzir duas culturas na mesma terra num ano (conhecido como duplo cultivo), facilitando aos agricultores americanos a produção de alimentos na América. Outros benefícios da agricultura nos EUA são os seguintes [17-20]:

- *Agricultura sustentável:* Esta atividade exerce frequentemente uma pressão significativa sobre os recursos naturais e o ambiente. As práticas agrícolas sustentáveis destinam-se a proteger o ambiente, a expandir a base de recursos naturais da terra e a melhorar a fertilidade do solo. Procuram aumentar o rendimento agrícola rentável e promover a gestão ambiental. O Instituto Nacional de Alimentação e Agricultura procura estimular a inovação em áreas-chave da agricultura sustentável. O número e a complexidade dos programas de sustentabilidade expandiram-se dramaticamente fora dos planos patrocinados pelo governo. Os agricultores de culturas especializadas estão a liderar o caminho da sustentabilidade.

- *Inovação:* A agricultura americana é ambientalmente correcta, economicamente viável e centrada no consumidor. O seu sucesso deve-se principalmente à abordagem de braços abertos à inovação. A inovação tem estado sempre no centro da agricultura americana. Baseada em dados científicos sólidos, a inovação agrícola americana melhorou tanto a produção como a capacidade de produção da nação para alimentar uma população em crescimento de forma sustentável. Estas inovações permitiram que os produtores fossem mais produtivos, mais rentáveis e mais resistentes na adaptação à evolução das condições ambientais e económicas.

- *Segurança alimentar:* A maioria dos agregados familiares norte-americanos tem segurança alimentar, o que significa que todas as pessoas do agregado familiar têm comida suficiente para viver uma vida ativa e saudável. Os agregados familiares com insegurança alimentar acima da média incluem os que têm um rendimento inferior ao limiar de pobreza, os que são chefiados por uma mulher solteira e os que têm proprietários negros ou hispânicos.

  - *Pobreza:* O USDA tem ajudado a liderar os esforços globais para combater a fome e a pobreza e construir sistemas alimentares mais sustentáveis, equitativos e resistentes. A Cimeira dos Sistemas Alimentares está também a ajudar a reorientar coletivamente a atenção do mundo para a erradicação da fome e da pobreza. A Cimeira está representada na Figura 15.7 [21].

Figura 15.7 A Cimeira dos Sistemas Alimentares [21].

  - *Cuidados de saúde:* Durante milhares de anos, os seres humanos utilizaram plantas para ajudar a tratar doenças e enfermidades. As substâncias derivadas de plantas e ervas aromáticas também podem ajudar nos cuidados de saúde. Por exemplo, o gengibre, normalmente consumido em chá, pode ajudar na digestão.

- *Ajuda externa:* O empenhamento da América na ajuda agrícola externa baseia-se nos benefícios mútuos para os países em desenvolvimento e para os agricultores, empresas, trabalhadores e consumidores americanos. Ao reforçar os sistemas agrícolas e alimentares nos países em desenvolvimento, a ajuda agrícola externa dos EUA contribui para a segurança global e nacional. O desenvolvimento agrícola aumenta os rendimentos das famílias no estrangeiro e aumenta a produtividade agrícola tanto no país como no estrangeiro. Muitas empresas agro-industriais dos EUA vêem as regiões em desenvolvimento do mundo como a sua melhor oportunidade de expansão do mercado. A melhoria das cadeias de abastecimento agrícola nos países em desenvolvimento contribui para um abastecimento seguro e constante de frutas e legumes fora de época, café, chocolate e especiarias nos Estados Unidos.

- *Produtividade.* As novas tecnologias agrícolas desenvolvidas com os EUA tornam-se bens globais que aumentam a produtividade agrícola tanto no país como no estrangeiro. As novas tecnologias e práticas agrícolas aumentam a produtividade da terra, do trabalho e do capital utilizados na produção agrícola.
- *Governo:* O governo dos EUA, através do Departamento de Agricultura dos EUA (ou USDA), trabalha diariamente para fortalecer a economia agrícola americana. Mantém uma rede de segurança forte e adequada para os agricultores, pecuaristas e produtores da América, que inclui assistência a indústrias em dificuldades, assistência em caso de catástrofe e seguro de colheitas. Fornece assistência técnica e acesso ao crédito, e ajuda os produtores a implementar práticas de conservação. Para garantir que a América continua a ser o líder mundial na produção de culturas, o USDA realiza investigação agrícola de ponta e constrói uma economia agrícola mais forte para as gerações futuras. Ajuda a melhorar os mercados nacionais e internacionais, para criar novas oportunidades de rendimento. O USDA toca a vida de todos os americanos todos os dias de muitas formas positivas.

- *Novos agricultores:* O USDA oferece ajuda específica para agricultores e pecuaristas iniciantes. O sítio Web dos Novos Agricultores (https://www.farmers.gov/your-business/beginning-farmers) oferece uma grande variedade de informações e recursos sobre como iniciar uma exploração agrícola, elaborar um plano de negócios, acesso a terras e capital, gestão de riscos, impostos, segurança e muito mais.

- *Tecnologia:* Os agricultores estão a utilizar a tecnologia agrícola para apoiar mais operações agrícolas. Quanto maior for a exploração, maior será o interesse por essas tecnologias. Os agricultores com grandes explorações são mais propensos do que aqueles com explorações mais pequenas a apoiarem-se na tecnologia para obterem uma vantagem no mercado. Um número crescente de agricultores está a utilizar alguma forma de hardware de agricultura de precisão. A automatização, a robótica e a eletrificação estão também a ganhar terreno. Um exemplo da utilização da tecnologia na agricultura é a utilização de células solares, como mostra a Figura 15.8 [22].

Figura 15.8 A utilização de células solares na agricultura [22].

Alguns destes benefícios são apresentados na Figura 15.9.

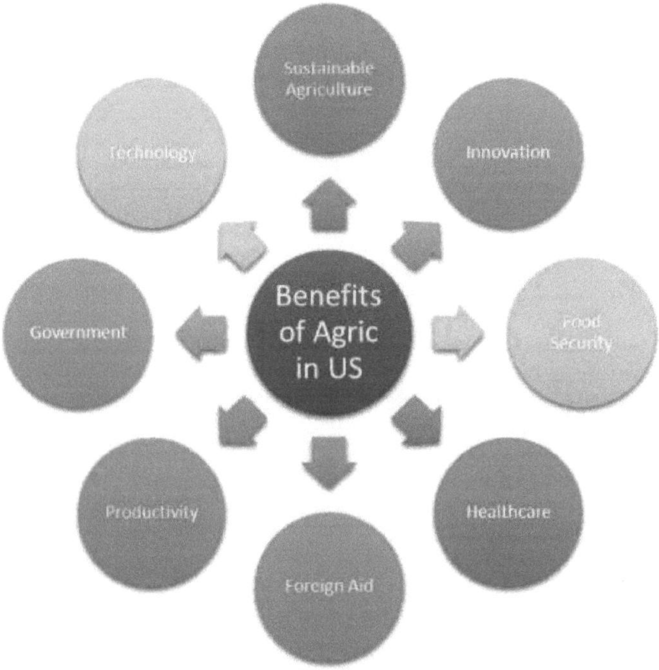

Figura 15.9 Benefícios da agricultura nos EUA.

15.6 DESAFIOS

Apesar do seu enorme sucesso, a agricultura dos EUA enfrenta muitos desafios, que podem impedir a nação de tirar partido das oportunidades de crescimento. Os exportadores agrícolas americanos confrontam-se frequentemente com barreiras impostas por países que impedem os produtos americanos de chegar aos seus mercados-alvo. Os atrasos no envio das colheitas também podem ser prejudiciais para as regiões que estão à espera de um carregamento. Entre os outros desafios que se colocam à agricultura nos EUA contam-se os seguintes [20,23]:

- *Alterações climáticas:* A agricultura é sensível ao tempo e ao clima. As alterações climáticas podem melhorar ou piorar as condições de cultivo em diferentes regiões. Embora as alterações climáticas (como a temperatura, a precipitação e o período de geada) possam prolongar a época de cultivo, também dificultarão as práticas agrícolas. As alterações climáticas podem afetar as culturas, o gado, os solos e os recursos hídricos, as comunidades rurais e os trabalhadores agrícolas. Chuvas fortes podem levar a uma maior erosão dos solos, o que constitui uma grande ameaça ambiental à produção agrícola sustentável. Os trabalhadores agrícolas enfrentam vários riscos para a saúde relacionados com o clima [24]. Os agricultores americanos queixam-se de condições de seca perigosas.

- *Poluição:* A poluição do ar pode danificar as colheitas, as plantas e as florestas. A Organização Internacional do Trabalho considera a agricultura "um dos sectores económicos mais perigosos". As actividades agrícolas contribuem diretamente para as emissões de gases com efeito de estufa através de uma série de processos.

- *Mulheres Agricultoras:* Em todo o mundo, o número de mulheres que trabalham na agricultura tem vindo a aumentar. As mulheres constituem uma grande parte da população empregada na agricultura. As mulheres que trabalham na agricultura ainda têm muito menos acesso do que os homens aos factores de produção, incluindo sementes melhoradas, fertilizantes e equipamento mecanizado [25]. Muitas mulheres relataram que não estão a ser respeitadas, ouvidas ou levadas a sério devido às visões tradicionais das mulheres como donas de casa e cuidadoras. As mulheres também podem enfrentar resistência quando tentam avançar para posições mais elevadas [26]. A figura 15.10 mostra algumas mulheres agricultoras [27].

Figura 15.10 Algumas mulheres agricultoras [27].

- *Aumento do custo:* Um dos principais problemas é o aumento do custo de tudo. O elevado custo do combustível afectou gravemente os agricultores e os criadores de gado, especialmente durante a época das colheitas de outono. Os fertilizantes, a proteção das culturas, o equipamento agrícola e a mão de obra são as quatro principais áreas em que os agricultores estão a sofrer um aumento dos custos, que alguns agricultores consideram como o risco número um para a rentabilidade. Quer se trate de combustível, fertilizantes ou outros custos de abastecimento, os aumentos contínuos não são sustentáveis. Devem ser envidados todos os esforços para estabilizar e reduzir os custos de abastecimento.

- *Escassez de mão de obra:* A falta de trabalhadores agrícolas continua a ser o desafio mais frustrante da agricultura americana. Com o aumento dos salários, a escassez de mão de obra tem de ser resolvida.

- *Abastecimento de água:* A disponibilidade de água continua a ser um grande problema. Existe a questão da limitação do abastecimento de água, especialmente na região oeste. Os agricultores e os criadores de gado querem conservar este recurso, garantir a sua qualidade e continuar a ser verdadeiros parceiros na resolução dos problemas da água. A escassez de água para irrigação é uma preocupação iminente.
- *Equidade:* Durante demasiado tempo, as comunidades rurais, as comunidades carenciadas e as comunidades em situação de pobreza persistente foram deixadas para trás. É nestas comunidades que se encontra a maior parte dos nossos alimentos, bebidas e energia. Os investimentos do USDA na Transformação do Sistema Alimentar criarão mais oportunidades económicas para estas comunidades e ajudarão a tirá-las da pobreza. O local onde se vive não deve determinar uma oportunidade justa de acesso a oportunidades económicas.

- *Agricultura urbana:* Esta atividade desempenha um papel importante na ligação entre produtores e consumidores de alimentos. O USDA está a apoiar a produção local, investindo na agricultura urbana e em actividades de formação para agricultores urbanos. Estes fundos irão alargar o acesso a alimentos nutritivos, promover o envolvimento da comunidade, aumentar a sensibilização para as alterações climáticas e atenuar os seus efeitos nas zonas urbanas, criar emprego, educar as comunidades sobre a agricultura e expandir os espaços verdes.

15.7 CONCLUSÃO

Os Estados Unidos têm uma economia agrícola robusta. A agricultura nos EUA é diversificada, abrangendo gradientes de escala, clima, fisiografia, ecologia, economia e cultura. Os agricultores americanos dão um contributo importante para a economia dos EUA, assegurando um abastecimento alimentar seguro e fiável. Ao produzirem uma grande variedade de alimentos a baixo custo, incluindo frutas, legumes, cereais, carne e produtos lácteos, os agricultores americanos asseguram um abastecimento alimentar nacional seguro e fiável [28]. As novas tecnologias agrícolas e do sistema alimentar desenvolvidas com a ajuda dos EUA tornam-se bens mundiais que aumentam a produtividade agrícola. A agricultura nos EUA deve responder às crescentes exigências de produtividade e eficiência, bem como às pressões no sentido de melhorar a gestão dos recursos naturais. A agricultura atual tem impacto nas gerações futuras. Para mais informações sobre a agricultura nos Estados Unidos, consultar o livro [29-44].

REFERÊNCIAS

[1] "73 Factos interessantes sobre os Estados Unidos,"

https://thefactfile.org/united-states-facts/

[2]
https://images.search.yahoo.com/yhs/search?p=images+of+maps+of+the+United+States&fr=yhs -fc-
3971&type=fc_AC5AE6A96A2_s69_g_e_d_n0002_c999&hspart=fc&hsimp=yhs - 3971&imgurl=http%3A%2F%2Fwww.worldmap 1.com%2Fmap%2Funited-states%2Famp%2Fmap_of_the_united_states.jpg#id=15&iurl=https%3A%2F%2Fupload.wikim
edia.org%2Fwikipedia%2Fcommons%2F1%2F1e%2FMap_of_USA_showing_state_names.png &action=click

[2] M. N. O. Sadiku, S. M. Musa, J. King, and U. C. Chukwu, "Traditional American foods," *American Journal of Social and Humanitarian Research,* vol. 4, no. 3, março de 2023, pp. 102
1 11.

[3] M. N. O. Sadiku e J. O. Sadiku, *Traditional Foods Around the World.* Moldova, Europa: Lambert Academic Publishing, 2023, p. 16.

[4] "Porque é que a agricultura é importante? benefícios e o seu papel", julho de 2022,

https://online.maryville.edu/blog/why-is-agriculture-important/

[5] "Geografia da agricultura", Fonte desconhecida.

[6] R. Brock, "Top 10 most profitable crops for farming in the USA", janeiro de 2021,

https://sguru.org/most-profitable-crops-farming-usa/

[7] G. Oridsh, A. W. Gray e W. D. Rasmussen, "Origens da agricultura", *Enciclopédia*

[9]
https://images.search.yahoo.com/yhs/search;_ylt=Awrih9sXrx5mz64W6g0PxQt.;_ylu=Y29sbw
NiZjEEcG9zAzEEdnRpZAMEc2VjA3Nj?p=images+of+agriculture+in+the+United+States&typ
e=fc_AC5AE6A96A2_s69_g_e_d_n0002_c999&param1=7&param2=eJwti8sKgzAQRX9llgoSJ
yZGglu%2FoFtxkWqqIdGIDyz9%2Bo6lzOKeey4zuqGtu0fDEUWlZZt1C3VELAjviaKn0FoTuf
WHTArGlWC6IjfaSPLcCU9DNMePC8HkJUNILrcM8dphOYAjwxpIKFnDW8kUzLoGe9mnd
0deiooJBYmfjjlkEJy3MNrexxT6aYuzzXkhGN4Hu3mZzf1fvtqTObg%3D&hsimp=yhs-
3971&hspart=fc&ei=UTF-8&fr=yhs-fc-

3971#id=15&iurl=https%3A%2F%2Fwww.tractorjunction.com%2Fblog%2Fwp-content%2Fuploads%2F2020%2F11%2FAgriculture-in-the-United-States-compressed.jpg&action=click

[8] "Mapeamento do produto agrícola mais valioso em cada estado dos EUA,"

https://vividmaps.com/mapping-the-most-valuable-agricultural-commodity-in-each-u-s-state/

[9] "Agricultura nos Estados Unidos", *Wikipedia,* a enciclopédia livre,

https://en.wikipedia.org/wiki/Agriculture_in_the_United_States

[10] "Uma tapeçaria de milho,"

https://hvfarmhub.org/a-tapestry-of-corn/

[11] "2 mapas simples que revelam como funciona efetivamente a agricultura americana", dezembro de 2017, https://www.huffpost.com/entry/largest-crop-each-state_n_6488930

[14] "Estados Unidos da América - Agricultura", https://www.nationsencyclopedia.com/Americas/United-States-AGRICULTURE.html

[15] "The importance of agriculture to the United States economy," março de 2022, https://www.communitywestbank.com/blog/the-importance-of-agriculture-to-the-united-states- economy.php

[16] "Estratégia de inovação agrícola dos EUA: Uma visão direcional para a investigação,"

https://www.usda.gov/sites/default/files/documents/AIS.508-01.06.2021.pdf

[17] "Agricultura sustentável,"

https://www.nifa.usda.gov/topics/sustainable-agriculture

[18] "Como é que os Estados Unidos beneficiam dos investimentos na agricultura e na segurança alimentar nos países em desenvolvimento: Overview,"

https://www.usaid.gov/sites/default/files/2022-05/BRIEF_-_US_Benefits_Overview.pdf

[19] "Farming," https://www.usda.gov/topics/farming

[20] D. Fiocco et al., "Voice of the US farmer in 2022: Innovating through uncertainty" [Voz do agricultor americano em 2022: Inovar na incerteza

setembro de 2022,

https://www.mckinsey.com/industries/agriculture/our-insights/voice-of-the-usfarmer-in-2022- inovar-através-da-incerteza

[21] "Bronaugh lidera a delegação dos EUA na Pré-cimeira dos Sistemas Alimentares da ONU em Roma,"

agosto de 2021,

https://fas.usda.gov/newsroom/deputy-secretary-bronaugh-leads-us-delegation-un-food-systems- pré-cimeira

[22] https://images.search.yahoo.com/yhs/search;_ylt=Awrih9sXrx5mz64W6g0PxQt.;_ylu=Y29sbw NiZjEEcG9zAzEEdnRpZAMEc2VjA3Nj?p=images+of+agriculture+in+the+United+States&typ e=fc_AC5AE6A96A2_s69_g_e_d_n0002_c999&param1=7&param2=eJwti8sKg zAQRX9llgoSJ yZGglu%2FoFtxkWqqIdGIDyz9%2Bo6lzOKeey4zuqGtu0fDEUWlZZt1C3VEL AjviaKn0FoTuf WHTArGlWC6IjfaSPLcCU9DNMePC8HkJUNILrcM8dphOYAjwxpIKFnDW8k UzLoGe9mnd 0deiooJBYmfjlkEJy3MNrexxT6aYuzzXkhGN4Hu3mZzf1fvtqTObg%3D&hsimp=yhs-3971&hspart=fc&ei=UTF-8&fr=yhs-fc-3971#id=287&iurl=https%3A%2F%2Fwww.ecoticias.com%2Fen%2Fwp-content%2Fuploads%2F2024%2F04%2Fimage-6-1024x640-1-768x432.jpg&action=click

[22] "O USDA anuncia um quadro para reforçar a cadeia de abastecimento alimentar e transformar o sistema alimentar para que seja mais justo, mais competitivo e mais resiliente", junho de 2022,

https://www.usda.gov/media/press-releases/2022/06/01/usda-announces-framework-shoring- cadeia-de-fornecimento-de-alimentos-e-transformacao

[23] "Impactos das alterações climáticas na agricultura e no abastecimento alimentar,"

https://www.epa.gov/climateimpacts/climate-change-impacts-agriculture-and-food-supply

[24] "Agricultura", *Wikipédia,* a enciclopédia livre,

https://en.wikipedia.org/wiki/Agriculture

[25] "2022's Top ag issues and a look ahead", janeiro de 2023,

https://www.fb.org/focus-on-agriculture/2022s-top-ag-issues-and-a-look-ahead

[26] "As mulheres agricultoras possuem metade das terras agrícolas na América, mas não ganham metade dos lucros", maio de 2019,

https://givingcompass.org/article/women-farmers-own-half-the-farmland-inamerica-but-dont- ganhar-metade-dos-lucros

[27] "The economic contribution of America's farmers and the importance of agricultural exports", setembro de 2013,

https://www.jec.senate.gov/public/_cache/files/266a0bf3-5142-4545-b806-ef9fd78b9c2f/jec- agriculture-report.pdf

[28] K. O. Fuglie, *Productivity Growth in US Agriculture (Crescimento da Produtividade na Agricultura dos EUA).* Departamento de Agricultura dos EUA, Serviço de Investigação Económica, 2007.

[29] P. H. Lehner e N. A. Rosenberg, *Farmingfor Our Future: The Science, Law, and Policy of Climate-Neutral Agriculture.* Instituto de Direito Ambiental, 2021.

[30] R. E. Just, e R. D. Pope (eds.), *A Comprehensive Assessment of The Role of Risk in US Agriculture.* Springer Science & Business Media, 2013.

[31] B. K. Obach, *Organic Struggle: The Movement for Sustainable Agriculture in the United States [O Movimento para a Agricultura Sustentável nos Estados Unidos].* MIT Press, 2015.

[32] B. L. Gardner, *American Agriculture in the Twentieth Century: How It Flourished And What It Cost.* Harvard University Press, 2009.

[33] J. L. Kaufman e M. Bailkey, *Farming Inside Cities: Entrepreneurial Urban Agriculture in the United States [Agricultura Urbana Empresarial nos Estados Unidos].* Cambridge, MA: Lincoln Institute of Land Policy, 2000.

[34] P. W. Bidwell e J. I. Falconer, *History of Agriculture in the Northern United States, 1620-1860.* Carnegie Institution of Washington, 1925.

[35] USDA, *Agriculture in the United States: A Special Report Supplementing the Exhibit of the United States Department of Agriculture at the Ibero-American Exposition, Sevilha, Espanha.* U.S. Government Printing Office, 1929.

[36] USDA, *A Time to Choose: Relatório de síntese sobre a estrutura da agricultura.* USDA, 1981.

[37] Estados Unidos. Congresso. Senado. Comissão de Agricultura, Nutrição e Florestas, *Audiência perante a Comissão de Agricultura, Nutrição e Florestas, Senado dos Estados Unidos, Centésimo Décimo Congresso, Primeira Sessão · Parte 3.* Berkeley, CA: University of California Press, 2019.

[38] G. L. Baker, *Century of Service: The First 100 Years of the United States Department of Agriculture [O Primeiro Centenário do Departamento de Agricultura dos Estados Unidos].* University of California Press, 1963.

[39] D. E. Albrecht e S. H. Murdock, *Sociology of US Agriculture: An Ecological Perspective.* Iowa State University Press, 1990.

[40] M. M. Bell, *Farming For Us All: Practical Agriculture and the Cultivation of Sustainability [Agricultura prática e cultivo da sustentabilidade].* Penn State Press, 2010.

[41] Conselho Nacional de Investigação, *The Future Role of Pesticides in US agriculture.* National Academies Press, 2000.

[42] C. H. Danhof, *Change in Agriculture: The Northern United States, 1820-1870.* Harvard University Press, 1969.

[43] I. Vogeler, *The Myth of the Family Farm: Agribusiness Dominance of US Agriculture [Domínio do agronegócio na agricultura dos EUA].* CRC Press, 2019.

MIX
Papier aus verantwortungsvollen Quellen
Paper from responsible sources
FSC® C105338

Printed by Books on Demand GmbH, Norderstedt / Germany